Sunday Igbani

Simulação do Impacto da Água Mista no Cimento de Poços de Petróleo:

Sunday Igbani

Simulação do Impacto da Água Mista no Cimento de Poços de Petróleo:

Desenvolvimento de Modelos Predictivos

ScienciaScripts

Imprint

Any brand names and product names mentioned in this book are subject to trademark, brand or patent protection and are trademarks or registered trademarks of their respective holders. The use of brand names, product names, common names, trade names, product descriptions etc. even without a particular marking in this work is in no way to be construed to mean that such names may be regarded as unrestricted in respect of trademark and brand protection legislation and could thus be used by anyone.

Cover image: www.ingimage.com

This book is a translation from the original published under ISBN 978-620-5-63014-3.

Publisher:
Sciencia Scripts
is a trademark of
Dodo Books Indian Ocean Ltd. and OmniScriptum S.R.L publishing group

120 High Road, East Finchley, London, N2 9ED, United Kingdom
Str. Armeneasca 28/1, office 1, Chisinau MD-2012, Republic of Moldova, Europe
Printed at: see last page
ISBN: 978-620-5-68323-1

AGRADECIMENTOS

Desejo sinceramente apreciar os meus conselheiros/supervisores, Engr. Humphrey

Andrew Ogoni, Engr. Prof. Dulu Appah (ex-conselheiro/supervisor), e Engr. Dr. Orlando. Ketebu pela sua maravilhosa orientação profissional durante a conceptualização, experiências realizadas e a redacção desta tese de doutoramento.

Além disso, gostaria de agradecer os encorajamentos e apoios morais I recebidas das seguintes personalidades: o Reitor, Faculdade de Engenharia, Engr. Prof. R. Z. Yelebe; o Antigo Reitor, Faculdade de Engenharia, Engr. Prof. T. Ferrow; o Coordenador do Seminário de Pós-Graduação do Departamento de Engenharia Química, Engr. Dr. R.T. Samuel; o Chefe do Departamento de Engenharia Petrolífera, Engr. Dr. D. Yousuo, Engr. S. Fetepigi e outros, que são demasiado numerosos para serem mencionados.

Além disso, desejo agradecer especialmente o amor e compreensão da minha esposa, Sra. Kate Wongo-Igbani; dos meus estimados filhos; e dos meus Sujeitos, a quem sirvo como Chefe da Paramount Compound (Agotoma XVI) de Agotoma Polo, Cidade de Otuokopti, Ogbia Local Government Area of Bayelsa State, Nigéria. Também, os meus agradecimentos vão para os meus estimados colegas, Engr. (Sra.) Bibobra Ikporo, e Engr. Jeffrey Randy Gbonhinbor, pelos seus frequentes controlos sobre mim, e encorajamentos para o sucesso deste trabalho.

Finalmente, permitam-me que humildemente utilize este meio para enviar muitos agradecimentos a Engr. Dr. (Sra.) Obuebite, Ann, Engr. E. Oguta, e Engr. F.W. Igbagara pelas suas presenças regulares durante cada apresentação de seminário realizada, para melhorar este trabalho. Os meus agradecimentos vão todos para os numerosos estudantes de graduação que assistiram a este trabalho como mãos-ferramentas durante as experiências conduzidas.

ÍNDICE

ABSTRACT

Estudos demonstraram que a presença de iões de metais pesados na água de mistura afecta o desempenho das respostas do cimento. No entanto, a maioria destes estudos centrou-se no betão de alvenarias em condições atmosféricas; enquanto, poucos destes estudos se concentraram na cimentação de poços de petróleo em condições de poços simulados ou in-situ prevalecentes. Os estudos posteriores excluíram os efeitos do ião ferroso (Fe^{2+}) na cimentação de poços de petróleo. A exclusão do Fe^{2+} pode ser uma das causas e efeitos das frequentes falhas de integridade e isolamento de poços. Assim, com base na metodologia API 10A e na concepção da Box-Behnken da experiência de metodologia de superfície de resposta, esta investigação investigou e modelou os efeitos do Fe^{2+} de concentrações conhecidas entre 0,00 a 6,82 mg/L sobre as respostas de desempenho da cimentação de poços petrolíferos, a altas pressões simuladas entre 2500 a 3000psi e a altas temperaturas entre 200 a 2500F. Além disso, os resultados experimentais laboratoriais recolhidos foram organizados e traçados utilizando o Minitab 16 para extrair inferências. Os resultados mostram que à medida que a temperatura aumentou de 239 para 2500F a uma concentração constante de Fe^{2+} de 0,00mg/L, as respostas de resistência à compressão (CS) ganharam de 3508 para 3790psi. Pelo contrário, como a concentração de Fe^{2+} aumentou de 0,00 para 1,94mg/L a uma temperatura constante de 2000F, a CS diminuiu de 2514 para 1500psi. Uma vez que o CS representa toda a viabilidade de um sistema de bainha de cimento, esta investigação concluiu que, à medida que a concentração de Fe^{2+} aumenta na água de mistura utilizada na preparação de cubos de bainha de cimento, as respostas individuais de desempenho das resistências à compressão e à tracção diminuíram, enquanto que a porosidade e a permeabilidade aumentaram. Esta premissa tinha contribuído para a cimentação, o que significa que uma concentração elevada de Fe^{2+} também causou as falhas de integridade de Wellbore e o isolamento zonal completo de Wellbore. Além disso, foram utilizadas hipóteses ao nível de significância de 0,05 para desenvolver modelos para as respostas de desempenho. Estes modelos desenvolvidos destinavam-se a ajudar a poupar o tempo e as implicações de custos da repetição de trabalhos laboratoriais tão rigorosos. Além disso, a falta de valor p de cada um dos modelos desenvolvidos é mais significativa do que 0,05, enquanto que os termos valor p de cada um dos modelos é inferior a 0,05. Por conseguinte, esta investigação declarou que os modelos de previsão desenvolvidos são adequados e robustos.

CAPÍTULO I

INTRODUÇÃO

1.1 Antecedentes do Estudo

A cimentação de poços de petróleo é a actividade petrolífera mais complexa e arriscada a montante. A cimentação é a actividade predominante na perfuração de poços petrolíferos. Embora no oriente, a perfuração de petróleo fóssil sem revestimento e a cimentação começaram em 1859 pela Drake. No entanto, após 44 anos no campo petrolífero de Lompoc, o primeiro trabalho de cimentação foi realizado por Frank F. Hill em 1903 para fechar os lençóis freáticos. Além disso, esta tecnologia foi melhorada por Perkins A. Almond em 1910, para cimentar poços de petróleo rasos (Davies *et al.*, 2014; Bensted, 2008). Estes poços de petróleo eram pouco profundos e caracterizados com profundidade vertical total (TVD) inferior a 2.000 pés (ft.). No entanto, à medida que a procura de energia fóssil aumenta ao longo dos anos, a procura de petróleo bruto aprofunda-se em horizontes profundos de aproximadamente 6.000 pés (Davies *et al.*, 2014; Tennyson, 1994). Nestes DVM subsuperficiais acima mencionados, enquanto exploram petróleo fóssil, as actividades de perfuração e cimentação encontram condições de hash *in-situ*. Estas condições de haxixe *in-situ* incluem perfis de temperatura e pressão mais elevados, formações adversas, para mencionar apenas algumas (Kiran *et al.*, 2017; Pelipenko e Frigaard, 2004; Azar e Samuel, 2007).

Em 1920, no campo petrolífero de Hewitt, Erle P. Halliburton realizou o primeiro trabalho de cimentação primária. A cimentação primária realizada foi para fornecer isolamento zonal completo de poços e integridade de poços (Davies *et al.*, 2014; Bensted, 2008).

Além disso, as características completam o isolamento e integridade do poço de petróleo, previnem danos ambientais, incidentes e acidentes no local de trabalho, e previnem perdas financeiras. Assim, um poço de petróleo perfurado e cimentado caracterizado por um isolamento e integridade adequados e completos do poço de petróleo visa produzir um poço económico, seguro, bem sucedido, e utilizável.

Para maior clareza, a cimentação primária de poços de petróleo é o processo único que envolve misturar cimento em pó com água de mistura ou misturar água para formar um fluido resultante conhecido como polpa de cimento ou pasta de cimento. Depois disso, a lama de cimento formulada dentro de um tempo de espessamento óptimo é bombeada para baixo através da conduta do cordão de revestimento, depois para cima no espaço anular até à altura desejada, normalmente mantida estática para ser endurecida durante cerca de 28 dias ou mais (Igbani *et al.*, 2020c). No entanto, são aplicados aditivos para alterar o período de espera no cimento. Portanto, qualquer substância estranha presente numa pasta de cimento afecta a espera no cimento, acelerando ou prolongando o período de solidificação da pasta de cimento (Azar e Samuel, 2007).

O sólido é conhecido como bainha de cimento. A bainha de cimento proporciona um isolamento zonal completo, que confina o movimento do fluido entre zonas de formação e em direcção à superfície, prevenindo a poluição da formação de água doce, evitando cordas de revestimento de um fluido corrosivo, impedindo pontapés que se podem graduar em explosões. Além disso, a bainha de cimento funciona para proporcionar a integridade do wellbore. A integridade do Wellbore fornece a resistência do cimento, apoio estrutural sustentável para tubos de revestimento e equipamento de superfície, previne a cavidade do Wellbore de formação geológica perfurada não consolidada. Além disso, a bainha funciona no anel como tampões para ajudar ao abandono dos poços e como uma barreira para o controlo de poços selvagens (Crook, 2006; Liu, 2015; Broni-Bediako *et al.*, 2015; Boniface e Appah, 2014; Sauki e Irawan, 2010; Salehi e Paiaman, 2009; Kutchko *et al.*, 2007; Nelson e Guillot, 2006; Heinold *et al.*, 2002).

Geralmente, a pasta de cimento é o pivot para um trabalho bem sucedido de cimentação de poços de petróleo primários. A pasta de cimento preparada deve mostrar o melhor tempo de espessamento exigido e o tempo de presa. Da mesma forma, o desenvolvimento da resistência do cimento necessário, porosidade (PR), e permeabilidade (PM) de uma bainha para a cimentação de um determinado poço de petróleo são todas funções da pasta de cimento concebida de forma ideal (Velayati *et al.*, 2015).

Neste ponto, a resistência compressiva (CS) é descrita como a capacidade do sistema de bainha para resistir a qualquer pressão de formação tendente a diminuir o seu tamanho nas condições prevalecentes no subsolo. Por outras palavras, Oxford Lexico (2020) definiu a CS como a resistência da bainha de cimento à ruptura sob força de compressão. Além disso, Labibzadeh (2010) explicou anteriormente que o CS da bainha de cimento ajuda a resistir a forças ou condições adversas no poços. Estas forças podem incluir a pressão dos poros sobre a entrada na matriz rígida de cimento quando a pressão hidrostática é menor devido à perda de fluido, o que significa que a pressão do fluido indígena é maior do que a pressão externa da lama de cimento.

Portanto, a CS liga a rocha de formação e o cordel de revestimento num furo de sondagem. Além disso, o CS da bainha de cimento ajuda a manter o cordão de revestimento no lugar, impedindo a migração de fluidos entre as diferentes zonas de formação subsuperficial e estas zonas para a superfície (Ahmed *et al.*, 2020).

Inversamente, a bainha de cimento de poço de petróleo (TS) resiste à fractura por retracção, flexão, congelação e descongelamento, ou expansão diferencial (Arjomand *et al.*, 2018; Liu *et al.*, 2018). Assim, o TS resiste ao alongamento ou ao comprimento do seu tamanho por forças de tensão.

Mais adiante, estudos revelaram que muitos factores afectam as respostas de desempenho do TS da bainha de cimento. Assim, num estudo, Philippacopoulos e Berndt (2001) salientaram que a reinjecção de fluidos e a expansão de reservatórios durante a melhoria da recuperação de petróleo é a actividade significativa que prevalece na falha da TS. Além disso, alguns outros estudos explicaram que quando a pressão dos poros finalmente ganhou entrada no sistema de chorume de cimento, afecta o TS (Felicetti *et al.*, 2012; Ravi *et al.*, 2002; Lile *et al.*, 1997). Mais uma vez, Lile *et al.* (1997) revelaram ainda que a fracturação hidráulica afecta o TS. Além disso, Labibzadeh (2010) também revelou que a temperatura (150^0 F) e a pressão (1.500psi) poderiam manter o TS mínimo de revestimento de cimento de aproximadamente 125psi para um sistema de cimento de Classe G no subsolo. Consequentemente, os contextos posteriores acima mencionados inferiram que o parâmetro crítico para manter o isolamento zonal num sistema de bainha de cimento nas condições predominantes no poço de petróleo é o TS, enquanto que o CS é responsável pelo apoio estrutural. No entanto, em qualquer sistema de bainha de cimento, o CS e o TS da bainha de cimento existem em alguns rácios.

Consequentemente, Bourgoyne *et al.* (1986) salientaram que o CS da bainha de cimento é sempre 12 vezes aproximadamente superior ao TS da bainha de cimento em qualquer sistema de bainha de cimento. Consequentemente, Li *et al.* (2019) prepararam diferentes amostras de cimento usando cimento de classe G, micro-fino, e super-fino num estudo.

A mistura era simples, e as bainhas de cimento resultantes produzidas eram de material compósito de CS e TS elevado. As CS e TS do material composto preparado foram mantidas pelo carboneto de silício verde micronizado e melhoradas pela micro fibra de aço. Os resultados de Li *et al.* (2019) mostram que no 28º dia, as CS e TS do material compósito aumentaram de 6382 para 10733psi e de 522 para 2654psi, respectivamente. Este resultado mostra uma relação inicial de 12:1.

Em contraste, Mueller e Eid (2006) relataram que na maioria dos poços de petróleo, a proporcionalidade entre o CS e o TS do sistema de bainha é geralmente suposto estar na proporção de 8:1 para 10:1. Da mesma forma, De Paula *et al.* (2018) declararam que o rácio de CS para TS de um sistema de bainha é de aproximadamente 10:1. Da mesma forma, noutro estudo realizado, Syarif *et al.* (2018) compararam e caracterizaram o CS e TS da bainha de cimento orgânico com o cimento de poços de petróleo Portland. O estudo revelou que as CS e TS da bainha de cimento orgânico eram de 885 e 158psi, respectivamente. Embora, as das bainhas de cimento dos poços de petróleo Portland fossem de 2933 e 292psi, correspondentemente. Assim, as bainhas de cimento do poço de petróleo de Portland exibiam uma relação de resistência CS para TS de aproximadamente 10:1. Não obstante, em geral, existe a teoria dos resultados, tal como mencionado acima, da relação de CS para TS da bainha de cimento.

Além disso, como significativo o desenvolvimento do CS e TS da bainha de cimento, e a teoria do rácio de CS para TS para a cimentação de poços de petróleo, existem dois grandes clinkers de cimento, que ditam principalmente o desenvolvimento da resistência do cimento (Zhang *et al.*, 2003). Um destes clínqueres é o silicato dicálcico ($C_2 S$); enquanto que o outro é o silicato tricálcico ($C_3 S$). O $C_3 S$ é o constituinte, o principal responsável pelo desenvolvimento das resistências iniciais (1 a 28 dias) da bainha de cimento; enquanto, o C_2 S influencia o desenvolvimento das resistências posteriores (28 dias$^+$), que é uma função da pasta de cimento concebida (Joel e Ademiluyi, 2011). Assim, as impurezas presentes num sistema de pasta de cimento afectam o processo de desenvolvimento da resistência da bainha de cimento, alterando a reacção de hidratação de C_3 S e C_2 S clinkers.

Na perfuração e cimentação, conhecer o tempo de presa da pasta de cimento e as propriedades do tempo de espessamento da pasta de cimento Portland Oilwell (POC) são essenciais para planear a cimentação de cordel de revestimento durante uma operação de perfuração. Na maior parte dos casos, após o anel de perfuração é preenchido com a pasta de cimento, que, quando endurecida, mantém o cordão de revestimento no lugar e isola o movimento dos fluidos de formação das suas respectivas zonas para outras zonas. Posteriormente, o Wellbore é deixado fechado durante tempo suficiente para permitir que a pasta de cimento endureça antes de retomar a perfuração em perspectivas mais profundas em direcção à zona de pagamento (Azar e Samuel, 2007).

Além disso, para evitar danos no equipamento utilizado na bombagem da calda de cimento não-Newtoniana ou chorume no anel, a calda de cimento deve estar num estado fluido contínuo durante um tempo de espessamento suficiente enquanto é bombeada para evitar a cimentação mal sucedida. Principalmente, para evitar o desperdício de custos da plataforma, tempo valioso da plataforma - tempo de paragem, perda de poços, danos ao ambiente, e perda da reputação da companhia petrolífera internacional (IOC). Assim, a pasta de cimento concebida deve ser colocada pouco depois de bombeada e colocada na profundidade desejada. Consequentemente, compreender o espessamento da pasta de cimento e o tempo de presa de qualquer poço de petróleo projectado é de evidente importância económica considerável (Zhang *et al.*, 2010). Apesar dos avanços acima mencionados na cimentação, existem ainda casos contínuos de falhas de cimentação primária. Estas falhas devem-se a um longo período de tempo de má concepção do slurry de cimento (Hair and Narvaez, 2011; NAP, 2012; Parsonage, 2017; Normann, 2018; Igbani *et al.*, 2020b).

Explicitamente, alguns dos factores que causam falhas de cimento são estimativas inadequadas da temperatura de circulação do fundo do poço (BHCT) e da temperatura estática do fundo do poço (BHST), pressão dos poros, perda de fluidos, e profundidade do poço. Outros factores são uma má concepção do fluido de perfuração, pressão do fluido hidrostático de perfuração, tempo de mistura, tempo de assentamento, tempo de bombeamento ou de espessamento, tempo de assentamento, desenvolvimento de TS e CS do cimento, PR, e PM da bainha de cimento, densidade do chorume; enquanto outros são uma má utilização de aditivos secos ou líquidos, mau funcionamento do equipamento de laboratório, maior quantidade de água de mistura, e má qualidade do cimento, má qualidade da água de mistura (Backe *et al,* 1998; Salehi e Paiaman, 2009; Boniface e Appah, 2014; Olugbenga, 2014; Liu, 2015; Broni-Bediako *et al.,* 2015).

Especificamente, esta investigação centrou as suas investigações experimentais no impacto negativo da qualidade da água misturada na cimentação. Predominantemente, sobre o impacto negativo da presença de concentração de iões ferrosos (Fe^{2+}) na água de mistura, em algumas respostas de desempenho mecânico da cimentação de sistemas de bainha. Estas respostas de desempenho do cimento foram limitadas às CS, TS, PR, e PM da bainha de cimento. A investigação efectuou estas investigações em condições simuladas de wellbore.

Mais adiante, esta investigação desenvolveu modelos adequados utilizando os conjuntos de dados obtidos a partir dos tratamentos experimentais. Os tratamentos experimentais examinaram individualmente algumas concentrações conhecidas de efeitos de Fe^{2+} sobre as respostas de desempenho da bainha de cimento no meio de outras variáveis independentes. Estas variáveis independentes utilizadas foram a temperatura, a pressão e o tempo de cura. Durante cada um dos tratamentos experimentais, estas variáveis independentes foram mantidas constantes aos pares, enquanto que outras variaram para determinar as respostas de desempenho dos sistemas de bainha de cimento investigados.

Frequentemente, estes identificaram falhas de desempenho mecânico da cimentação depois de o cimento ter sido fixado e endurecido. Estas falhas não ocorrem apenas como resultado do choque mecânico do tropeçar da tubagem, e do encolhimento da bainha durante a fixação; da expansão do revestimento e compressão do cimento durante o ensaio de vazamento de pressão; do impacto da pressão de injecção e da temperatura no revestimento de produção, mas com a má qualidade da água de mistura utilizada na formulação dos sistemas de chorume (Bett, 2010; Pattinasarany e Irawan, 2012; Taha *et al.*, 2010; Al-Jabri *et al.*, 2010; Al-Manaseer *et al.*, 1998).

A água de mistura é um ingrediente universal essencial da cimentação. A água de mistura funciona como o único fluido Newtoniano contínuo na mistura, colocação, e compactação da pasta de cimento. Desempenha também um papel essencial durante a hidratação do cimento. Como resultado, para que a bainha de cimento desempenhe o seu papel fulcral no subsolo, a água de mistura utilizada não deve conter impurezas potencialmente prejudiciais. Impurezas tais como óleos, sabões, detergentes, argila dissolvida, partículas orgânicas, sais, ácidos, álcalis, açúcares e cal na água de mistura devem ser removidas (Neville e Brooks, 2010). A capacidade única de misturar água na dissolução, em certa medida, de praticamente todos os compostos químicos, e de suportar praticamente todas as formas de vida, explica que as reservas de água bruta de mistura contêm muitas impurezas (Patrick *et al.*, 2012).

Sobre estes cenários, o Instituto Americano do Petróleo (API), e as normas da Organização Mundial de Saúde (OMS), aconselham fortemente a utilização de água potável como água de mistura para a cimentação. Além disso, a norma da OMS especifica ainda alguns limiares para qualificar a água de mistura como potável (OMS, 2011). Da mesma forma, a norma ASTM C 1602 também inclui os metais pesados, limites máximos de concentração para cloretos, sulfatos, álcalis e outros sólidos presentes na água de mistura (ASTM, 2012). De acordo com estas normas, McCoy (1978) opinou que as impurezas dissolvidas ou em suspensão na água de mistura afectam o desempenho do cimento de várias formas. Estes gestos antagónicos na cimentação podem ser de forma química, física ou superficial. Consequentemente, McCoy (1978) explicou que o efeito químico envolve a interferência com a reacção de hidratação, quer retardando ou acelerando as respostas de desempenho do cimento; enquanto que, o efeito físico envolve a interferência de matéria em suspensão dentro do fluido do cimento. Da mesma forma, o efeito superficial inclui casar a aparência superficial com descoloração ou eflorescência.

Noutro desenvolvimento, Bourgoyne *et al.* (1986) descreveram a água de mistura como o principal componente líquido utilizado com algum POC em pó para produzir uma mistura homogénea. Esta mistura é conhecida ou como pasta de cimento ou pasta de cimento. Assim, Mehta e Monteiro (2005) explicaram que a produção de chorume de cimento requeria mistura-água, cimento em pó, e provavelmente aditivos. Mehta e Monteiro (2005) explicaram ainda que quanto mais fino o tamanho do solo de cimento em pó se torna, o consumo de água de mistura durante a hidratação do cimento aumenta para uma determinada proporção. Além disso, Mehta e Monteiro (2005) explicaram que quanto mais fino for o solo do cimento em pó, mais água de mistura é necessária para a formulação da lama de cimento. Pelo contrário, no que diz respeito à qualidade da água de mistura, Neville e Brooks (2010) revelaram que a má qualidade da água de mistura tem alguns efeitos prejudiciais na cimentação de poços de petróleo. Além disso, Neville e Brooks (2010) esclareceram explicitamente que a água de mistura utilizada na preparação de chorume de cimento deve estar isenta de substâncias nocivas. Novamente, Neville e Brooks (2010) explicaram ainda que estas substâncias nocivas são, em geral, prejudiciais para o cimento CS, TS, PR, e PM.

Esta última implica que a água misturada deve ter as mesmas propriedades físico-químicas que a água potável, tal como indicado na norma da OMS para água potável (OMS, 2011). Assim, 0,3mg/L de concentração de Fe^{2+} é o limiar para a água potável (OMS, 2011). Em geral, uma concentração máxima permitida de Fe^{2+} no abastecimento de água potável é de 1mg/L; inversamente, uma dose de 1500mg/L de Fe^{2+} pode causar mais impacto negativo na saúde do envenenamento humano, uma vez que pode danificar os tecidos sanguíneos sobretudo em crianças. Também pode causar perturbações digestivas, doenças de pele, e problemas dentários (Khan *et al.*, 2000). Portanto, qualquer concentração de água de mistura de Fe^{2+} é superior a 0,3mg/L seria prejudicial para a bainha de cimento. O resultado destes estudos anteriores sobre os efeitos da mistura de água na cimentação de poços petrolíferos evidenciou que estes estudos nunca modelaram, afirmaram, ou explicaram cientificamente a troca entre as presenças de Fe^{2+} em sistemas de mistura de água e bainha de cimento sob condições de poços predominantes. Portanto, não existe um consenso sustentável e um trabalho de cimentação primária perfeito para poços de petróleo. A seguir apresenta-se a declaração do problema para esta investigação.

1.2 Declaração do problema

Desde o advento da perfuração de poços de horizonte mais profundo em terra e no mar para explorar e explorar petróleo bruto, os pontapés têm sido fontes de incidentes e acidentes. Estes poços perfuraram e completaram pontapés experientes ou quase explosões. Os rebentamentos são a causa principal de acidentes ou incidentes em plataformas de plataformas. Embora, estes pontapés sejam normalmente evitados com uma bainha de cimento vazia de micro anéis (Taha *et al.*, 2010; Al-Jabri *et al.*, 2010). Assim, a bainha de cimento controla a graduação dos pontapés em um furo. Com a formação desta última barreira rígida subsuperficial conhecida como bainha de cimento, ainda existem algumas falhas relatadas na bainha de cimento. Estas incluem encolhimento (micro-ânulos), canalização de gás e/ou/e óleo, e outras comunicações fluidas de formação através de bainhas de cimento, que conduziram a alguns quase acidentes, incidentes, e acidentes catastróficos (Crook, 2006). Estes casos notificados foram identificados como obstáculos recorrentes às operações de perfuração, cimentação e conclusão, tal como reconhecido por várias equipas de investigação conjunta de acidentes ou incidentes (Akin *et al.*, 2017). Para além disso, Anderson (1984), num relatório anterior, evidenciou que uma cabeça de poço cimentada desceu a uma profundidade de cerca de 2,33 pés abaixo da linha de lama durante a instalação de um revestimento de produção.

Como consequência, o acima mencionado é um caso claro de falha no trabalho primário de cimento. Além disso, outro caso de falha no trabalho primário de cimento testemunhado a 10 de Abril de 2010, conhecido como a explosão Macondo ceifou vidas (Hair and Narvaez, 2011; NAP, 2012; Pallardy, 2018). Por conseguinte, a necessidade de cimentar as empresas que prestam serviços de cimentação, ao colocar mais esforços de investigação para encontrar os mecanismos que regem estas aparências de canais nas bainhas de cimento que levaram a falhas nas bainhas de cimento, torna-se primordial.

Embora, apesar destes esforços, ainda não existam soluções consensuais para eliminar os recorrentes influxos de fluido do reservatório e as migrações de fluido de formação através dos canais de bainhas de cimento para a superfície. Como resultado, esta investigação examinaria experimentalmente os efeitos da concentração conhecida da presença de Fe^{2+} na água de mistura em bainhas de cimento de poços de petróleo nas respostas de desempenho mecânico. A investigação envolveria também o desenvolvimento de modelos preditivos adequados, que predizeriam os efeitos da concentração conhecida de Fe^{2+} presente na água de mistura sobre as respostas de desempenho mecânico da bainha de cimento de poços petrolíferos. Estas respostas de desempenho mecânico de cimentação de poços de petróleo são compostas por PR, CS, e TS, e PM de bainhas de cimento.

Tecnicamente, na conclusão desta investigação, os casos geralmente relatados de incidentes e acidentes associados a operações de exploração e produção em terra (E&P) resultantes da má cimentação de poços petrolíferos seriam reduzidos para o nível tão baixo quanto racionalmente possível (ALARP). O resultado da investigação pouparia custos, investimentos e anularia o tempo para a cimentação secundária ou correctiva.

Finalmente, os modelos de previsão adequados desenvolvidos ajudariam a poupar o tempo e as implicações de custos da repetição de trabalhos laboratoriais tão rigorosos. Do mesmo modo, no meio destes factores limitantes acima mencionados, esta investigação baseou-se na finalidade e objectivos subjacentes.

1.3 Finalidade e Objectivos do Estudo

A investigação visa modelar os efeitos das concentrações conhecidas de Fe^{2+} sobre as respostas de desempenho mecânico dos sistemas de bainha, em condições simuladas de bem-estar prevalecentes. Além disso, a investigação adere aos seguintes objectivos, que são os seguintes

1.3.1 Examinar os efeitos das concentrações conhecidas de Fe^{2+} sobre as respostas de desempenho CS dos sistemas de bainha de cimentação de poços de petróleo, o que inclui a modelagem e optimização das respostas de desempenho CS da bainha de cimentação medida.

1.3.2 Investigar as influências das concentrações conhecidas de Fe^{2+} sobre as respostas de desempenho TS dos sistemas de bainha, o que inclui a modelagem e a melhoria das respostas de desempenho TS da bainha de cimento estimadas.

1.3.3 Estudar os impactos das concentrações conhecidas de Fe^{2+} nas respostas de desempenho de RP dos sistemas de bainha, incluindo a modelagem e optimização das respostas de desempenho de RP estimadas.

1.3.4   Examinar os efeitos das concentrações conhecidas de Fe^{2+} sobre as respostas de desempenho PM dos sistemas de bainha, o que inclui a modelagem e optimização das respostas de desempenho de PM da bainha de cimento avaliada.

1.3.5   Validar os modelos de previsão adequados desenvolvidos com normas.

1.4   Âmbito e Limitação da Investigação

O âmbito desta investigação compreende a investigação experimental e modelação dos efeitos de diferentes concentrações conhecidas de Fe^{2+} presenças em diferentes misturas de águas em algumas respostas de desempenho de cimentação de poços de petróleo. As respostas de desempenho da cimentação de poços de petróleo investigadas foram o PR, CS, TS e PM dos sistemas de bainha de cimento. Assim, esta investigação utilizou a classe G POC e as águas de mistura de Fe^{2+} de Kolo Creek, Nigéria, para formular as amostras de pasta de cimento necessárias. Embora, os controlos experimentais tenham sido os chorumes de cimento formulados utilizando água de mistura desionizada. Além disso, os chorumes ferrosos utilizados na preparação de cubos de bainhas para testar as respostas de desempenho mecânico. Durante a preparação dos cubos de bainha, a temperatura (200 a 250^0 F); pressão (2500 a 3000psi); cura (6 a 8hrs) foram as variáveis independentes utilizadas. No total, um total de cento e oitenta (150) amostras de pasta de cimento para estas investigações experimentais. Estas amostras de lama de cimento estavam nas ocorrências do BBDoE óptimo, uma ferramenta disponível na metodologia de superfície de resposta (RSM) (Simsek *et al.* 2016; Rahmatika *et al.,* 2019). Estas 150 amostras de chorume de cimento concebidas foram curadas em cubos de bainha de cimento. Subsequentemente, estes cubos de bainha foram submetidos a alguns testes de falha de desempenho mecânico da cimentação. Como foi dito anteriormente, estas respostas mecânicas são CS e TS, PR e PM das bainhas de cimento.

Além disso, esta investigação adoptou a especificação API 10A metodologia para medir estas respostas de cimentação (API, 2002). Do mesmo modo, a investigação também adoptou a MSE na modelação dos efeitos da mistura de águas ferrosas sobre as respostas acima mencionadas. A duração desta investigação foi de três anos. Mais adiante, durante a implementação desta investigação, foram encontradas algumas limitações. Subsequentemente, cerca de 75% do equipamento utilizado nesta investigação, cerca de 50% destes equipamentos estavam disponíveis no Laboratório de Engenharia Petrolífera da Universidade do Delta do Níger, enquanto cerca de 25% destes equipamentos foram subcontratados. Assim, a duração da externalização de 25% do equipamento prolongou o prazo para a conclusão desta investigação, enquanto que os 25% de equipamento indisponíveis limitaram o âmbito desta investigação. Por conseguinte, esta investigação excluiu as investigações de algumas respostas mecânicas dos sistemas de bainha.

Estas respostas de desempenho mecânico dos sistemas de bainha de cimento excluídos foram durabilidade, resistência característica, fluência, retracção, peso unitário, relação de Poisson, e relação modular. Da mesma forma, a alimentação eléctrica era inferior a 24 horas diárias no laboratório de engenharia petrolífera da Universidade do Delta do Níger. Por conseguinte, todos os testes foram limitados a este período inferior. Este menos período explicou que todas as bainhas de cimento produzidas e utilizadas eram de cimento de baixa densidade recomendado pelo API. Por conseguinte, esta investigação excluiu a investigação de bainhas de média e alta densidade. Da mesma forma, foram levadas ao laboratório amostras de água misturada recolhidas aleatoriamente de diferentes furos de água em Kolo Creek, Nigéria, a uma distância de cerca de 147.638 pés. Consequentemente, a vibração, e a ressonância complementar imposta à água misturada nos recipientes, pode ter causado alguma auto-oxidação, o que reduziu insignificantemente a medição real da concentração de iões Fe^{2+} nas amostras.

Além disso, outro factor limitativo desta investigação foi a indisponibilidade de estudos anteriores adequados sobre os efeitos da presença de iões de metais pesados em águas mistas nas respostas do cimento em condições de furos simulados em HPHT. Esta limitação dos estudos anteriores tornou enfadonha a identificação do precursor desta investigação. Este processo foi moroso e meticuloso, o que também prolongou o prazo para a conclusão desta investigação.

CAPÍTULO II

REVISÃO BIBLIOGRÁFICA

O Capítulo II passou em revista estudos anteriores, que foram publicados por investigadores de renome. Estes estudos anteriores revelaram a extensão do trabalho realizado sobre os efeitos dos metais pesados em águas mistas no desempenho mecânico dos sistemas de bainhas de cimento. Além disso, a revisão destes estudos anteriores visou identificar os métodos, materiais, equipamento aplicáveis a esta investigação. Da mesma forma, os estudos anteriores revistos revelaram a lacuna da investigação desta investigação. Consequentemente, o Capítulo II apresenta a secção 2.1 como efeitos da mistura da qualidade da água sobre as respostas do desempenho mecânico dos sistemas de bainhas de cimento. Da mesma forma, a secção 2.2 apresenta os modelos mais importantes sobre as propriedades mecânicas das bainhas de cimento. Além disso, a secção 2.3 explica o reconhecimento da metodologia/desenho das experiências de investigação. Na secção seguinte, a secção 2.4 apresenta o reconhecimento da lacuna da investigação.

2.1 Efeitos da Qualidade da Água Mista sobre as Respostas de Desempenho Mecânico dos Sistemas de Bainha de Cimento.

2.1.1 Respostas de Resistência Compressiva de Sistemas de Bainha de Cimento

Uma CS de última geração é significativa na obtenção de integridade e isolamento. O CS é significativo uma vez que normalmente representa a bainha de cimento e o chorume de cimento (Nelson, 2006). O CS é a capacidade de carga mais elevada, que a bainha pode suportar antes de se comprimir em condições de poços subterrâneos predominantes. Assim, com base no conceito subjacente de integridade do wellbore integrado com completo isolamento do wellbore,

A investigação dos efeitos da qualidade da água misturada sobre o CS da bainha de cimento torna-se primordial.

Como resultado, Madhusudana *et al.* (2011) examinaram o impacto do chumbo (Pb^{2+}) no desenvolvimento da SC. No estudo, Madhusudana *et al.* (2011) conceberam águas desionizadas separadas de concentrações conhecidas com Pb^{2+}. Estas águas mistas desionizadas foram perfuradas com Pb^{2+} e misturadas com areia Ennore para preparar amostras de argamassa de cimento. Estes espécimes de argamassa de cimento foram, depois disso, curados em cubos de betão. Os resultados deste estudo mostraram que como as concentrações de Pb^{2+} aumentaram mais de 3000mg/L na água de mistura desionizada, o CS do betão reduz-se em comparação com a amostra de referência. O espécime de referência foi anulado de Pb^{2+}. Consequentemente, o estudo estabeleceu que Pb^{2+} em alta concentração provoca a perda do CS do betão.

Além disso, no estudo, Madhusudana *et al.* (2011) deduziram que a perda de CS era devida à dissociação do hidróxido de cálcio e à descalcificação do tobermorite por alta concentração de Pb^{2+} em hidrato de silicato de chumbo. O C-S-H tem uma superfície interna elevada com um mecanismo de adsorção adequado e robusto para adsorver iões estrangeiros (Zhang *et al.*, 2018). Contudo, Madhusudana *et al.* (2011) examinaram apenas os efeitos de Pb^{2+} no desenvolvimento do C-S-H de betões, que utilizavam argamassa, em condições atmosféricas. Mais uma vez, este estudo excluiu a presença de Fe^{2+} como impureza na água misturada e os seus efeitos no desempenho do CS da bainha de cimento de poços de petróleo em condições HPHT. Estas são provas que reconhecem a lacuna desta investigação.

Num outro desenvolvimento, Patil *et al.* (2011), num estudo, mediram a presença de impurezas químicas na água misturada e os seus efeitos sobre as propriedades do betão.

O método adoptado no estudo preparou um total de 315 cubos de betão de cada 100cm^2 na área, utilizando cimento Portland pozzolana de uma única fonte. A relação água/cimento (w/c) utilizada para a mistura foi de 0,473. Os cubos de betão curados resultantes foram para 7, 14, 28, e 56 dias. Posteriormente, em cada uma destas idades de cura, o betão foi submetido a testes de CS.

Estes testes determinam se o CS é até 90 por cento da mistura-água de controlo, facilitando a aceitação das fontes de água investigadas. Os resultados do estudo mostraram que várias concentrações de sulfato de cálcio (CaSO$_4$), hidróxido de sódio (NaOH), hidróxido de cálcio (Ca(OH)$_2$), sulfato ferroso (FeSO$_4$), e nitrato de sódio (NaNO$_3$) como impurezas químicas na água de mistura afectam o desenvolvimento do CS do betão a 7, 14, 28 e 56 dias. Patil *et al.* (2011) concluíram que estas impurezas químicas diminuem o CS dos betões.

Systematicamente, Patil *et al.* (2011) estudaram várias concentrações de CaSO$_4$, NaOH, Ca(OH)$_2$, FeSO$_4$, e NaNO$_3$ como impurezas químicas na mistura-água que afectam o desenvolvimento da CS, utilizando argamassa, em condições atmosféricas. Também, na investigação, a exclusão da presença de Fe^{2+} como impureza na água de mistura, e os seus efeitos no desempenho do CS da bainha de cimento de poços de petróleo. Mais uma vez, o estudo de Patil *et al.* (2011) evidenciou a lacuna desta investigação. Além disso, Nikhil *et al.* (2014) estudaram individualmente os efeitos da água potável, água subterrânea e água de esgotos sobre os betões. O estudo observou que uma baixa concentração de metal pesado em água potável resultou num aumento de cerca de 33,34% nas CS do betão em comparação com as CS do betão de águas subterrâneas e esgotos.

Além disso, as observações do estudo sugerem que a presença contínua de uma alta concentração de cloreto nas águas mistas aumenta o pH das águas mistas; que o estudo relatou que o pH da água potável, águas subterrâneas e águas de esgotos foram respectivamente medidos e registados aproximadamente, a 6,6, 8,2, e 10,2. Estes foram nos casos de cloreto nas águas mistas nas respectivas concentrações de 175, 150, e 210mg/L. No entanto, o estudo de Nikhil *et al.* (2014) examinou as várias concentrações de cloreto como uma impureza química na água misturada, afectando o desenvolvimento do CS utilizando argamassa em condições atmosféricas. Em termos diferentes, o estudo não investigou a presença de Fe^{2+} como impureza química e os seus efeitos no desempenho do CS da bainha de cimento de poços de petróleo. Embora, no mesmo ano, Olugbenga (2014) tenha lançado cubos de amostras de betão utilizando cada uma destas amostras de água como água de mistura e realizado testes de falha de CS nas amostras de betão.

Os resultados do estudo de Olugbenga (2014) evidenciaram que; os testes de falha de CS revelaram que diferentes níveis de impurezas na água misturada investigada têm geralmente efeitos significativos sobre o CS do betão. Embora os resultados demonstrem que, apesar das diferentes fontes das amostras de mistura de água, o CS do betão investigado aumenta com o tempo de cura. No entanto, o estudo investigou os efeitos das diferentes fontes de água no desenvolvimento da resistência do betão utilizando argamassa em condições atmosféricas. Além disso, o estudo evidenciou a exclusão da presença de Fe^{2+} como uma impureza na mistura de água e os seus efeitos no desempenho da bainha de cimento de poços de petróleo. Mais uma vez, outro estudo examinou alguns cubos de bainhas para determinar os efeitos da mistura da qualidade da água sobre o CS da bainha de cimento.

No estudo, foram preparados chorumes rotulados de A a E utilizando águas de mistura de diferentes qualidades. As diferentes águas de mistura eram águas macias, medianamente duras, muito duras, de mar, e de campo. Os chorumes de cimento preparados caíram em três grupos, o que deu quinze exemplares. Além disso, de cada grupo (ou seja, o primeiro, segundo e terceiro grupos) das pastas de cimento preparadas, as pastas foram curadas durante um dia, três dias, e sete dias (Saleh *et al.*, 2018). Subsequentemente, nestes grupos de bainhas, foram realizados e medidos testes de britagem certificados para o CS da bainha com base em normas (Especificação API 10A, 2002; Igbani *et al.*, 2020b).

Após estes testes, os resultados obtidos mostram que as polpas de cimento de água do mar formuladas, curadas durante cerca de um dia e esmagadas, tinham um CS médio de 3.916,02psi, enquanto as outras tinham um CS médio de 2.900,75psi (Saleh *et al.*, 2018). Inversamente, os chorumes formulados com bainha de água do mar britada durante cerca de três dias ganharam mais 580,15psi, enquanto os cubos curados, que misturam água mole, água do campo, outros graus de água dura, ganharam mais 5,221,36, 5,511,43, e 4,931,28psi, respectivamente. No entanto, após sete dias de cura, os resultados das medições de CS revelaram que os cubos curados dos de água mole tinham o maior valor de CS, que foi registado como 7.251,89psi, enquanto os outros tiveram um incremento na ordem dos 44-47psi. Estes resultados das medições do CS revelaram que os chorumes preparados com água macia davam à bainha um CS elevado, enquanto os outros davam à bainha de cimento um CS de curto prazo devido à hidratação activa do *tobermorite*. Do mesmo modo, Nelson (1990) explicou que a água de mistura não potável reduz o CS da bainha a cerca de 20%. Por outro lado, uma investigação adicional examinou os efeitos da ponderação dos materiais sobre as respostas de desempenho do CS.

Consequentemente, Ahmed *et al.* (2019) investigaram os efeitos da ponderação de materiais nas propriedades do cimento de poços de petróleo. De acordo com a norma API, o estudo preparou sistemas de polpa de cimento e sistemas de bainha de cimento. Mais adiante, após a preparação individual dos slurries concebidos com barita, hematite, e ilmenite, os slurries formulados. Em seguida, os chorumes formulados foram descarregados em dois moldes metálicos diferentes. O primeiro molde cúbico era com extremidades de 2", e o segundo molde era cilíndrico com um diâmetro de 1,5", e o seu comprimento era de 4". Posteriormente, as amostras de chorume concebidas foram então curadas a 294^0 F e 3000psi, utilizando uma câmara de cura HPHT. As condições de cura utilizadas no estudo foram as mesmas fornecidas pelo fabricante do cimento. Cada um dos chorumes foi curado 24hrs. Posteriormente, as amostras de bainha de cimento curado foram retiradas da câmara de cura e desmoldadas com base nos moldes metálicos para que a bainha fosse submetida a testes de CS.

Além disso, o estudo de Ahmed *et al.* (2019) revelou que o cimento ponderado por hematite tinha o maior CS de 8021psi, enquanto o CS de cimento barita-pesado e hematite era 18,4% e 36,7% menos em comparação com o do cimento ilmenita. O resultado explicou que a barita ($BaSO_4$), a ilmenite ($FeTiO_3$), e a hematite ($Fe\ O_{23}$) são os materiais de pesagem mais comummente utilizados para a cimentação. Embora a barita seja raramente utilizada, apesar do seu baixo custo, como material de ponderação para o cimento de poços de petróleo, devido ao seu potencial poluente, uma vez que contém uma concentração considerável de metais pesados tóxicos.

Da mesma forma, Mama *et al.* (2019) investigaram os efeitos da qualidade da água de diferentes fontes sobre as propriedades de resistência do betão. Este estudo investigou os diferentes tipos de betão preparado individualmente com chuva, rio, e água potável. Além disso, foram realizados testes de falha CS após 7, 14, e 28 dias em cada um destes betões. Estes resultados revelaram que a mistura de água utilizada na preparação destes betões afecta significativamente o desenvolvimento da CS. Explicitamente, os cubos de betão produzidos a partir de água misturada potável ganharam CS apreciáveis até à idade da cura. Vividamente, o CS do betão feito com água da chuva aumentou com a idade de cura de 7 e 14 dias. No entanto, o CS do betão no 28º dia foi drasticamente reduzido. Consequentemente, Mama *et al.* (2019) concluíram sugerindo que a água de mistura do rio está próxima da água de mistura potável, e a água de mistura potável é a única excepcionalmente a melhor água de mistura para a produção de betões. Contudo, como Mama *et al.* (2019) estudaram o CS do betão em condições atmosféricas, o estudo excluiu para examinar a presença de Fe^{2+} como impureza na água de mistura e os seus efeitos no desempenho do CS do poço de cimento de petróleo no HPHT.

Num estudo recente, Thirumakal *et al.* (2020) compararam o comportamento mecânico do geopolímero ao cimento de poços de petróleo à base de OPC, em que ambos os cubos foram curados em água salina. O cimento normal à base de Portland de alta resistência ao sulfato foi utilizado para a preparação das amostras de chorume de cimento. Cada uma destas amostras de pasta de cimento preparadas com 0 (água doce), 10, 20, e 30% de água salina misturada foram respectivamente vertidas em quatro diferentes moldes cilíndricos de 38 mm de diâmetro e 76 mm de altura. Em cada um destes moldes, a pasta de cimento concebida foi vertida para o molde em três camadas.

Além disso, cada camada foi abanada durante um período de 2min num dispositivo vibratório. Uma vez lançadas as amostras, as bainhas foram cobertas com polietileno para evitar que as bainhas perdessem humidade e contraíssem humidade ambiental. Em seguida, as quatro bainhas de cimento produzidas foram colocadas num forno e curadas a 122°F durante 24 horas. Estas bainhas produzidas foram submetidas a testes de CS. Como resultado, o CS da bainha de geopolímero aumenta com uma salinidade da água salina, resultante da maior resistência contra a descarga de álcalis das amostras da bainha em águas salinas em comparação com a água doce de 0% de salinidade. Em contrapartida, o CS das bainhas OPC em águas salinas aumenta até 10% de salinidade NaCl e reduz-se com qualquer aumento adicional de salinidade.

Além disso, o aumento inicial observado deveu-se ao aumento da informação das espinhas, o que aumenta o CS, enquanto a redução do CS para além de 10% de salinidade NaCl se deve ao elevado teor de sal. A redução aconteceu quando o sal degradou as amostras e retardou o processo de hidratação. No entanto, o estudo não incluiu vividamente os factores de pressão e Fe^{2+} durante a avaliação do comportamento mecânico do geopolímero e do cimento à base de OPC curado em água salina.

Além disso, Magdi *et al.* (2017) concluíram que apesar do tipo de mistura de água utilizada para preparar chorume de cimento, a alta temperatura, a bainha de cimento atinge a CS máxima após poucas horas. Smith (1987) observou também que o CS do cimento curado aumenta com o aumento da temperatura de cura para cerca de 200°F, depois foi observada uma diminuição a temperaturas mais elevadas. Em contraste, estes estudos excluíram a presença de Fe^{2+} como uma impureza na água de mistura e os seus efeitos sobre os desempenhos mecânicos da bainha de cimento de poço de petróleo CS.

Por conseguinte, um desenho de pasta de cimento devidamente concebido que gerasse a bainha de cimento necessária para um poço de petróleo deveria satisfazer todos os requisitos de água potável (Igbani *et al.,* 2020b). Neste ponto, torna-se possível uma realização do CS requerido para atingir o CS final para a perfuração da bainha de cimento na zona de pagamento, isolamento zonal completo, e suporte para o cordão de revestimento e outro equipamento de superfície.

2.1.2 Respostas da Resistência à Tensão dos Sistemas de Bainha de Cimento

TS de bainha de cimento, é a força que resiste, à fractura por retracção, flexão, congelação e descongelamento, ou expansão diferencial. Assim, o TS é descrito como a capacidade do sistema de bainha de cimento, de resistir ao alongamento do seu tamanho por forças de tensão.

No que diz respeito aos factores que afectam o desenvolvimento do TS da bainha de cimento, num estudo, Philippacopoulos e Berndt (2001) opinaram que, os principais riscos de falha do cimento, se devem à reinjecção de fluidos, e à expansão do reservatório durante a recuperação de petróleo. Além disso, Lile *et al.* (1997) explicaram que, quando a pressão dos poros finalmente ganhou entrada nos sistemas de cimento, tende a afectar o TS; e, a fractura hidráulica afecta o TS. Além disso, Labibzadeh (2010) revelou que o TS mínimo (125psi) de um sistema de cimento da Classe G no subsolo pode ser mantido à temperatura, e pressão de 150^0 F, e 1500psi, respectivamente.

Portanto, é imperativo investigar os efeitos das diferentes concentrações de Fe^{2+} no desenvolvimento de bainhas de cimento ferroso; para evitar que a bainha de cimento se parta por retracção, flexão, congelação e descongelação.

2.1.3 Respostas de Porosidade e Permeabilidade dos Sistemas de Bainha de Cimento

Permeabilidade é a propriedade da ligação de cimento, bainha de cimento, ou corpo de cimento rígido no subsolo, que permite a comunicação entre os fluidos de formação em zonas deferentes para o poço ou em direcção ao invólucro ou à superfície. O fluxo de fluidos de uma zona para outra só é possível quando os poros da matriz de cimento estão ligados. O permeâmetro mede o PM da bainha de cimento, enquanto que o porosímetro mede o PR da bainha de cimento. O permeâmetro utiliza o princípio da lei de Darcy para medir o PM da bainha de cimento. Além disso, a temperatura, pressão e tempo de cura simulados utilizados para curar os cubos de bainha de cimento estão todos integrados na comunicação da PM da bainha de cimento (Bourgoyne *et al.*, 1986; Especificação API 10A, 2002).

Além disso, o PR e PM são medidos e expressos em percentagem (%) e milli-Darcy (mD), respectivamente. Embora, não exista um limiar padrão API consensual para medir o PR e o PM da bainha de cimento de poço de petróleo na especificação API 10A. Pelo contrário, outro estudo tinha relatado que uma bainha de cimento com uma PM inferior a 100mD poderia ser utilizada como um selo contra comunicações de fluidos de formação (Anon, 2018). Alternativamente, Lecampion *et al.* (2011) apontaram que a PM da bainha de cimento utilizada na cimentação de poços de petróleo deveria ser tão baixa quanto menos de 0,1mD para um selo reforçado do anel. De acordo com Lecampion *et al.* (2011), uma PM inferior a 0,1mD faria da bainha de cimento uma barreira robusta e rígida entre a caixa e a parede de formação. Também, a conclusão de Lecampion *et al.* (2011) sugeriu que a bainha de cimento exibia uma característica quase impermeável que impediria a migração do fluido de formação através das zonas de perfuração; excepto, a má qualidade da água de mistura era conceber a pasta de cimento.

Geralmente, a qualidade da água de mistura utilizada para misturar POC em pó em polpa de cimento varia muito. A qualidade da água de mistura e a sua disponibilidade no local da plataforma depende da especificação da localização do poço de petróleo em perspectiva para ser dirigido geologicamente, perfurado e cimentado. A água de mistura disponível pode ser de água doce, água do mar, ou água salobra, com base na disponibilidade da fonte de água de mistura. A água misturada fresca é obtida em terra e misturada com cimento em pó de poços petrolíferos em chorume de cimento proveniente de rios, riachos, lagos, poços de água, canais, e furos de água subterrânea, enquanto que a água misturada em plataformas offshore é obtida do mar. Ocasionalmente, a água misturada salobra de origem salobra provém de águas interiores. De qualquer fonte, a água de mistura utilizada para formular a lama de cimento necessária deve ter o comportamento primário resultante de água potável.

Tecnicamente, a má qualidade da água de mistura afecta o PR e PM da bainha de cimento, que é o resultado da presença de impurezas na água de mistura (Azar e Samuel, 2007). Estas impurezas podem incluir metais pesados, microrganismos, matérias orgânicas, matérias inorgânicas, açúcar, e temperatura anormal da água. Quimicamente, estas impurezas participam hidraulicamente na hidratação do cimento (Patil *et al.*, 2011; Nikhil *et al.*, 2014; Kuchee *et al.*, 2015). Subsequentemente, George *et al.* (2010) explicaram que a hidratação de POC em pó envolve a reacção de água misturada com vários reagentes (que são principalmente C_3 S, C_3 A, C_2 S, C_4 AF, e gesso), e precipitação de vários produtos, incluindo C-H-S com estequiometria incerta, ettringite, hidróxido de cálcio, e outros minerais sulfato.

Na mesma linha, Neville e Brooks (2010) também explicaram que a qualidade da água de mistura utilizada para preparar a pasta de cimento é significativa porque a presença de impurezas na pasta de cimento interfere com as propriedades mecânicas e o endurecimento da bainha de cimento, respectivamente. Mais uma vez, a má qualidade da água de mistura causa manchas na superfície exterior da bainha, o que leva à corrosão. Em afirmações, Thomas (2007); Nelson (1990), num estudo individual separado, esclareceu que todos os contaminantes na água de mistura afectam o PR e PM da bainha de cimento.

Consequentemente, Neville e Brooks (2010) revelaram que a má qualidade da água de mistura tem alguns efeitos prejudiciais na bainha de cimento. No chumbo, o estudo de Neville and Brooks (2010) elucidou que a água de mistura utilizada para a preparação de pasta de cimento deve estar isenta de substâncias químicas nocivas que possam ser prejudiciais para as relações públicas e PM da bainha. Da mesma forma, Saleh *et al.* (2017a); Saleh *et al.* (2017b) explicaram que o fracasso dos trabalhos de cimentação primária de poços de petróleo se deve a uma consideração inadequada das condições de mistura de água na fase de concepção do chorume de cimento. Curiosamente, a hidratação do chorume de cimento é uma reacção exotérmica. No processo de hidratação, cada um dos constituintes *in-situ* ou clínqueres do pó de cimento e da água de mistura tem um calor de hidratação caracterizado único que contribui para o calor total libertado durante a hidratação do cimento em água de mistura, o que, a uma taxa padrão, melhora o PR e PM da bainha de cimento (Nelson, 1990).

Como foi dito anteriormente, a reacção de hidratação e o processo de cura do chorume de cimento geram calor. C_3 S gera o calor de cerca de 502 J/g, enquanto o de C_2 S é de 260 J/g (Bourgoyne *et al.*, 1986). Consequentemente, as explicações acima referidas inferiram que a hidratação do cimento é uma reacção química exotérmica; e que a reacção de C_3 S é extremamente rápida, enquanto que a de C_2 S é lenta. Outro composto encontrado no cimento é o aluminato tricálcico (C_3 A). A presença de elevado teor de C_3 A é indesejável à cimentação.

A indesejabilidade de C_3 A no cimento é óbvia durante a hidratação do cimento. A sua rapidez na geração de calor de reacção de hidratação não acrescenta força ao cimento, excepto nos primeiros dias de envelhecimento da hidratação. A sua rapidez na geração de calor de reacção de hidratação pode levar a *um conjunto intermitente*. O flash set é propenso ao ataque de sulfatos, cujo subproduto atacado é conhecido como calcium-sulpho-aluminate ou ettringite. O ettringite é prejudicial à acumulação de resistência do cimento. No entanto, num sistema de cimento, em que a temperatura de impacto aumentou acima de 150^0 F, o ettringite torna-se muito instável e menos prejudicial à acumulação de resistência do cimento (Larosche, 2009).

Mais uma vez, o aluminoferrite tetracálcico (4CaO.Al O_{23} .Fe O_{23} ou C_4 AF) tem pouca ou nenhuma contribuição para o desenvolvimento da resistência do cimento. Apesar das armadilhas criadas por C_3 A e C_4 AF, o C_3 A é o único responsável pela combinação de cal e sílica durante a hidratação. Além disso, C_3 A e C_4 AF são os dois principais constituintes do POC que controlam as propriedades da bainha do cimento. Assim, para conseguir o processo de combinação de cal e sílica, a quantidade apropriada de gesso moído é sempre adicionada ao cimento durante a fase de fabrico, mas os metais pesados presentes na água de mistura impedem o processo de combinação de cal e sílica (Azar e Samuel, 2007).

Explicitamente, quer em ambientes atmosféricos ou HPHT, aditivos como nano-alumina, nano-sílica, piso de sílica, fibra de polipropileno podem ser usados para reduzir o PR e PM da bainha de cimento (Campillo *et al.*, 2007; Doladoa *et al.*, 2007; Ahmed *et al.*, 2018). As partículas nano-ferrosas (Fe O_{23}) em água misturada também actuam como aditivos na redução do PR e PM da bainha de cimento (Li, 2004; Shih *et al.*, 2006). Esta condição encoraja a dissociação do hidróxido de cálcio e do silicato de cálcio hidratado por ião metálico pesado durante a hidratação do clicker de cimento da classe G por oxidações. O processo de dissociação aumenta a bainha de cimento PR e PM. Como também relatado por Igbani *et al.* (2020b), a actividade de dissociação pode ser encorajada pela desclassificação do C-S-H por ião de metal pesado e a dissociação do cálcio de Ca(OH)$_2$ por um ião de metal pesado, o que significa que a bainha resultante pode não impedir o fluxo de fluido através da sua matriz. Por conseguinte, a ocorrência de falha do princípio de isolamento zonal completo do poço ocorreu.

Apesar da fortificação desta propriedade da bainha de cimento durante a fase de concepção do chorume de cimento, há relatos de casos de migrações de hidrocarbonetos, fugas de hidrocarbonetos, contaminações das águas subterrâneas, e danos nos cordões de revestimento devido ao isolamento zonal falhado que os estudos confirmaram. Consequentemente, Normann (2018) relatou numa página de blogue etiquetada como "o blogue bem inteligente" que o acidente do Macondo que ocorreu fora da costa na Louisiana a 10 de Abril de 2010, destruiu o investimento considerável, matou 11 pessoas, e feriu gravemente mais 16 pessoas. Além disso, o relatório especificava que tal se devia ao isolamento zonal falhado e à integridade do poço. Mais adiante, o relatório afirmava que a causa principal do acidente no horizonte de águas profundas da plataforma petrolífera offshore era a migração de hidrocarbonetos experimentada após a cimentação primária. As conclusões foram relatadas noutros estudos (Hair e Narvaez, 2011; NAP, 2012; Garg e Gokavarapu, 2012).

Num outro estudo sobre a migração de hidrocarbonetos, no campo petrolífero de Alberta, nos Estados Unidos da América, EUA. Parsonage (2017) inspeccionou 84 casos de poços de migração de gás, 213 casos não notificados de poços de migração de hidrocarbonetos, e 95 poços auditados durante o Verão de 2013. Estatisticamente, os poços não declarados e auditados foram seleccionados aleatoriamente. A investigação descobre os poços que estão associados à migração de hidrocarbonetos. Consequentemente, o investigador observou que os casos de migração de hidrocarbonetos foram visualmente observados e detectados por vegetação morta e borbulhando em água parada à volta da cabeça do poço (Placa 2.1).

Placa 2.1. Bolhas de água na cabeça do poço nos casos de migração de gás (Parsonage, 2017).

Criticamente, os estudos revistos demonstraram que a presença de impurezas na água misturada aumenta o PR e PM da bainha de cimento. Os metais pesados dissociam e descalcificam o tobermorite, C-S-H para aumentar o PR e PM da bainha de cimento, o que constitui uma falha em completar o isolamento zonal do poço.

2.2 Modelos salientes sobre propriedades mecânicas da Bainha de Cimento

Durante um estudo de modelagem baseada em agentes para hidratação do cimento, Vázquez-Gallo *et al.* (2012) afirmaram que, ao longo da história, os modelos ajudaram a lançar mais compreensão sobre a realidade em torno do nosso ambiente. Além disso, Vázquez-Gallo *et al.* (2012) explicaram ainda que os modelos são desenvolvidos com base nos princípios fundamentais da ciência, que são estatisticamente, e matematicamente construídos para simular sistemas complexos. Estes modelos simulados tentam responder a questões fundamentais específicas e poupar custos para a repetição de procedimentos experimentais rigorosos. Evidentemente, características únicas caracterizam cada modelo. Por outro lado, todos os modelos são sistemas menos complexos do que os sistemas de realidade. Além disso, cada modelo desenvolvido integra algum conjunto de pressupostos, que devem indicar as suas condições iniciais de funcionamento. Da mesma forma, deve ser assegurada a sua aplicação realista ao seu sistema simulado e deve ser cristalina na compreensão e de fácil utilização (Ford, 2009).

Na prática, existem quatro tipos de modelos. Estes modelos são modelos matemáticos, estatísticos, visualizados, e conceptualizados. Nestas premissas, Ford (2009) identificou que um modelo matemático é um sistema crítico que utiliza conceitos matemáticos, ferramentas estatísticas, e linguagens orientadas para os objectos baseadas em computador para fornecer percepções, respostas, e orientação para a previsão e optimização do comportamento de sistemas complexos. Este modelo matemático pode ser informado de um modelo analítico ou de um modelo numérico. Além disso, o processo de construção de um modelo matemático é designado por modelação matemática.

Portanto, a modelação matemática envolve a tradução de problemas de uma área de aplicação em formulações matemáticas manejáveis com a ajuda de equações. Estas equações são também modelos, cuja análise teórica e numérica fornece uma solução valiosa para a aplicação de origem. Em contraste, o modelo estatístico utiliza parâmetros estatísticos tais como coeficientes de regressão ou de variância, média, modo, para mencionar apenas alguns, para identificar a relação e o padrão de dados de um sistema realista para uma melhor interpretação. Além disso, os modelos visualizados podem ser descritos como animações, mapas, imagens, ou saída gráfica que têm uma ligação directa com os dados, para fazer explicações ou ilustrações sem stress.

Por último, os modelos conceptualizados ou qualitativos são os primeiros pseudo-modelos desenvolvidos quando da concepção de modelação de sistemas complexos. Geralmente, os modelos são utilizados para simular ou imitar sistemas complexos. No processo, são utilizados algoritmos prescritos armazenados no modelo (Aris, 1978; Garboczi e Bentz, 1991). Além disso, Vázquez-Gallo *et al.* (2012) desmistificaram a classificação acima para modelos, que existe outro tipo de modelo. No decurso deste processo, o modelo incluído é o modelo material. Este modelo é utilizado para estabelecer algumas relações entre a estrutura, processamento, propriedades, e desempenho de um sistema de materiais. Portanto, o modelo material é adequado para modelar as respostas superficiais dos sistemas de bainha de cimento.

Assim, os modelos materiais existentes, incluindo os modelos mencionados anteriormente, são utilizados para prever, simular, e optimizar as propriedades das bainhas de cimento. Estas propriedades compreendem o tempo de endurecimento, CS, TS, PR, e PM; assim, alguns modelos desenvolvidos salientes sobre as propriedades acima mencionadas são discutidos e apresentados em seguida, nas subsecções seguintes.

2.2.1 Modelo de Permeabilidade da Bainha de Cimento

Depois de o chorume atingir o fundo do poço no fim do cordão de revestimento, o chorume faz uma inversão de marcha e entra no anel atrás do cordão de revestimento; o bombeamento continua até o espaço anular ficar preenchido até à altura necessária. A seguir, o chorume de cimento neste ponto é deixado no anel para se fixar e endurecer. De acordo com os princípios de cimentação, a hidratação por acumulação de endurecimento é permitida durante o tempo projectado. A hidratação envolve alterações tanto na estrutura como nas propriedades da bainha de cimento. A densidade dos produtos hidratados, denominada bainha, é superior à das fases de hidratação originais denominadas slurry de cimento (Azar e Samuel, 2007).

Além disso, a ausência de alguma provisão adicional de água misturada durante o processo de hidratação faz com que a bainha encolha para cerca de 0,5 - 5 %. No entanto, este tipo de retracção não é apenas uma função da hidratação, mas também de PR e diminuição da pressão dos poros (Backe *et al.*, 1998; Appleby e Wilson, 1996). Este tipo de retracção é a retracção química. Por outro lado, se um fornecimento de água misturada *in-situ* estiver continuamente disponível. Haveria uma redução da pressão dos poros, o que estimula o processo de sucção da água de mistura para o espaço poroso do cimento, promovendo a expansão a granel. Além disso, a diminuição da PR e da pressão dos poros, a retracção pode causar o crescimento da fractura na bainha do cimento. Pode também levar a um micro anel entre o corpo de cimento rígido e a parede ou invólucro de formação. Portanto, a retracção química é um dos mecanismos por detrás da falha de isolamento zonal ou fuga da bainha de cimento (Nygaard *et al.*, 2014; Dusseault *et al.*, 2000; Kiran *et al.*, 2017).

Para maior clareza, na cimentação primária de poços de petróleo e gás, *PR* é definido como a razão entre o volume de poros e o volume total (a granel) da bainha de cimento. Se uma bainha porosa contiver um sistema de poros ligados, a aplicação de um gradiente de pressão porá o fluido no espaço de poros em movimento (Bourgoyne *et al.*, 1986). Como resultado, o permeómetro mede o fluxo de fluido através de uma matriz de bainha de cimento. O fluido utilizado na medição é um fluido Newtoniano, na sua maioria água de mistura através de um meio poroso; este dispositivo utiliza o modelo da lei de Darcy para estimar a bainha de cimento PM (Equação 2.1). Da mesma forma, o porosímetro

38

mede o volume de poros para a razão volume a granel da bainha de cimento. O porosímetro usa a Equação 2.2 no cálculo do PR da bainha de cimento (Equação 2.2).

$$k = 14{,}700 \frac{q\mu L}{A\Delta p} \qquad (2.1)$$

$$\varphi = \frac{V_V}{V_T} * 100\% \qquad (2.2)$$

onde:

k = permeabilidade, mD,

q = taxa de fluxo, mL/s,

μ = viscosidade da água, cp,

L = cubo curado de bainha de cimento comprimento da amostra, cm,

A = Área de cubo curado de amostra de bainha de cimento, cm^2, e

Δp = diferencial de pressão, psi,

V_V = vazio ou volume de poros,

V_V = volume total ou a granel,

φ = porosidade, %.

2.2.2 Modelos de Bainha de Cimento Compressivo e de Resistência à Tensão

Durante o ciclo de vida de uma poço de petróleo, a bainha de cimento anular, está normalmente exposta a uma variedade de forças, o que inclui actividades antropogénicas, e condições *in-situ* duras. As actividades antropogénicas, tais como vibrações de perfuração, perfuração, estimulação e ciclos de aquecimento/arrefecimento, outras são tensões mecânicas de rochas em formação, afluxo de fluidos em formação ou fluxos reactivos, exposição a gases corrosivos. Assim, as propriedades do cimento endurecido podem ser afectadas, e isto pode comprometer as capacidades de selagem e estruturais da bainha. Como resultado, a compreensão destes desafios é portanto crucial para manter a integridade do poço e o isolamento zonal completo. A integridade dos poços é sinónimo de CS e TS (Lavrov e Torsaeter, 2016).

O desenvolvimento da CS é principalmente ditado pelos dois principais componentes do cimento Portland. Estes componentes são C_3 S e C_2 S. C_3 S é o constituinte mais procurado principalmente responsável pelo desenvolvimento do CS precoce (de 1 a 28 dias), enquanto C_2 S é responsável pelo desenvolvimento do CS posterior (de 28 dias[+]) (Figura 2.1). A taxa de hidratação da lama de cimento é também altamente dependente da dimensão das partículas de cimento de Portland, da distribuição da dimensão das partículas, e da quantidade de gesso durante o fabrico, e da temperatura experimentada pela lama de cimento durante a fixação e endurecimento. No entanto, é possível controlar e modificar a taxa de hidratação do cimento hidratado, até certo grau, utilizando aditivos aceleradores e retardadores.

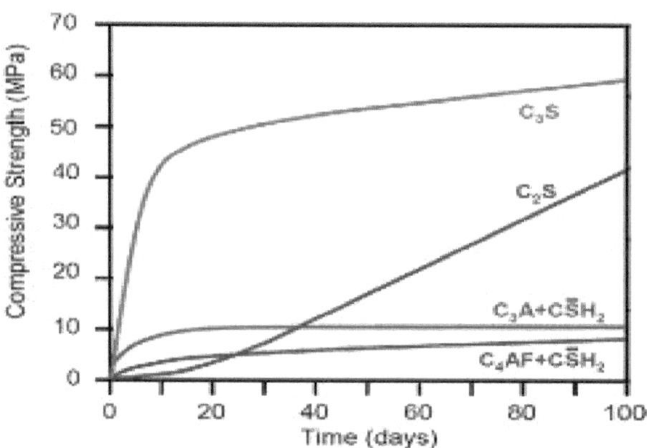

Figura 2.1. Impactos dos quatro constituintes na resistência do cimento (Al-Neshawy e Punkki, 2020)

A hidratação do cimento é um processo exotérmico, e cada um dos componentes do cimento tem um calor característico peculiar de hidratação que contribui para o calor global libertado numa reacção hidratante. Além disso, o calor total de hidratação é uma função das quantidades relativas de cada um dos constituintes presentes na lama OWC. Quando o cimento endurece, a CS desenvolve-se.

O CS da bainha de cimento é medido por um ensaio não destrutivo conhecido como analisador de cimento ultra-sónico (UCA) ou por um dispositivo destrutivo conhecido como prensa hidráulica. Usando o dispositivo de prensa hidráulica. A pressão que é necessária para esmagar o cimento de cimento é normalmente medida; enquanto se usa o UCA, o cimento projectado pode ser vertido no UCA para ensaio não-destrutivo. Em relação a estes, mede-se uma velocidade sónica através do cimento à medida que este se vai ajustando. Este valor é então convertido em CS. As condições de funcionamento do UCA são até 400°F e 30.000 psi (Joel e Ademiluyi, 2011). Por outro lado, um método destrutivo conhecido como CS não confinado (UCS) é também utilizado para medir o CS do cubo curado de bainha de cimento. O UCS utiliza os critérios mais simples usados rotineiramente para o cimento, betão, e alguns testes de rochas pelo modelo de falha Mohr-Coulomb (Equação 2.8). Contudo, o modelo de falha Mohr-Coulomb é limitado na contabilização dos possíveis efeitos da tensão principal intermédia na falha do cimento (Bois *et al.*, 2011).

No esforço de desenvolver um modelo mais adequado e sustentável para a avaliação da bainha de cimento CS, Joel e Ademiluyi (2011) investigaram a CS do chorume de cimento em diferentes pesos e temperaturas de chorume de cimento. Este estudo visava desenvolver equações modelo para prever os CS sob as influências dos pesos e temperaturas da lama de cimento. O estudo empregou e seguiu a norma API para preparação e teste de amostras de polpa de cimento (Especificação API 10A, 2002). Consequentemente, as amostras de cimento foram submetidas aos testes UCA. Os testes

CS foram conduzidos às temperaturas de 70, 80, 90, 100 e 105°F e curados durante 12 e 24hrs, respectivamente.

Após os testes, os resultados indicaram que a temperatura tem um efeito no CS do cimento. Consequentemente, as amostras curadas durante 12hrs tiveram os CS de 1090, 1301, 1408, 1490 e 1520psi; enquanto as mesmas amostras curadas durante 24hrs tiveram os CS de 2250, 2705, 2842, 3100, e 3450psi. Os resultados dos testes indicaram que o CS aumentou de forma constante com o aumento da temperatura. No entanto, observou-se que o peso da lama de cimento não teve qualquer efeito sobre o CS; enquanto que o tempo foi um factor decisivo.

Assim, as Equações 2.9 - 2.14 foram desenvolvidas por análise de regressão múltipla utilizando software de Engenharia de Adaptação de Dados. As Equações 2.3 a 2.12 são utilizadas para estimar CS a diferentes temperaturas,^{0} F. Os resultados obtidos a partir dos modelos desenvolvidos demonstraram uma boa concordância em valores com os valores experimentais com menos de 1% de desvio.

Num outro desenvolvimento, Fjær *et al.* (2008), num trabalho experimental, aumentaram a carga compressiva numa determinada amostra de bainha de cimento até que a amostra se decompusesse. A carga máxima (F_m) registado durante o teste é então utilizado para obter o TS (T_0) e CS (do material como indicado nas Equações 2.13 e 2.14).

$$\sigma_1 = \sigma_{UCS} + \tan^2\left(\frac{\pi}{4} + \frac{\varphi}{2}\right)\sigma_3 \tag{2.3}$$

Note-se que, $\sigma_1 \geq \sigma_3$

$$CS = 1397.432 + \frac{1466605}{T^{1.5}} - 1.4E - \frac{07}{T^2} \qquad R^2 = 0.999 \tag{2.4}$$

$$CS = 3423.949 + \frac{1336778}{T^{1.5}} - 1.7E - \frac{07}{T^2} \qquad R^2 = 0.999 \tag{2.5}$$

$$CS = a + b * t^{0.5} + \frac{c}{t^{0.5}} \quad R^2 = 0.999 \tag{2.6}$$

$$a = +84126.25 - 11167S_w^3 \qquad R^2 = 0.999 \qquad (2.7)$$

$$b = -8791.66 + 1200.551S_w^3 \qquad R^2 = 0.999 \qquad (2.8)$$

$$c = -188777 + 24656.6S_w^3 \qquad R^2 = 0.999 \qquad (2.9)$$

$$CS = 43.921 + 247.93 * t^{0.5} + \frac{-3124.24}{t^{0.5}} \qquad (2.10)$$

$$CS = -2556.36 + 527.4875 * t^{0.5} + \frac{2617.196}{t^{0.5}} \qquad (2.11)$$

$$CS = -5209 + 812.748 * t^{0.5} + \frac{8475.8}{t^{0.5}} \qquad (2.12)$$

$$T_0 = \frac{2F_m}{\pi DL} \qquad (2.13)$$

$$CS = \frac{T_0}{12} = \frac{\frac{2F_m}{\pi DL}}{\frac{12}{1}} \qquad (2.14)$$

onde:

σ_1 = maximum principal stresses, Psi,

σ_3 = minimum principal stresses, Psi,

σ_{UCS} = Unconfined CS, Psi,

φ = Angle of internal friction, ( )^0

$\pi = pi, 3.1428577.$

CS = CS, psi

a, b, & c = constantes

S_w =Peso de lbm/gal

T ou t = Temperatura, F^0

R^2 = coeficiente de correlação,

T_0 = TS, psi,

F_m = Carga máxima, psi

D & L = Diâmetro e comprimento do cilindro

Em geral, apesar dos esforços e progressos significativos feitos nos modelos concebidos anteriormente, estes modelos ainda não conseguem realizar previsões completas sobre sistemas de bainhas de cimento. Assim, os modelos mencionados anteriormente evidenciaram que estes modelos apenas eram perfeitos na captura e imitação de alterações em algumas características microscópicas seleccionadas. Por outro lado, e do ponto de vista desta investigação e da sua lacuna de investigação, estes modelos analisados não consideraram os efeitos de diferentes concentrações conhecidas de Fe^{2+} nas superfícies de resposta mecânica da bainha de cimento. Portanto, alguns conjuntos de modelos completos e precisos são ainda necessários para permitir ao projectista da cimentação primária prever os desempenhos dos sistemas de bainha de cimento na cimentação por influência do Fe^{2+}.

2.3 A Metodologia/Design da Experiência do Estudo

2.3.1 Metodologia da Superfície de Resposta

O RSM é uma colecção de procedimentos estatísticos e matemáticos para a concepção de experiências. Utiliza os princípios do menos quadrado para desenvolver modelos adequados, estimando os efeitos óptimos dos preditores nas superfícies de resposta. Os procedimentos de optimização da MSE envolvem o exame da resposta das combinações estatisticamente concebidas, estimando os regressores através da sua adaptação a um modelo matemático que melhor se ajuste às condições experimentais - também, prevendo a superfície de resposta do modelo adaptado ao modelo verdadeiro, e verificando a adequação do modelo desenvolvido.

Evidentemente, os preditores são as variáveis, factores ou variáveis de entrada independentes; enquanto que, a superfície de resposta é a variável dependente ou resultado da experiência. O resultado da MSE em qualquer sistema é convenientemente visualizado ou num gráfico de contorno ou de superfície. Em muitos estudos, a MSE tem sido aplicada (Ye *et al.*, 2017; Igbani *et al.*, 2020a). Portanto, a RSM pode encontrar as melhores condições de funcionamento (preditores) para a superfície de resposta óptima ou melhorada desejada de um sistema existente ou de um novo sistema.

Além disso, as superfícies de resposta obtidas a partir de uma dada condição de funcionamento e os modelos adequados desenvolvidos a partir da RSM produzem uma concepção final adaptada da experiência (DoE). Na escolha de uma superfície de resposta, concepção da experiência, para investigar as influências dos factores. Predominantemente, nas respostas de cada sistema:

1. Identificar o número de factores influentes.

2. Especificar o número de execuções experimentais.

3. Definir a cobertura da condição de funcionamento da superfície de resposta com base em factores económicos.

4. Assegurar que o modelo desenvolvido irá prever adequadamente os valores do modelo real ou real, também conhecido como observação experimental.

Praticamente, muitos desenhos de ferramentas experimentais estão disponíveis em RSM (Ye *et al.*, 2017).

2.3.1.1 As Ferramentas de Concepção de Experiências (DoE)

Na RSM, as ferramentas DoE mais utilizadas são os desenhos Box-Behnken, e Central composite designs (CCD) de experiências; enquanto, outras são a matriz Doehlert, desenho factorial completo em três níveis, e Plackett-Burman design (Ye *et al.*, 2017). Além disso, a Tabela 2.1 ilustra alguns estudos anteriores sobre a aplicação da MSE na cimentação. Estes desenhos experimentais, durante as execuções experimentais, as variáveis reais nas suas unidades de medida naturais são utilizadas nestas experiências. O desenho da experiência utiliza variáveis codificadas, em que a variável centro de gama em 0 e se estende como +1 e -1 de ambos os lados do centro da região experimental. Por estes motivos, são formadas e resolvidas matrizes utilizando o método menos quadrático (Ye *et al.*, 2017). Os estudos anteriores apresentados na Tabela 2.1 confirmaram que quase todos os estudos sobre MSE e a sua aplicação na modelação utilizaram frequentemente as ferramentas BBDoE e CCD nesta época contemporânea para conceber experiências. Estas ferramentas desmistificaram os desenhos experimentais convencionais, que não só se limitam aos preditores que tiveram uma influência significativa na resposta, mas também, para determinar as diferenças entre os níveis dos factores e mostrar os valores máximos ou mínimos de resposta. Inversamente, cada uma das ferramentas do DoE da RSM alistadas tem as suas limitações.

2.3.1.2   As limitações dos DoEs

Como foi dito anteriormente, as ferramentas DoE da RSM incluem o desenho factorial fraccionário, desenho factorial completo, desenho central composto, BBDoE, enquanto outras são a matriz Doehlert e o desenho factorial completo de três níveis, e o desenho Plackett-Burman. Consequentemente, Ye *et al.* (2017) apresentaram brevemente algumas discussões sobre as limitações destas ferramentas na Figura 2.2.

Com base nisto, a Caixa-Behnken DoE foi adoptada para esta investigação. A BBDoE tem frequentemente menos pontos de desenho. Podem ser menos dispendiosos de executar do que os desenhos compostos centrais com o mesmo número de factores. Mais adiante, a BBDoE também assegura que todos os prognósticos nunca sejam fixados nos seus níveis elevados simultaneamente. O BBDoE permite o desenho sistemático de poucas séries experimentais de preditores. Poucas tiragens experimentais são adequadas e fiáveis na divulgação da resposta de interesse. Também poupa o custo dos serviços de pessoal, reagentes e materiais, tempo e energia (Kincl *et al.*, 2005; Witek-Krowiak *et al.*, 2014).

Quadro 2.1. Estudos anteriores seleccionados sobre a aplicação da MSE na cimentação.

S/Não.	Autor (s) (Ano de Publicação)	Formulação de Cimento	RSM DoE Aplicado	Bolseiros	Resposta	Pacote de aplicação utilizado
1.	Rahmatika *et al.* (2019)	Argamassa (Piso de Sílica, Cimento, Areia).	CCD	Piso de sílica, Cimento; Areia em diferentes proporções de peso; H O_2	CS de Betão	Minitab 17
2.	Bahri, *et al.* (2018).	Cimento de betão: betão de alta resistência de alto desempenho (HSHPC)	BBDoE	rácios de água para o agregado (w/b); teores de aglutinante; percentagens de substituição parcial de cimento por cinza de casca de arroz (RHA); rácios de agregado fino para o agregado total (fa/ta); percentagens de dosagem de superplastificante.	CS de Respostas de betão de queda (Y1), CS de 1 dia (Y2) e CS de 28 dias (Y3).	Software perito em design (Statease Inc., Minneapolis, MN55103)
3	Şimşek *et al.* (2016)	Betão pré-misturado padrão (SC) [rácio da mistura agregada, rácio água/cimento e a percentagem de conteúdo de super plastificante].	CCD	rácio da mistura agregada; rácio água/cimento; a percentagem do conteúdo de super plastificante.	calor de convecção coeficiente de transferência; a percentagem do conteúdo de ar; força total.	Minitab 17
4.	Miličević, I. (2014).	misturas de betão feitas com tijolo e telha triturados como o agregado.	BBDoE	A: densidade de betão fresco, B: queda, C: teor de ar, D: CS de 28 dias, E: densidade de betão endurecido de 28 dias, F: CS de 56 dias, G: resistência à flexão de 56 dias, H: densidade de betão endurecido de 56 dias, I: módulo de elasticidade	rácio água/cimento e componentes típicos do betão; incluindo cimento; aditivos; três tipos de agregados.	Matlab, Versão 7.8.0.347
5.	Regulacion e Oreta (2013)	misturas de escórias de betão	BBDoE	percentagem de escória; período de cura; tipos de cimento (1P, I, e IP),	CS de Betão	Não indicado
6	Maghsoud, *et al.* (2008)	variáveis de resposta no controlo de qualidade do processo de produção de clínquer numa empresa de produção de cimento iraniana	CCD	óxido de cálcio; dióxido de silício; óxido de alumínio; óxido de ferro	factor de saturação da cal, módulo de sílica, módulo de ferro alumina, módulo hidráulico, temperatura mínima de	Não indicado

					queima e índice de revestimento	

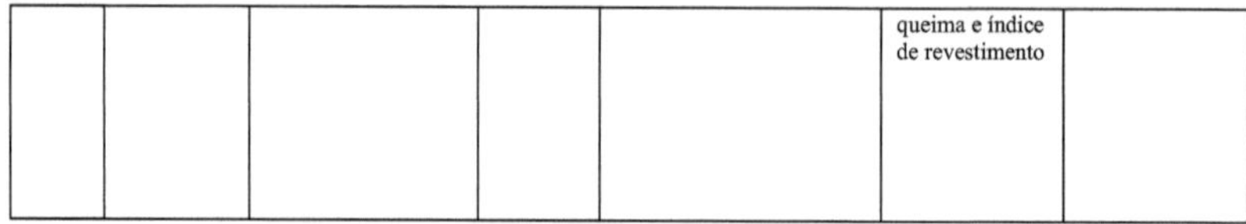

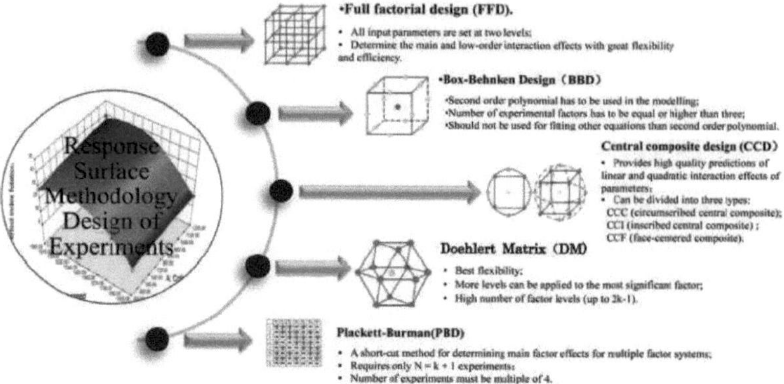

Figura 2.2. Ferramentas básicas de desenho do modelo RSM (Ye *et al.*, 2017)

Em segundo lugar, o BBDoE permite o desenvolvimento de um modelo matemático do polinómio de segunda ordem com os melhores acessórios; definir o conjunto de parâmetros de concepção ou factores experimentais que produziriam um valor óptimo (máximo ou mínimo) de resposta; visualizar os efeitos directos e interactivos dos preditores através da representação gráfica de parcelas bidimensionais (ou de contorno), e tridimensionais (ou de superfície de resposta) (Witek-Krowiak *et al.*, 2014).

2.3.2 A metodologia da especificação API 10A

A metodologia da especificação API 10A é um documento. Este documento especificava os requisitos físicos dos dispositivos de ensaio e os métodos de ensaio para determinar a adequação de uma pasta de cimento de poço de petróleo e de uma bainha de cimento na cimentação (Especificação API 10A, 2002). Este documento é amplamente aceite e, do mesmo modo, amplamente utilizado na indústria petrolífera a montante. Por conseguinte, este documento é uma metodologia. Consequentemente, no contexto desta investigação, os métodos consagrados na Especificação API 10A metodologia devem ser utilizados para implementar as concepções óptimas das BBDoEs na MSE. O Minitab 16 executaria as BBDoEs para esta investigação.

2.4   Reconhecimento da Lacuna na Investigação

Os estudos analisados evidenciaram que estes estudos não declararam nem explicaram cientificamente nem modelaram a troca entre Fe^{2+} em água misturada sobre o desempenho mecânico das respostas da bainha de cimento, sob condições de wellbore HPHT prevalecentes. Assim, em palavras simples, a lacuna de investigação deste estudo é identificada como o desenvolvimento de modelos preditivos para a simulação do impacto do Fe^{2+} em água de mistura sobre o desempenho mecânico da cimentação de poços de petróleo em ambientes HPHT.

Assim, esta investigação investigou os efeitos do Fe^{2+} nas superfícies de resposta da bainha de cimento TS e CS, PR, e PM. Além disso, esta investigação desenvolveu modelos de previsão adequados. Estes modelos adequados devem prever os modelos reais ou observações experimentais utilizando os conceitos e a tecnologia da MSE. Além disso, com base na metodologia da especificação API 10A, deverão ser efectuadas análises de engenharia de vanguarda nas fases de concepção e execução do programa de cimentação. Na sua maioria, testes adequados e atempados das propriedades do cimento utilizando parâmetros do campo petrolífero, e a qualidade requerida da água de mistura, para alcançar os padrões API mínimos aceitáveis para as respostas do sistema de revestimento de cimento na cimentação de poços petrolíferos. Consequentemente, esta investigação deve ser científica, ambiental e economicamente apropriada para melhorar a cimentação de poços de petróleo.

Além disso, os resultados desta investigação reduziriam o aparecimento de canais de bainha de cimento ou de micro anéis. Também, por sua vez, reduziria os incidentes de contaminação das águas subterrâneas, derrames de crude e fugas de gás. No entanto, se estas situações predominarem, as consequências financeiras e os danos ao ambiente serão adversos, para mencionar alguns.

CAPÍTULO III

METODOLOGIA

Este capítulo apresenta as secções 3.0; 3.1; 3.2; 3.3 como a metodologia; métodos de investigação e concepção de experiências; a área de estudo da investigação; materiais, equipamento/tecnologia, e métodos. A investigação adoptou e aplicou a especificação API 10A e metodologias de superfície de resposta.

A metodologia da especificação API 10A foi a base para os tratamentos experimentais (ou empíricos) (especificação API 10A, 2002). Da mesma forma, a RSM foi a base para o BBDoE. Além disso, o pacote estatístico Minitab 16 utilizando os princípios da RSM concebeu o BBDoE e desenvolveu modelos adequados. Além disso, tanto os tratamentos experimentais como as abordagens de modelação foram validados, determinando o seu desvio de resposta e viabilidade em relação às normas API.

Além disso, os métodos da especificação API 10A ajudaram na formulação das polpas abrasivas de cimento. Além disso, alguns outros métodos ajudaram a testar as CS e TS, PR e PM da bainha de cimento (especificação API 10A, 2002). Embora outras metodologias estejam disponíveis na norma ASTM e no Construction Specification Institute, esta investigação optou pela metodologia da especificação API 10A, que é fiável e amplamente aceite pela indústria petrolífera a montante.

Além disso, a especificação API 10A foi adoptada nesta investigação porque os testes da especificação API 10A são especificamente utilizados para examinar as respostas de desempenho das bainhas de cimento sob condições de perfuração simuladas prevalecentes. Além disso, estes testes são conduzidos principalmente no laboratório de cimentação de poços de petróleo.

Praticamente, a especificação API 10A avalia as respostas de desempenho da bainha de cimento CS, TS, PR, e PM usando valores simulados da temperatura de circulação *in-situ* mais alta prevalecente no fundo do poço, pressão do fundo do poço, e tempo de cura do poço investigador (Petrowiki, 2015). Estes valores simulados são as variáveis independentes, enquanto que as respostas de desempenho são as variáveis dependentes.

Consequentemente, as metodologias de investigação adoptadas, especificaram os procedimentos utilizados para identificar, seleccionar, e processar as respostas de desempenho. Além disso, as metodologias de investigação conduziram análises sobre o impacto das variáveis independentes nas respostas de desempenho. As variáveis independentes são a variável de controlo (concentração Fe^{2+}), variáveis de entrada (temperatura, pressão e tempo), enquanto que as variáveis de resposta são CS, TS, PR, e PM. Estas actividades visavam avaliar criticamente a validade e fiabilidade globais da investigação, mostrando principalmente como os dados foram recolhidos, organizados, analisados, apresentados e como a investigação extraiu inferências.

Assim, foram recolhidas aleatoriamente amostras de água misturada de Kolo Creek, Estado de Bayelsa, Nigéria. As amostras de mistura de água foram analisadas quimicamente. De acordo com o limiar de água potável da OMS, estas análises químicas revelaram as propriedades químicas de cada amostra (OMS, 2011). Intermitentemente, a água misturada amostrada e o POC de classe G formularam as pastas de cimento de uma relação w/c específica. Posteriormente, com base no BBDoE óptimo, estas pastas de cimento foram curadas em cubos de bainha de cimento em diferentes tempos de cura, temperaturas e pressões. Mais adiante, estes cubos curados foram submetidos a testes para as suas respectivas respostas de desempenho CS, TS, PR, PM. Estes resultados dos testes foram minados, coligidos, e dispostos de modo a formar um conjunto de dados.

Mais avançado, o conjunto de dados formado foi analisado utilizando a ferramenta de análise de superfície de resposta de variância (ANOVA), disponível no pacote de aplicação estatística do Minitab 16. Finalmente, modelos adequados dos resultados da ANOVA foram desenvolvidos com base nesta investigação, utilizando a abordagem RSM. Além disso, a comparação das respostas experimentais (modelos reais) com as respostas do modelo empírico revelou uma boa adequação dos dados. Estes resultados foram também comparados com as normas API para validar os resultados deste estudo e estimar os efeitos do Fe^{2+} em água misturada nas respostas de desempenho do cimento. A Figura 3.1. ilustra as abordagens das metodologias adoptadas.

3.1 Especificação API 10A Metodologia

O documento de especificação API 10A mostra os requisitos e métodos de fabrico das oito (8) classes de tipos de cimento de poço de petróleo. Estes poços de cimento oleoso ligam o espaço anular. O espaço anular ou anel é o espaço entre o diâmetro exterior do cordão de revestimento e a parede perfurada do poços da formação geológica. Além disso, este documento especificava os requisitos físicos e químicos destas 8 classes de tipos de poços petrolíferos de cimento.

A especificação API 10A mostra os padrões de desempenho antecipado de cada um destes tipos de cimento em serviço. Além disso, a especificação API 10A mostra os métodos de ensaio físico para determinar a adequação de uma pasta de cimento em poço de petróleo na cimentação de um determinado poço (Especificação API 10A, 2002). Uma vez que, este documento especificou os procedimentos utilizados para identificar, seleccionar, processar e analisar as variáveis de controlo, variáveis de entrada, e os efeitos destas variáveis nas variáveis de resposta dos sistemas de revestimento de cimento. Este documento é amplamente aceite e utilizado na indústria petrolífera a montante. Por conseguinte, este documento é uma metodologia.

3.2   Metodologia da superfície de resposta (RSM)

A RSM utiliza uma colecção de técnicas estatísticas e matemáticas para desenvolver, melhorar, e optimizar processos ou sistemas. Além disso, a RSM é utilizada para conceber, desenvolver e formular novos produtos e melhorar os designs de produtos existentes (Mayers *et al.*, 2009). Portanto, a RSM pode analisar as respostas de desempenho dos sistemas de cimento, explorar a causa e o efeito dos preditores ou regressores nas respostas dos sistemas de cimento, modelar, e optimizar a superfície de resposta dos sistemas de cimento. Além disso, o campo da MSE envolve (1) uma abordagem experimental para descobrir o espaço das variáveis independentes, (2) modelação estatística empírica para desenvolver uma relação aproximada apropriada entre o rendimento superficial da resposta e as variáveis do regressor, e (3) métodos de optimização para encontrar os valores das variáveis do regressor que produzem valores desejáveis ou melhor adaptados do rendimento superficial da resposta (Carley *et al.*, 2004). Portanto, esta investigação utilizou a estratégia experimental, a modelação estatística e os métodos de optimização para explorar as variáveis de processo ou as variáveis espaciais independentes. Do mesmo modo, para desenvolver um modelo aproximativo apropriado entre a resposta (y) e as variáveis preditoras ou de processo (x).

Além disso, para optimizar o modelo aproximado e encontrar os valores nas variáveis de processo que produziram valores de resposta desejáveis na zona de conforto.

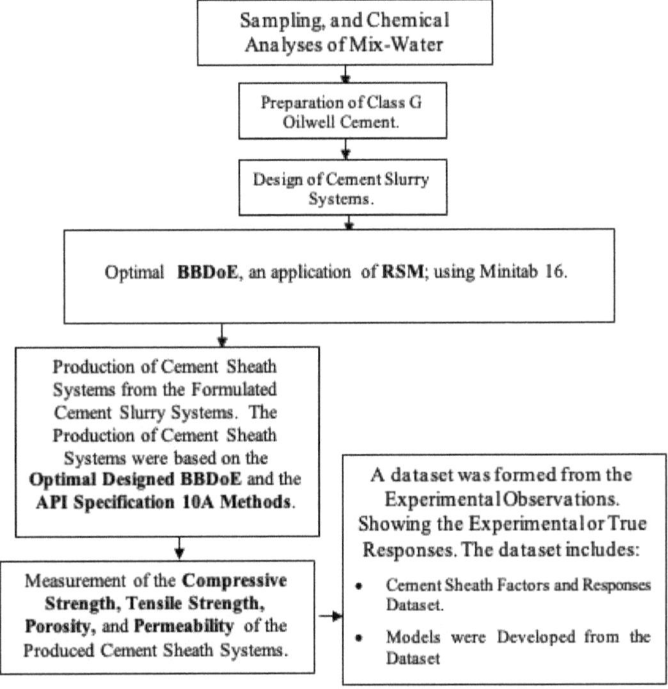

Figura 3.1. Fluxograma para o Desenho Conceptualizado da Investigação - O Paradigma da Investigação.

Além disso, esta investigação optou pela RSM devido à sua robustez. A robustez da MSE significa que cada modelo de processo desenvolvido tem um desempenho consistente no alvo e é relativamente insensível a factores difíceis de controlar nos sistemas de bainha de cimento. Além disso, a robustez da MSE significa que a concepção de processos para ser saudável à variação dos componentes; para minimizar a variabilidade na resposta do processo em torno do valor óptimo visado; para conceber o processo que é robusto às condições ambientais.

Por conseguinte, os objectivos de melhoria da qualidade, incluindo a redução da variabilidade e melhoria do processo, e das características de desempenho ou qualidade, podem muitas vezes ser alcançados directamente utilizando a MSE, uma vez que a variação das características cruciais de desempenho pode ser evidenciada como um processo ineficiente e a qualidade do produto (Mayers *et al.*, 2009). Conclusivamente, na MSE, os factores que influenciam o desempenho de um dado sistema de bainha de cimento são as variáveis regressoras ou variáveis independentes (x). Em contraste, a característica de qualidade ou medida de desempenho de um sistema de bainha de cimento é a superfície de resposta ou variável dependente (y); a MSE é muito eficaz no desenvolvimento de modelos empíricos preditivos adequados associados à robustez.

3.3 Os Métodos de Investigação e Desenho de Experiências

3.3.1 Os Métodos de Modelação da Investigação

Esta investigação desenvolveu modelos empíricos preditivos adequados, baseados nos princípios do método dos mínimos quadrados comuns. Os modelos desenvolvidos estavam em conjunto com os princípios da RSM. A RSM utilizou fundamentos estatísticos de concepção experimental, tais como análise de regressão múltipla, modelação de regressão matemática e técnicas de optimização. Além disso, a MSE foi utilizada para explorar, desenvolver e optimizar os rendimentos da superfície de resposta das variáveis preditoras (de processo ou independentes) obtidas a partir do conjunto de dados das experiências conduzidas. Além disso, os algoritmos utilizados para desenvolver os modelos empíricos preditivos adequados estão disponíveis no pacote de aplicação de software estatístico Minitab 16 e são semelhantes aos especificados em Mayers *et al.* (2009); Kreyszig *et al.* (2011).

A investigação assumiu e utilizou os seguintes princípios.

1. Devem existir interacções variáveis intra-independentes,

2. Haverá a existência de interacções variáveis inter-independentes,

3. As condições sazonais de furo *in-situ* não afectam as propriedades físico-químicas das águas subterrâneas utilizadas como água de mistura ou água de mistura.

4. O cimento de poço de petróleo da classe G foi utilizado nas preparações dos sistemas de chorume de cimento.

5. O poço de óleo HPHT máximo simulado para os testes deve ser de 3000psi e 250 $F.^0$

6. O poço de óleo médio simulado HPHT para os testes deve ser 2750psi e 225 $F.^0$

7. O poço mínimo de óleo HPHT simulado para os testes deve ser de 2500psi e 200 $F.^0$

8. A área do projecto tem águas mistas de altas concentrações de $Fe^{2+.}$

9. Nenhuma outra propriedade físico-química das águas subterrâneas amostradas era superior ao padrão de água potável da OMS, o que afectou os tratamentos experimentais.

10. O Fe^{2+} em água misturada interagiu com o clinker do poço de cimento petrolífero.

11. Qualquer modelo de regressão múltipla linear nos parâmetros do modelo ou o coeficiente parcial de regressão (ou seja, os valores β) é um modelo de regressão linear múltipla, independentemente da forma da curvatura da superfície de resposta gerada.

12. Todas as técnicas estatísticas devem mostrar que os erros estatísticos (ε_i) no modelo são normalmente e independentemente distribuídos com o zero médio e a variância.

13. O erro de modelagem aplicado Tipo I; ou seja, a probabilidade de rejeitar incorrectamente a hipótese nula é verdadeira.

14. Ao longo desta investigação, o nível de significância (α) é fixado em 0,05 ou 5%.

15. Hipoteticamente, a hipótese nula ou nula, H_0 Fe^{2+} em água de mistura não afecta as propriedades do sistema de cimento; enquanto que a hipótese alternativa, H_1: Fe^{2+} em águas mistas afectam as propriedades do sistema de cimento; ambas, em condições simuladas prevalecentes nos poços de petróleo.

16. Todos os modelos desenvolvidos nesta investigação foram obtidos a partir de análises de regressão múltipla na tecnologia Minitab 16, que geralmente utilizava os princípios dos mínimos quadrados comuns. Este método derivou estes modelos ao minimizar a soma dos resíduos quadráticos.

17. Como recomendado pela especificação API 10A, todas as unidades foram expressas conforme necessário.

Assim, os modelos empíricos preditivos foram desenvolvidos, depois optimizados, para mostrar o impacto do Fe^{2+} em água misturada nas propriedades da bainha de cimento. Estes modelos foram concebidos, desenvolvidos e optimizados sob a forma de modelos de segunda ordem. O modelo melhor ou adequado foi seleccionado com base na métrica estatística e nas hipóteses subjacentes. No conjunto, as variáveis de resposta do interesse da investigação ou variáveis dependentes são simbolizadas como y, e um conjunto de regressores denotados como x_1, x_2, ..., x_k. Como também foi dito anteriormente, as respostas (y) são as CS, TS, PR, e PM das bainhas de cimento. Enquanto que a temperatura (Temp.), pressão (Pres.), e tempo de cura (Tempo), incluindo as concentrações de Fe^{2+} (Fe2_Con) em água misturada, são os regressores, estes regressores foram submetidos ao controlo do investigador ou variando durante os tratamentos experimentais.

Neste momento, a relação entre os y's e os x's é desconhecida. Por conseguinte, este tipo de relação é chamado modelo empírico ou modelo de superfície de resposta. Matematicamente, esta relação é geralmente expressa como Equação 3.1.

$$y = f(\xi_1, \xi_2, \xi_3, \dots \xi_k) + \varepsilon \qquad (3.1)$$

Explicitamente, onde a verdadeira resposta funciona, f é desconhecido e possivelmente muito complexo, e ε é o termo que representa inconsistência não contabilizada em f. Nesta investigação, ε inclui efeitos tais como erro de medição de precisão na resposta, ruído de fundo, e o efeito de variáveis controláveis. Normalmente, o ε é tratado como um erro estatístico. Assim, o Minitab 16 assegurou que os erros experimentais (ε) foram distribuídos normalmente com o zero médio e a variância (σ^2). Isto igualou o erro médio a zero, que metamorfosearam a Equação 3.1 na Equação 3.2.

$$E(y) \equiv \eta = E[f(\xi_1, \xi_2, \xi_3, \dots \xi_k)] + E(\varepsilon) = f(\xi_1, \xi_2, \xi_3, \dots \xi_k) \qquad (3.2)$$

onde a Equação 3.2 é simplificada como,

$$\eta = f(\xi_1, \xi_2, \xi_3, \dots \xi_k) \qquad (3.3)$$

Uma vez que, na MSE, é muito mais fácil trabalhar com unidades sem dimensão, todas as unidades de entrada ou naturais $(\xi_1, \xi_2, \xi_3, \dots \xi_k)$ de psi,^{0} F, mg/L, e hrs.

respectivamente para pressão, temperatura, concentração Fe^{2+} , e tempo de cura foram transformados em unidades sem dimensão pelo método de codificação, $(x_1, x_2, x_3, \dots x_k)$ [Mayers *et al.*, 2009]. Por outras palavras, a maioria dos pacotes de aplicação estatística prefere trabalhar com variáveis independentes codificadas; que eliminam unidades.

As variáveis independentes codificadas explicam que os modelos adequados gerados são sem dimensão. Além disso, estas variáveis codificadas esclareceram que o método de investigação é o método de investigação quantitativa, que é a investigação experimental que investiga a causa e o efeito das concentrações de Fe^{2+} no meio de outros preditores sobre o desempenho dos sistemas de bainha de cimento.

Assim, a Equação 3.1 torna-se,

$$y = f(x_1, x_2, x_3, \dots x_k) + \varepsilon \tag{3.4}$$

3.1.1 Box-Behnken Design of Experiment and Its Coding Method in RSM

O modelo apresentado no Quadro 3.1 registou os rendimentos da superfície de resposta variável (y), que foram influenciados por alguns conjuntos correctos identificados de entradas controláveis rastreadas, unidades reais ou naturais $(\xi_1, \xi_2, \xi_3, \dots \xi_k)$ em unidades de campos petrolíferos. Também, no Quadro 3.1 as unidades sem dimensões codificadas $(x_1, x_2, x_3, \dots x_k)$ foram também apresentadas. As fórmulas iteradas utilizadas no Minitab 16, para gerar as unidades sem dimensão codificadas, são expressas nas Equações 3.5, 3.6 e 3.7 (Myer *et al.*, 2009).

$$x_{i1} = \frac{\xi_{i1} - [\max(\xi_{i1}) + \min(\xi_{i1})]/2}{[\max(\xi_{i1}) - \min(\xi_{i1})]/2} \tag{3.5}$$

$$x_{i2} = \frac{\xi_{i2} - [\max(\xi_{i2}) + \min(\xi_{i2})]/2}{[\max(\xi_{i2}) - \min(\xi_{i2})]/2} \tag{3.6}$$

$$x_{ik} = \frac{\xi_{ik} - [\max(\xi_{ik}) + \min(\xi_{ik})]/2}{[\max(\xi_{ik}) - \min(\xi_{ik})]/2} \tag{3.7}$$

Estes esquemas de codificação foram utilizados na concepção da experiência pela BBDoE na RSM, e os resultados obtidos em todos os valores das unidades codificadas $(x_1, x_2, x_3, \ldots x_k)$ caíram numa gama de valores entre -1 e +1 para todos os sistemas de cimento. As equações genéricas previstas para esta investigação, são dadas nas Equações 3.8 e 3.11. Estas equações mostram que as unidades naturais interagiram na mistura das bainhas de cimento. Recorde-se que, esta investigação utilizou quatro (4) variáveis independentes ou preditoras nos tratamentos experimentais das bainhas de cimento, para determinar as respostas de CS, TS, PR, e PM. Consequentemente, os tratamentos experimentais com bainha de cimento utilizaram os factores: Fe2_Con, Pres., Temp., e Tempo. Normalmente, a curvatura na superfície da verdadeira resposta talvez seja adequadamente mais forte neste sistema de cimento que o modelo de primeira ordem (mesmo com o termo de interacção incluído) é inadequado, para modelar o sistema de cimento. Portanto, um modelo de segunda ordem ou até cúbico será provavelmente necessário nestes sistemas de cimento.

Quadro 3.1 Modelo utilizado para rendimentos, unidades naturais, e variáveis sem dimensão codificadas

Observações experimentais	Rendimentos de Superfície de Resposta Variável (y)	Dados experimentais: Unidades Rastreáveis de Entrada Controlada, Actual ou Natural $(\xi_1, \xi_2, \xi_3, \ldots \xi_k)$				Rastreado Codificado Unidades sem dimensão $(x_1, x_2, x_3, \ldots x_k)$			
	y	ξ_1	ξ_2	$\ldots$	ξ_k	x_1	x_2	$\ldots$	x_k
1	y_1	ξ_{11}	ξ_{12}	$\ldots$	ξ_{1k}	x_{11}	x_{12}	$\ldots$	x_{1k}
2	y_2	ξ_{21}	ξ_{22}	$\ldots$	ξ_{2k}	x_{21}	x_{22}	$\ldots$	x_{2k}
3	y_3	ξ_{31}	ξ_{32}	$\ldots$	ξ_{3k}	x_{31}	x_{32}	$\ldots$	x_{3k}
4	y_4	ξ_{41}	ξ_{42}	$\ldots$	ξ_{4k}	x_{41}	x_{42}	$\ldots$	x_{4k}

$\vdots$	$\vdots$	$\vdots$	$\vdots$	$\ldots$	$\vdots$	$\vdots$	$\vdots$	$\ldots$	$\vdots$
n	y_n	ξ_{n1}	ξ_{n2}	$\ldots$	ξ_{nk}	x_{n1}	x_{n2}	$\ldots$	x_{nk}

Para dois (2) regressores com interacções,

$$y_2 = \beta_0 + \beta_1 x_1 + \beta_2 x_2 + \beta_{11} x_1^2 + \beta_{22} x_2^2 + \beta_{12} x_1 x_2 \tag{3.8}$$

Para três (3) regressores com interacções, a equação 3.7 torna-se,

$$y_3 = \beta_0 + \beta_1 x_1 + \beta_2 x_2 + \beta_3 x_3 + \beta_{11} x_1^2 + \beta_{22} x_2^2 + \beta_{33} x_3^2 + \beta_{12} x_1 x_2 + \beta_{13} x_1 x_3 + \beta_{23} x_2 x_3 \tag{3.9}$$

Para quatro (4) regressores com interacções, a equação 3.8 torna-se,

$$y_4 = \beta_0 + \beta_1 x_1 + \beta_2 x_2 + \beta_3 x_3 + \beta_4 x_4 + \beta_{11} x_1^2 + \beta_{22} x_2^2 + \beta_{33} x_3^2 + \beta_{44} x_4^2 + \beta_{12} x_1 x_2 + \beta_{13} x_1 x_3 + \beta_{14} x_1 x_4 + \beta_{23} x_2 x_3 + \beta_{24} x_2 x_4 + \beta_{34} x_3 x_4 \tag{3.10}$$

Geralmente, para regressores múltiplos com interacções a Equação 3.9, torna-se,

$$\eta = \beta_0 + \sum_{j=1}^{k} B_j x_j + \sum_{j=1}^{k} B_{jj} x_j^2 + \sum \left[\sum_{i<j=2}^{k} (\beta_{ij} x_i x_j) \right] \tag{3.11}$$

3.4   A Área de Estudo de Casos da Investigação

Esta investigação optou pela área de Kolo Creek como estudo de caso, devido às elevadas actividades de E&P do petróleo, incluindo o elevado teor de águas subterrâneas ferrosas na área (Gordon e Enyinaya, 2012; Oyinkuro e Rowland, 2017). Kolo Creek está localizado na Área de Governo Local de Ogbia do Estado de Bayelsa, Nigéria (Figura 3.2).

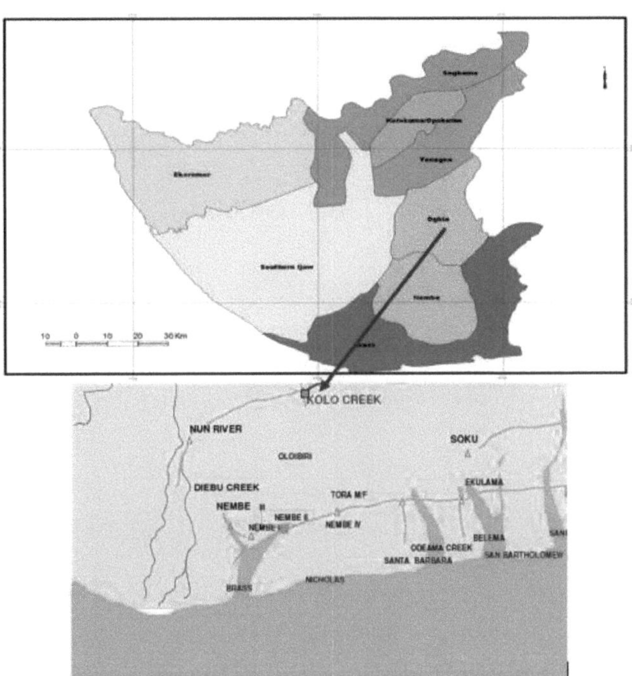

Figura 3.2. Mapa do Estado de Bayelsa: mapa de inserção mostrando a localização da área estudada (Kolo Creek) em cor vermelha. Modificado de Creek (2004) e Adesuyi (2015).

Kolo Creek na posição Global Positioning System (GPS) está aproximadamente em Latitude 4,6667°, Longitude 6,3333°, que um E&P, tinha sido desde 1964 o único COI que opera os arrendamentos de exploração petrolífera entre 35 e 36 (Adesuyi, 2015). O principal hidrocarboneto produzido a partir desta área é o petróleo bruto. Tal como em 2016, foram perfurados mais de 40 poços, que mais de 33 poços se encontram no nível de perfuração e conclusão, e de produção. Estes poços de petróleo estão classificados como subconjunto de HPHT ver Figuras 3.3 e 3.4.

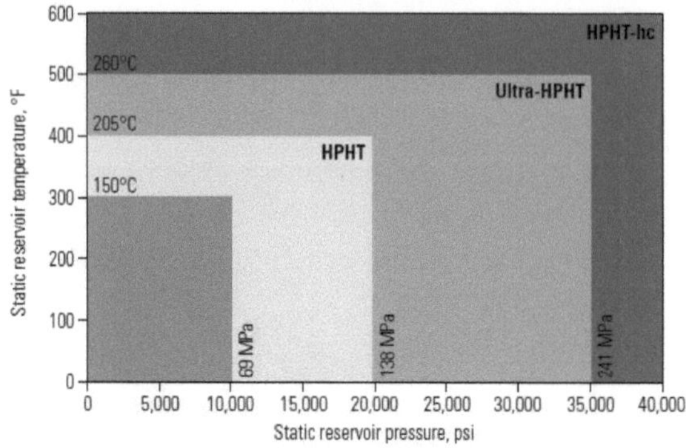

Figura 3.3. Classificação HPHT Threshold para Reservatórios (DeBruijn *et al.*, 2008).

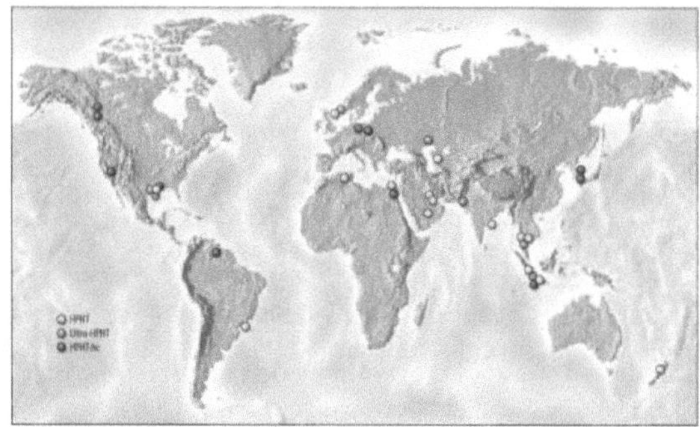

Figura 3.4. Projectos HPHT em todo o mundo (DeBruijn *et al.*, 2008).

Além disso, num estudo, Oyinkuro e Rowland (2017), classificaram os poços de água subterrânea nesta área como boa água, mas não potável (Figura 3.5). Actualmente, mais de 8 poços estão a produzir, nos quais 6 poços estão a produzir para a instalação de recolha de petróleo de Gbaran (World Industrial Information, 2016). Além disso, com base nas minhas conversas pessoais com vários Líderes Comunitários em Kolo Creek (Otuasaga, Oruma, Imiringi, Amurukani, Kolo 1, Kolo 2, Kolo 3, Emeyal 1, Emeyal 2, etc.) comunidades e pessoal do COI, foi revelado que, o COI realiza sempre alguns trabalhos de remediação (manutenção) de cimentação em alguns poços de produção.

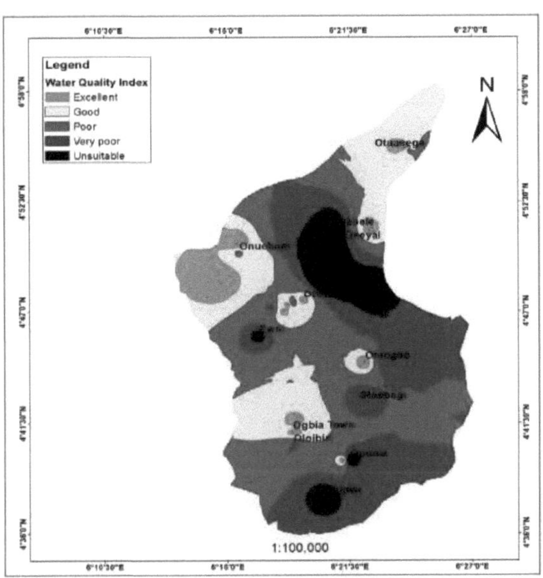

Figura 3.5. Mapa do Índice de Qualidade da Água para Kolo Creek na área do governo local de Ogbia, Estado de Bayelsa, Nigéria (Oyinkuro e Rowland, 2017).

Assim, este estudo do "impacto individual das misturas de águas ferrosas sobre a cimentação de poços petrolíferos", e posteriormente, para desenvolver modelos que simulem e prevejam os impactos acima mencionados sobre a cimentação de poços petrolíferos. Por conseguinte, este estudo é muito importante. Assim, espera-se que este estudo, produza resultados e soluções sustentáveis que, tornariam a cimentação de poços petrolíferos semelhantes mais segura, e economicamente viável.

3.5   Materiais, Equipamento/Tecnologia, e Métodos

3.5.1   Materiais

3.5.1.1   Cimento de poço de petróleo classe G

O cimento de poço de petróleo classe G (OWC) foi utilizado como um dos materiais experimentais. Este cimento da classe G BOWC de Portland foi fornecido por um fornecedor ao laboratório de engenharia petrolífera, Universidade do Delta do Níger,

Nigéria. O OWC classe G foi concebido para ser utilizado como cimento básico de petróleo e gás (James e Las, 2017). A composição do OWC de classe G tem um factor estipulado de mistura de água para cimento de $349 \pm 0.5/792 \pm 0.5$ (Azar e Samuel, 2007; Especificação API 10A (2002). É utilizado como banda de cimento, para colar invólucros, e cordas de revestimento à face de um poço de petróleo de furo aberto. Embora, a classe G OWC é utilizada para a colagem entre as profundidades do revestimento de superfície e a profundidade vertical total de 8.000 pés. (James e Las, 2017).

No entanto, com a aplicação dos aditivos de cimento correctos, tais como aceleradores ou retardadores classe G OWC podem ser utilizados para cobrir uma gama mais ampla de profundidades (Vrtine, 1998). Uma vez que, os tempos de espessamento da Classe G OWC é controlável com aditivos até à temperatura de 250^0 F, e é utilizado para a cimentação até ao cordão de revestimento de produção (Vrtine, 1998; James e Las, 2017). Assim, o OWC de classe G também é adequado para experimentar, e modelar os impactos da água de mistura ferrosa no PR, PM, tracção e CS da bainha cimentícia curada.

Tecnicamente, aquando da entrega do OWC de classe G no laboratório de engenharia petrolífera, o cimento foi embalado separadamente em sacos de plástico selados. Estes sacos selados foram ainda selados em cinco (5) latas plásticas vazias de 20 litros com cada contentor contendo 5 kg de OWC básico de Classe G, para evitar que o cimento em pó entrasse em contacto com a humidade. Além disso, as especificações do fabricante da Classe G OWC são apresentadas no Apêndice AI (Tabelas AI.1, AI.2, e AI.3).

3.5.1.2 Amostragem de águas mistas

As amostras de águas mistas foram recolhidas na área de estudo. As amostras de mistura de água foram colhidas aleatoriamente em oito (8) locais na área de estudo, Kolo Creek, Nigéria, como indicado no Quadro 3.2.

Quadro 3.2. Amostra de Localizações de Águas Mistas Ferroviárias da Área de Estudo de Casos, Kolo Creek.

S/Não	Amostras de água	Localização	Localização GPS
1	WS1	Água desionizada	Nulo
2	WS2	Kolo 2 Izogbo	4^0 48' 20'' N 6^0 22' 33 E''
3	WS3	Otuasege Otumisou	4^0 55 2''' N 6^0 23' 33 E''
4	WS4	Kolo 2 Otu-ogele	4^0 48' 23'' N 6^0 22' 32 E''
5	WS5	Otuasege Otuwododo	4^0 55 5''' N 6^0 23' 39 E''
6	WS6	Kolo 1 Emelala	4^0 48' 23'' N 6^0 22' 32 E''
7	WS7	Vencedores de Otuasege	4^0 54' 51'' N 6^0 23 7 E'''
8	WS8	Oruma Ebifro	4^0 55 2''' N 6^0 24' 11 E''
9	WS9	Kolo 2 Angala	4^0 48' 22'' N 6^0 22' 32 E''

No que diz respeito à robustez, antes da realização dos processos de amostragem, cada amostragem dos furos foi realizada após a água de mistura *in-situ* ter estado a pairar do furo durante 20 minutos. Isto foi feito com a ajuda de uma bomba submersível, com o caudal (Q) de 20 litros/minuto. Isto assegurava que a amostragem era da fonte de água não contaminada desejada em cada furo de água. Cada um dos furos tinha uma profundidade que é aproximadamente inferior a 60 pés.

Mais adiante, após os 20 minutos de bombagem, cada um dos recipientes de plástico de 4 litros vazios foi lavado e enxaguado duas vezes (2). O enxaguamento foi feito com a amostra recolhida no local do furo. Em cada local de perfuração, a água misturada foi recolhida e despejada num recipiente de plástico vazio de 4 litros lavado; depois, o recipiente foi fechado hermeticamente, evitando o aparecimento de bolhas de ar. Cada recipiente tinha uma etiqueta indicando a data, hora e localização da amostra recolhida. As amostras de água misturada foram transportadas em oito refrigeradores térmicos para o Laboratório de Química da Universidade do Delta do Níger para análise da água (Figura AII.1).

3.5.1.3 Análises químicas de amostras de águas mistas

As amostras de água misturada recolhidas aleatoriamente nos 8 locais da área de estudo, Kolo Creek, foram submetidas a análise química no Laboratório de Química, Universidade do Delta do Níger, Nigéria. Estas análises laboratoriais utilizaram os métodos de ensaio de água potável convencionais amplamente aceites da Associação Americana de Saúde Pública (APHA) (APHA, 1998). Estes métodos foram testados para alguns metais pesados presentes em cada amostra de mistura de água no laboratório após 3 horas. Sem ordem particular, os metais pesados investigados limitaram-se ao arsénio (As), cloro (Cl), cádmio (Cd), crómio (Cr), cobre (Cu), ferro (Fe^{2+}), chumbo (Pb), magnésio (Mg), cálcio (Ca), mercúrio (Hg), e zinco (Zn). Além disso, outras propriedades físicas das amostras de água misturada examinadas no local foram o pH, turbidez, sólidos dissolvidos totais (TDS), e condutividade eléctrica.

Subsequentemente, os resultados da análise da água e os da Organização Mundial de Saúde e os padrões de qualidade da água potável da Nigéria foram comparados (NSDWQ, 2007; OMS, 2011). Os resultados físico-químicos mostram que em cada uma das amostras de água mistas testadas, a concentração de Fe^{2+} foi maior (0,52 a 6,82mg/L), o que foi mais significativo do que 0,3mg/L (Tabela AII.1). Como resultado, Fe^{2+} foi o único metal pesado firmemente em desacordo com os padrões de qualidade da água potável da OMS e da NSDWQ. Estes métodos também foram utilizados e relatados por muitos estudos semelhantes (Ashraf *et al.*, 2011; Rahmanian *et al.*, 2015; Oyinkuro e Rowland, 2017). Além disso, as águas subterrâneas desta área de estudo, Kolo Creek, tinham sido declaradas boas águas mas não potáveis (Oyinkuro e Rowland, 2017).

3.5.2 Equipamento/Tecnologia

3.5.2.1   Equipamento

O principal equipamento utilizado nesta investigação inclui: balança de pesagem, misturadora de cimento, câmara de cura de engenharia de canalização modelo 7360V, prensa hidráulica Arolab, tensómetro de teste universal i-Strentek 1510, coretest AP-608, e permeâmetro-porosímetro automático. Assim, a balança mediu a água de mistura, e o cimento classe G, enquanto o misturador de cimento misturou o cimento e a água de mistura para formar a pasta de cimento.

Além disso, a câmara modelo 7360V curou o chorume de cimento em cubos de bainha de cimento. Além disso, a prensa hidráulica Arolab estimou o CS, enquanto o tenómetro universal de teste i-Strentek 1510 mediu o TS. Além disso, o permeâmetro-porosímetro automatizado AP-608 mais coreteste avaliou o PR e o PM das bainhas de cimento.

3.5.2.2   Tecnologia de software

Os pacotes de software utilizados nesta investigação foram o Minitab 16, que desempenhou o papel mais integral no sucesso da investigação. Consequentemente, o Minitab 16 desenvolveu e optimizou o DoE e os modelos adequados desta investigação.

3.5.3 Desenho de Experiência, o seu Método no Minitab 16

Nesta investigação, os desenhos experimentais foram realizados no Minitab 16, utilizando a superfície de resposta Box-Behnken Design of Experiments (BBDoEs). As BBDoEs foram concebidas com base na abordagem da RSM. Na abordagem da RSM, as BBDoEs de superfície de resposta foram realizadas primeiro numa folha de trabalho vazia do Minitab 16. A folha de cálculo continha os parâmetros de concepção das experiências, e os seus valores de gama de nível para baixo e alto foram introduzidos e atribuídos aos parâmetros ou factores.

Além disso, os parâmetros de saída do Minitab 16 BBDoE foram personalizados. Neste processo, no caso da investigação pretendida sobre o desempenho dos sistemas de bainha de cimento, os nomes dos factores codificados (por exemplo, A; B; C; D) foram substituídos pelos nomes dos factores não codificados (por exemplo Fe2_Con; Temp; Pres; Pres). Por exemplo, os valores não codificados: ou seja, valores baixos (0,00), Centro (3,41), e altos (6,82), substituíram os valores baixos (-1) Centro (0) e altos (+1) codificados para Fe2_Con. As tabelas 3.3 mostram os valores utilizados na substituição de outros parâmetros e o nível destes factores.

Quadro 3.3. 4-Factor e 3 níveis de concepção de experiências Box-Behnken para os sistemas de bainha de cimento.

FACTOR		NÍVEL		
Factor Codificado	Factor Não codificado	Baixo (-1)	Centro (0)	Elevado (+1)
A	Fe2_Con. (mg/L)	0.00	3.41	6.82
B	Temp. (^{0} F)	200	225	250
C	Pres. (psi)	2500	2750	3000
D	Tempo. (hr.)	6	7	8

Subsequentemente, o Minitab 16 optimizou os BBDoEs dos sistemas de bainha de cimento propostos em várias versões e a melhor concepção baseada nos indicadores de desempenho estatístico. Nesta altura, a receita gerada do Minitab 16 BBDoE optimizado especificou a magnitude de cada um dos preditores na ordem de execução experimental padrão e o número de execuções experimentais. Neste terreno, a receita aleatorizada gerada adaptou a preparação dos sistemas de bainha de cimento. A figura 3.6 mostra a estrutura do BBDoE no Minitab 16.

3.5.3.1   Método BBDoE para os Sistemas de Bainha de Cimento

Durante os sistemas de bainha de cimento Minitab 16, a Box-Behnken randomizou o DoE. Em primeiro lugar, o Minitab 16 realizou o DoE de superfície de resposta Box-Behnken aleatorizado em sistemas de bainha de cimento, criando, personalizando e optimizando as variáveis independentes num projecto. Consequentemente, os desempenhos dos sistemas de bainha de cimento investigados foram de DoE de quatro factores, de três níveis. Os quatro factores eram conhecidos Fe^{2+}

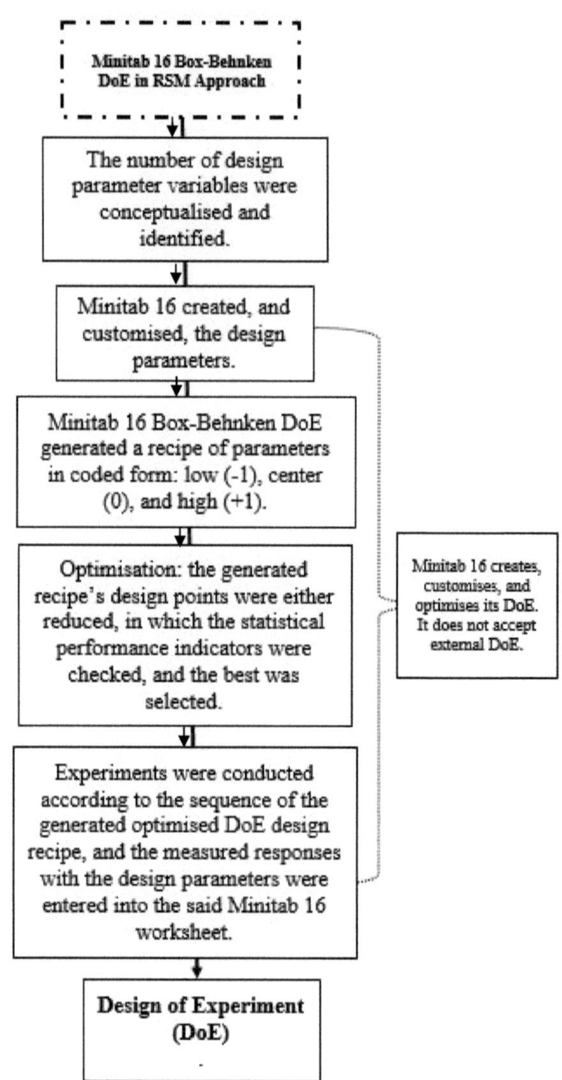

Figura 3.6. Diagrama de blocos para a superfície de resposta Box-Behnken DoE no Minitab 16.

concentração em água misturada (Fe2_Con, ou A), temperatura de cura (Temp. ou B),

pressão de cura (Pres. ou C), e tempo de cura (Tempo ou D).

O Minitab 16 configurou o nível destes factores através do *menu Stat*. De seguida, o rato

clicou no *Stat Menu* na barra de menu do Minitab 16. Mais adiante, o ponteiro do rato

navegou através do *DoE➜ Response Surface➜ Create Response Design* (Figuras 3.7).

Em seguida, clicou-se na opção *Criar desenho da superfície de resposta*, o que levou à

caixa de diálogo de Criar desenho da superfície de resposta (Figuras 3.8).

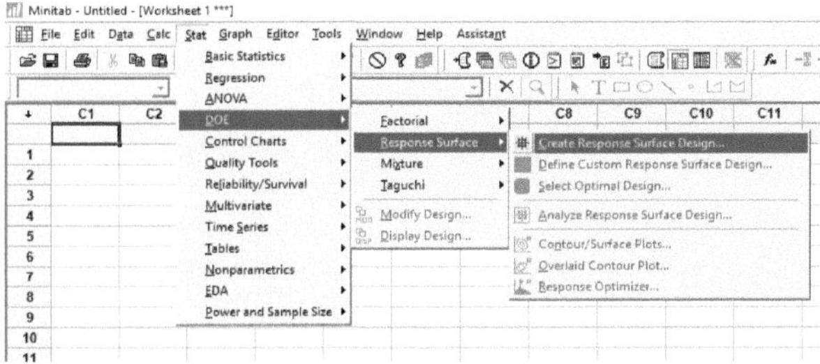

Figura 3.7. Interface gráfica do utilizador (GUI) do Minitab 16 ilustrando o percurso
para a criação do desenho da superfície de resposta.

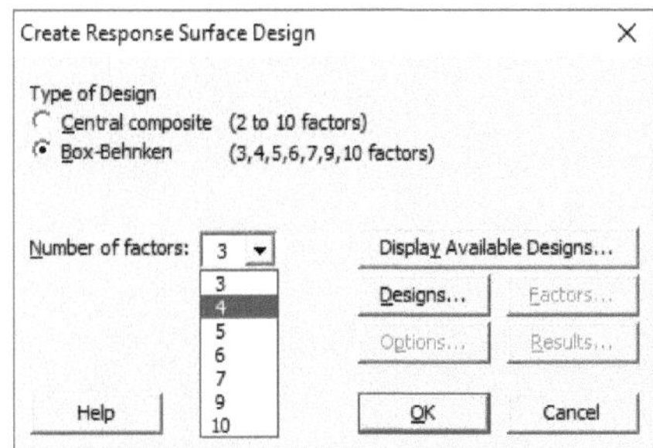

Figura 3.8. Minitab 16 Caixa de Diálogo para a criação do desenho da superfície de

resposta.

O *Tipo de Design foi seleccionado* como Box-Behnken, e o *Número de Factores foi*

seleccionado como quatro (4) na Caixa de Diálogo de *Criar Design de Superfície de*

Resposta. Depois disso, clicou-se no botão *Display Available Design*, que exibia a caixa de diálogo *Create Response Surface Design - Display Available Designs* (Figura 3.9). Nesta Caixa de Diálogo, o número 27 foi seleccionado sob as opções de *Factores* e opções em frente da *Caixa-Behnken* Opções *Bloqueadas*; depois, o botão OK foi clicado para voltar à Caixa de Diálogo *Criar Desenho da Superfície de Resposta*.

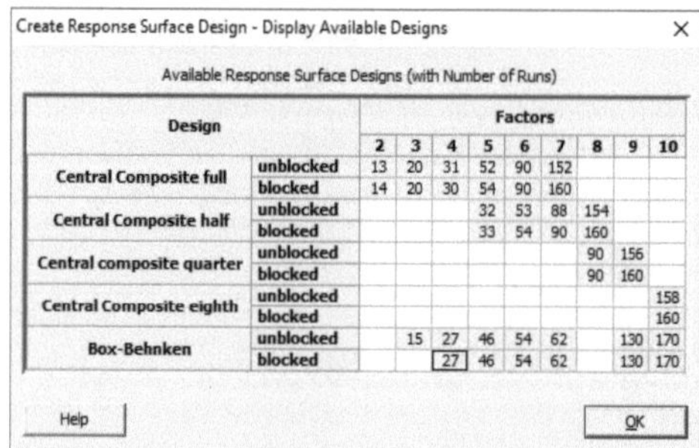

Design		Factors								
		2	3	4	5	6	7	8	9	10
Central Composite full	unblocked	13	20	31	52	90	152			
	blocked	14	20	30	54	90	160			
Central Composite half	unblocked				32	53	88	154		
	blocked				33	54	90	160		
Central composite quarter	unblocked							90	156	
	blocked							90	160	
Central Composite eighth	unblocked									158
	blocked									160
Box-Behnken	unblocked		15	27	46	54	62		130	170
	blocked			27	46	54	62		130	170

Figura 3.9. Criar desenho de superfície de resposta - Mostrar desenhos disponíveis.

Além disso, o botão *Designs...* foi clicado nesta Caixa de Diálogo, que a Caixa de Diálogo de *Criar Design de Superfície de Resposta - Designs* exibida no ecrã (Figura 3.10).

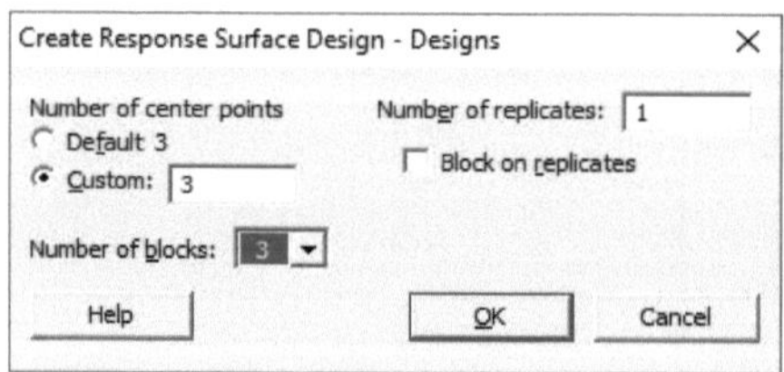

Figura 3.10. Criar desenho de superfície de resposta - Desenhos.

Nesta caixa de diálogo (Figura 3.10.) em *Número de pontos centrais, Número de blocos, Número de* opções de *réplicas*, foi personalizado para 3 pontos centrais, 3 blocos, e 1 réplica, respectivamente; depois clicou-se no botão OK para voltar à Caixa de Diálogo *Criar Design de Superfície de Resposta*. Ainda à frente, o botão *Factor* foi clicado, e a Caixa de Diálogo de *Concepção da Superfície de Resposta - Factores* apareceu no ecrã

(Figura 3.11). Nesta altura, as informações da Tabela 3.3 foram utilizadas para substituir as informações codificadas na Figura 3.11, como mostrado na Figura 3.12.

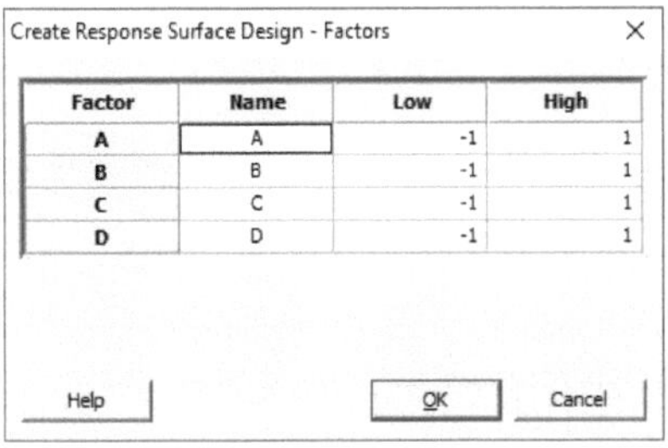

Create Response Surface Design - Factors   ✕

Factor	Name	Low	High
A	A	-1	1
B	B	-1	1
C	C	-1	1
D	D	-1	1

Help   OK   Cancel

Figura 3.11. Criar desenho de superfície de resposta - Factores em forma codificada.

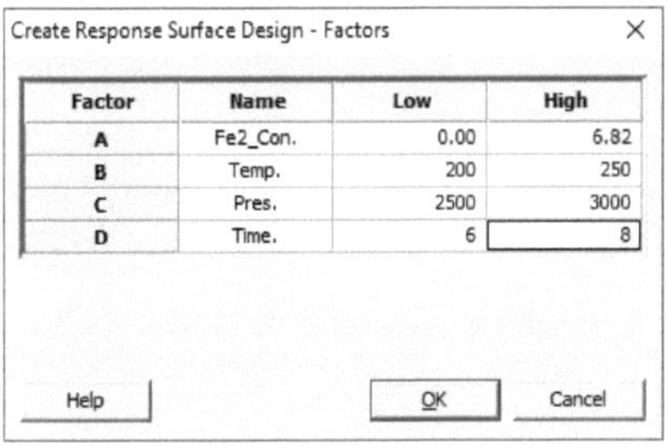

Create Response Surface Design - Factors   ✕

Factor	Name	Low	High
A	Fe2_Con.	0.00	6.82
B	Temp.	200	250
C	Pres.	2500	3000
D	Time.	6	8

Help   OK   Cancel

Figura 3.12. Criar desenho de superfície de resposta - Factores de forma não codificada.

Embora os valores centrais e as unidades de previsão tenham sido excluídos; depois clicou-se no botão OK, que o processo regressou à Caixa de Diálogo *Criar Resposta de Design de Superfície*. Adicionalmente, o botão *Option...* foi clicado, e o processo foi direccionado para a Caixa de Diálogo de *Concepção da Superfície de Resposta - Opções* (Figura 3.13).

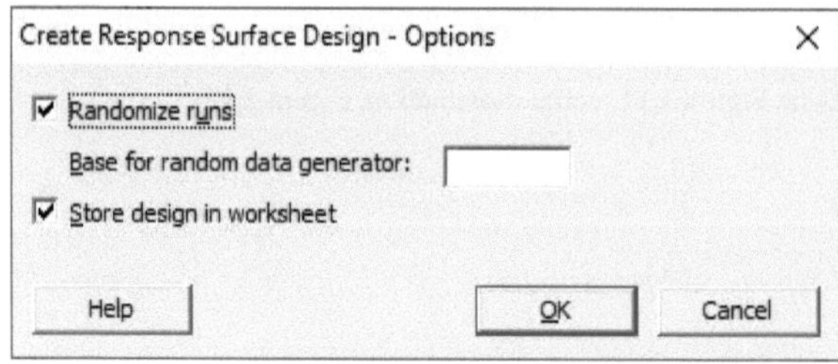

Figura 3.13. Criar desenho de superfície de resposta - Opções.

Aqui foram seleccionados nesta caixa de diálogo *Randomised Runs* e *Store Design in Worksheet* (Figura 3.13), e o botão Ok foi clicado, para voltar à caixa de diálogo *Create Response Surface Design* Dialog Box. Finalmente, na criação da Caixa de Diálogo Intercalar-Behnken DoE, o *Resultado...* foi clicado, e a Caixa de Diálogo *Criar Design da Superfície de Resposta - Resultados* foi exibida no ecrã (Figura 3.14); na qual sob os *Resultados Impressos* foi seleccionada a opção *Tabela de Sumário e Tabela de Design* e clicou-se no botão OK, para exibir a saída do resultado provisório do DoE apenas na janela de sessão do Minitab 16;

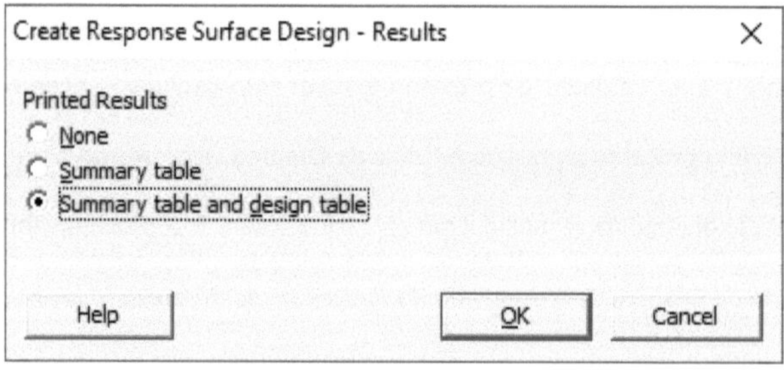

Figura 3.14. Criar Design de Superfície de Resposta - Resultados.

que devolveu o processo novamente à Caixa de Diálogo de *Criar Design de Superfície de Resposta*, e o botão Ok sobre ele foi clicado, para concluir o procedimento, da criação do design da superfície de resposta. Os resultados da concepção da superfície de resposta da caixa de diálogo do DoE Randomised DoE são apresentados na Tabela 3.4.

Quadro 3.4. O sistema de bainha de cimento Box-Behnken saída aleatória da sessão DoE

BBDoEs

Factores: 4 Réplicas: 2
Corridas de base: 27 Corridas totais: 54
Blocos de base: 3 Blocos totais: 3

Pontos centrais: 6

Tabela de desenho (aleatorizado)

Executar	Blk	A	B	C	D		Executar	Blk	A	B	C	D
1	3	0	+	0	-		28	1	0	0	-	-
2	3	0	+	0	+		29	1	+	-	0	0
3	3	-	0	+	0		30	1	+	+	0	0
4	3	-	0	-	0		31	1	-	+	0	0
5	3	0	0	0	0		32	1	0	0	-	+
6	3	0	-	0	+		33	1	0	0	+	+
7	3	+	0	+	0		34	1	-	-	0	0
8	3	+	0	-	0		35	1	+	+	0	0
9	3	-	0	-	0		36	1	0	0	+	-
10	3	+	0	+	0		37	2	-	0	0	-
11	3	-	0	+	0		38	2	0	+	-	0
12	3	0	-	0	-		39	2	0	+	-	0
13	3	+	0	-	0		40	2	0	+	+	0
14	3	0	+	0	-		41	2	0	0	0	0
15	3	0	-	0	+		42	2	-	0	0	+
16	3	0	0	0	0		43	2	+	0	0	+
17	3	0	-	0	-		44	2	-	0	0	-
18	3	0	+	0	+		45	2	+	0	0	-
19	1	0	0	-	-		46	2	0	-	+	0
20	1	-	-	0	0		47	2	+	0	0	+
21	1	0	0	0	0		48	2	0	-	-	0
22	1	0	0	+	+		49	2	0	-	-	0
23	1	0	0	-	+		50	2	0	+	+	0
24	1	+	-	0	0		51	2	0	-	+	0
25	1	-	+	0	0		52	2	0	0	0	0
26	1	0	0	0	0		53	2	-	0	0	+
27	1	0	0	+	-		54	2	+	0	0	-

Os resultados do projecto aleatório explicaram que se esperava que fossem realizados 27 ensaios na bainha de cimento, para medir o seu desempenho com base em factores e níveis definidos. Os resultados na Tabela 3.4; e a Figura 3.15 mostram a ordem da corrida experimental, bloco, pontos centrais, réplica, e os factores codificados. No entanto, este desenho necessitava de ser personalizado, para definir e confirmar os preditores ou variáveis de factores apresentados na folha de trabalho, para os algoritmos do Minitab 16.

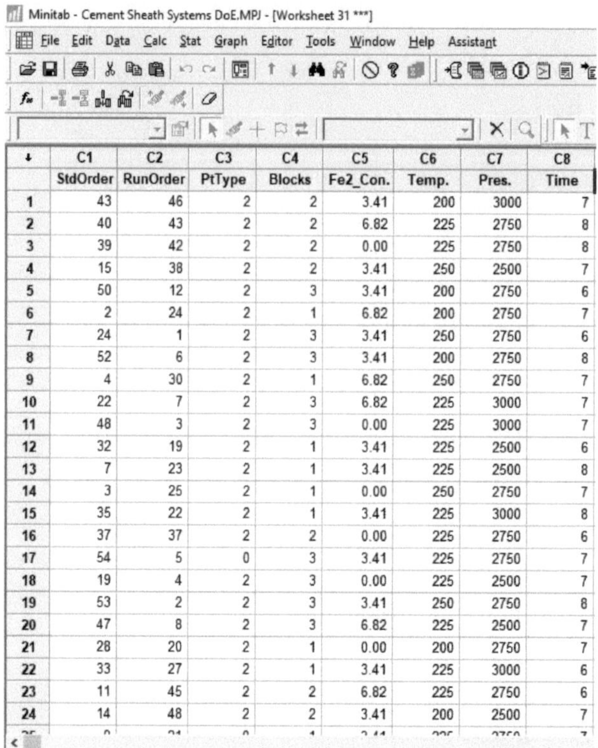

	C1	C2	C3	C4	C5	C6	C7	C8
	StdOrder	RunOrder	PtType	Blocks	Fe2_Con.	Temp.	Pres.	Time
1	43	46	2	2	3.41	200	3000	7
2	40	43	2	2	6.82	225	2750	8
3	39	42	2	2	0.00	225	2750	8
4	15	38	2	2	3.41	250	2500	7
5	50	12	2	3	3.41	200	2750	6
6	2	24	2	1	6.82	200	2750	7
7	24	1	2	3	3.41	250	2750	6
8	52	6	2	3	3.41	200	2750	8
9	4	30	2	1	6.82	250	2750	7
10	22	7	2	3	6.82	225	3000	7
11	48	3	2	3	0.00	225	3000	7
12	32	19	2	1	3.41	225	2500	6
13	7	23	2	1	3.41	225	2500	8
14	3	25	2	1	0.00	250	2750	7
15	35	22	2	1	3.41	225	3000	8
16	37	37	2	2	0.00	225	2750	6
17	54	5	0	3	3.41	225	2750	7
18	19	4	2	3	0.00	225	2500	7
19	53	2	2	3	3.41	250	2750	8
20	47	8	2	3	6.82	225	2500	7
21	28	20	2	1	0.00	200	2750	7
22	33	27	2	1	3.41	225	3000	6
23	11	45	2	2	6.82	225	2750	6
24	14	48	2	2	3.41	200	2500	7

Figura 3.15. Sistemas de bainha de cimento Box-Behnken aleatorizado DoE
armazenado na folha de trabalho.

3.5.3.2 Definição e personalização do BBDoE para os sistemas de bainha de cimento

O Box-Behnken DoE concebido precisava de ser personalizado, para definir, e confirmar os preditores ou variáveis de factores apresentados no desenho, para os algoritmos de mínimos quadrados do Minitab 16. Isto começou com a invocação dos sistemas de bainha de cimento Box-Behnken DoE aleatorizado armazenado na folha de trabalho exibida na janela do Minitab 16 (Figura 3.15). Neste ponto, o menu Stat na barra de menu do Minitab 16 foi clicado novamente, e o ponteiro do rato foi navegado através do DoE→ Response Surface→ Define Custom Response Surface Design (Figuras 3.16).

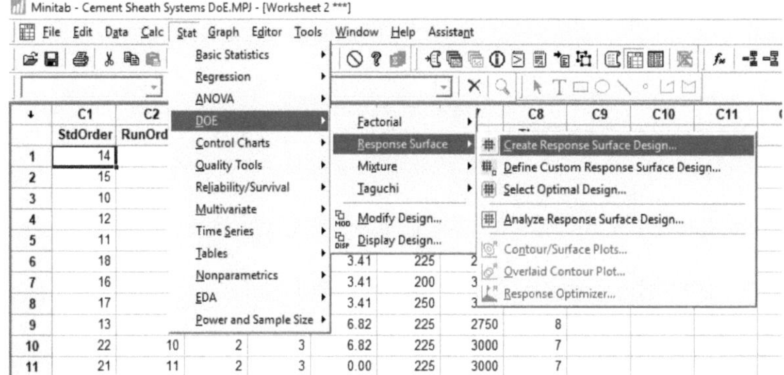

Figura 3.16. Começando com a personalização, e definição dos preditores.

Nesta altura, clicou-se na opção Definir Design de Superfície de Resposta Personalizada, o que levou à Caixa de Diálogo de *Definir Design de Superfície de Resposta Personalizada* (Figuras 3.17), que permitiu a selecção dos factores experimentais. Adicionalmente, clicou-se no botão *Alto/Baixo*, e na caixa de diálogo *Definir desenho de superfície de resposta personalizado - Alto/Baixo* (Figura 3.18).

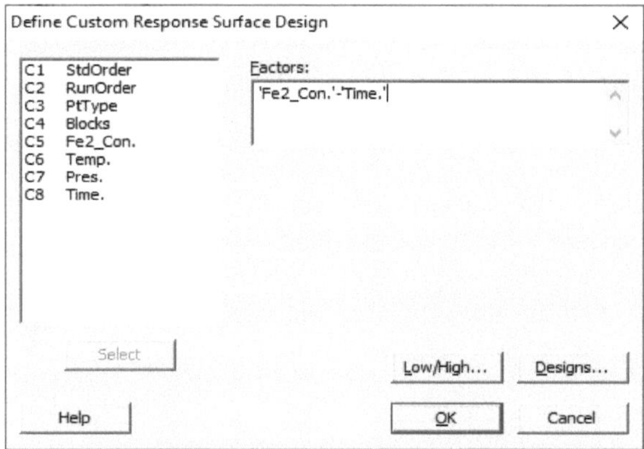

Figura 3.17. Definir Design de Superfície de Resposta Personalizada.

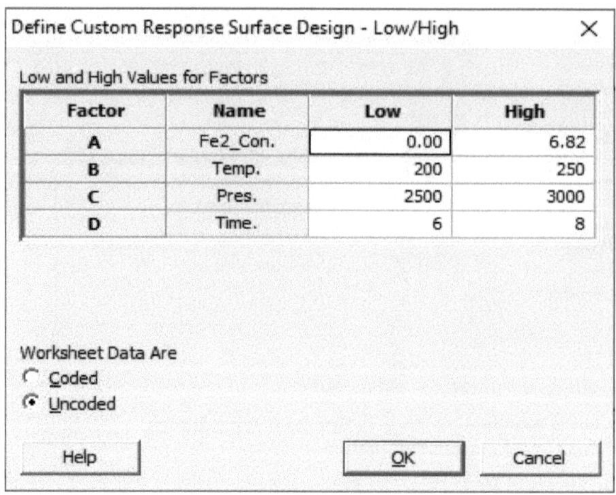

Figura 3.18. Definir Design de Superfície de Resposta Personalizada - Baixa/Alta.

Neste momento, o Minitab 16 foi informado de que os dados na folha de trabalho estavam numa forma não codificada; e o botão OK foi clicado, o que devolveu o procedimento à Caixa de Diálogo de *Definir Design de Superfície de Resposta Personalizada - Alta/Baixa*. Além disso, o botão Designs ... foi clicado para confirmar, se a Ordem Padrão (*StdOrder*), Ordem de Execução Experimental (*RunOrder*), Tipo de Ponto (*PtType*), e Blocos Experimentais (*Blocos*) foram mapeados nas mesmas colunas do Minitab; mas, neste caso, estes parâmetros foram mapeados correctamente; daí o botão OK ter clicado na Caixa de Diálogo de *Definir Design de Superfície de Resposta Personalizada - Design* (Figura 3.19).

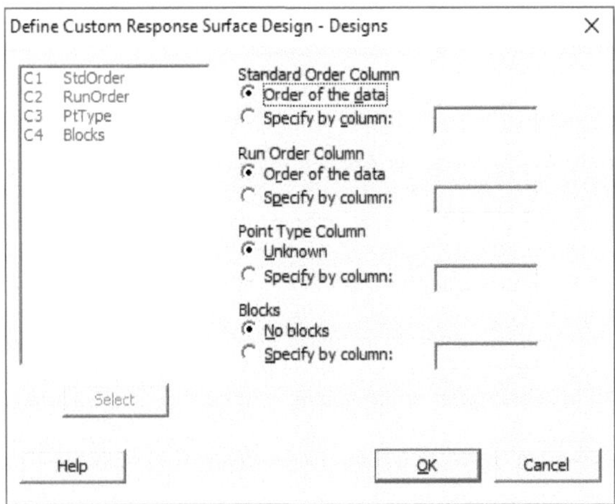

Figura 3.19. Definir Design de Superfície de Resposta Personalizada - Design.

Finalmente, isto devolveu o procedimento de volta à Caixa de Diálogo de *Definir Design de Superfície de Resposta Personalizada - Design*, e o botão Ok sobre ele foi clicado. Isto concluiu o procedimento, da definição e personalização dos parâmetros do DoE na folha de trabalho para o sistema de bainha de cimento. Economicamente, para permitir a concepção sistemática de poucas séries experimentais de preditores para uma medição adequada e fiável das respostas de interesse, poupando o custo de serviços pessoais, reagentes e materiais, tempo, e energia. O DoE concebido foi ainda mais optimizado no Minitab 16.

3.5.3.3   Optimização do BBDoE concebido para o sistema de bainha de cimento.

Numa tentativa de obter poucas séries experimentais e medições fiáveis das respostas de interesse, poupando o custo de serviços pessoais, reagentes e materiais, tempo e energia; a DoE concebida foi optimizada. Esta optimização foi realizada com base em alguns parâmetros estatísticos ou métricas. Estes parâmetros utilizados foram o número de condição, D-optimidade, A-optimidade, e G-optimidade, V-optimidade, e Maximum-leverage (Minitab 18, 2019).

Resumidamente, quando o valor do número de condição era superior a 1, e muito grande; então este parâmetro descreveu que existe uma forte colinearidade entre os termos do modelo adequado desenvolvido. Por outro lado, quando o número de condição foi registado como 1; então o número de condição indicava que os termos no modelo adequado desenvolvido eram independentes ou ortogonais; mas esta característica dos termos do modelo serem independentes ou ortogonais (não-interactivos) era impossível nos sistemas de bainha de cimento.

Além disso, o parâmetro D-optimidade também conhecido como a optimização ou determinante do $(\mathbf{X}^T \mathbf{X})$ mediu a capacidade do desenho óptimo seleccionado para o modelo adequado desenvolvido, que estimou ou previu com precisão os valores dos dados observados. Na prática, era mais preferível um valor calculado maior de D-optimalidade.

Além disso, o parâmetro A-optimalidade ou trace inverse $(\mathbf{X}^T \mathbf{X})$ avaliou a variância média nos coeficientes de regressão de superfície de resposta do modelo ajustado. Consequentemente, quanto menor for o valor da optimalidade A, entre quaisquer dos modelos óptimos em contenção, maior será a probabilidade da sua selecção.

Da mesma forma, a optimização G calculou o rácio da variância de previsão média (alavancagem média) para a variância de previsão máxima (alavancagem máxima) sobre alguns pontos de concepção de uma concepção óptima seleccionada. Tecnicamente, a V-optimidade foi também denominada alavancagem média, o que minimizou o numerador da G-optimalidade.

Em paridade, a optimização do G minimizou o seu denominador. Portanto, quanto menor for o valor da óptima G, melhor. Como inicialmente mencionado, e descrito, o parâmetro da optimalidade V mediu a variância média da previsão ou a alavancagem média sobre os pontos de concepção do conjunto. Quanto menor for o valor do parâmetro de V-optimidade, tanto melhor.

Finalmente, o parâmetro de média máxima indicou que, uma concepção optimizada deve conter pelo menos um ponto de concepção influente. Isto é indicado por uma diferença positiva muito mais ampla entre o valor de máxima-média e o valor de V-optimidade. Assim, quanto maior for o valor de diferenciação positiva, melhor. Portanto, para que um DoE optimizado seja aceite, deve ser com a qualificação mais alta dos parâmetros estatísticos acima mencionados.

A optimização da Box-Behnken DoE concebida, começou com a invocação dos sistemas de bainha de cimento Box-Behnken DoE aleatorizado armazenado na folha de trabalho (Figura 3.20); para a janela do Minitab 16. Além disso, o menu Stat na Barra de Menu do Minitab 16 foi novamente clicado, e o ponteiro do rato foi navegado através do DoE➜ Response Surface➜ Select Optimal Design (Figuras 3.21); depois a Caixa de Diálogo de *Select Optimal Design* (Figura 3.22) foi colocada no ecrã.

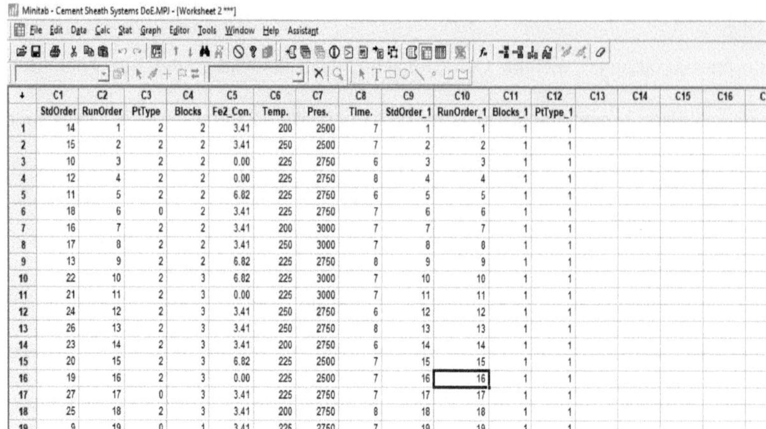

Figura 3.20. A Caixa de Desenho-Behnken DoE do Sistema de Bainha de Cimento.

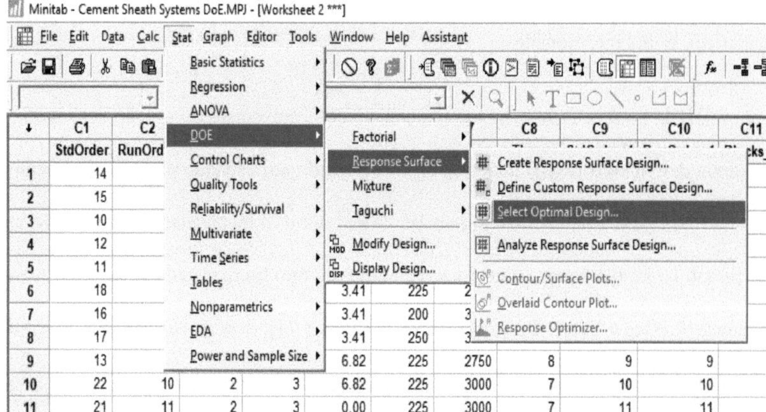

Figura 3.21. Começando com a Optimização da Efeito de Desenho do Sistema de Bainha.

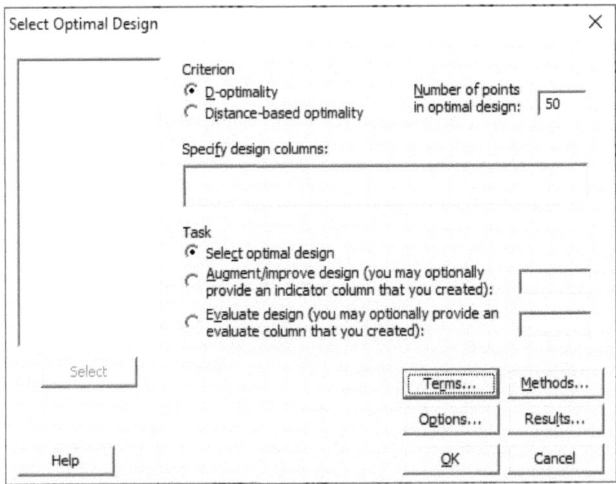

Figura 3.22. Seleccionar Design Optimal para o Sistema de Bainha de Cimento.

Nesta caixa de diálogo de *Seleccionar Desenho Óptimo* (Figura 3.22), a opção *D-Optimalidade* foi seleccionada sob *Critério*. Da mesma forma, o *Número de Pontos no Design Optimal* foi especificado como 50, enquanto a opção *Seleccionar Design Optimal* foi também seleccionada a partir da mesma Caixa de Diálogo sob a opção *Tarefa* (Figura 3.22); depois clicou-se com o rato sobre o botão *Termos...*, isto mostrou a Caixa de Diálogo de *Seleccionar Design Optimal - Termo* (Figuras 3.23).

Nesta Caixa de Diálogo (Figuras 3.23), foi seleccionada a opção *Quadrática Completa*; porque, o Minitab 16 desenvolveu funções polinomiais de primeira a segunda ordem. Além disso, todos os termos autónomos, intra e interactivos sob os *Termos Disponíveis* no painel da esquerda foram seleccionados, mantidos inalterados e colocados sob os *Termos Seleccionados* no painel da direita do Quadrático Completo sugerido pelo Minitab 16, depois o botão OK foi activado. Isto devolveu o procedimento à caixa de diálogo de *Select Optimal Design* (Figura 3.22). Embora, estes Termos (A, B, C, D, AA, BB, CC, DD, AB, AC, AD, BC, BD, CD) tenham sido posteriormente sujeitos a rastreio, pela sua adequação utilizando os critérios da RSM especificados neste estudo. Mais uma vez, na Caixa de Diálogo de Select Optimal *Design*, o botão *Métodos...* foi clicado, e o procedimento passou para a Caixa de Diálogo de *Select Optimal Design - Métodos* (Figura 3.24).

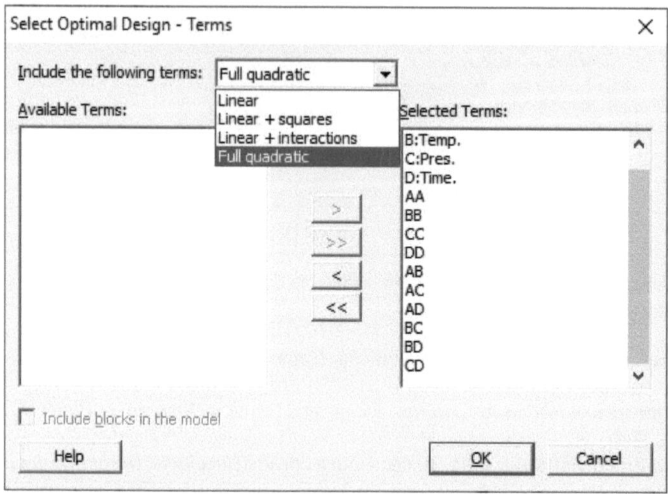

Figura 3.23. Seleccionar Design Optimal - Termo para o Sistema de Bainha de Cimento.

Nesta Caixa de Diálogo (Figura 3.24), sob a opção *Desenho Inicial*, a *Percentagem de Pontos de Desenho* a *Seleccionar Aleatoriamente* foi definida a 100% no *Número de Ensaios Aleatórios* de 10 vezes, com um *Procedimento de Pesquisa para Melhorar o Desenho Inicial* com um *Método de Troca com Número de Pontos de Troca de 5* (Figura 3.24); depois clicou-se no botão OK, que o procedimento regressou à Caixa de Diálogo de *Seleccionar Desenho Optimal* (Figura 3.22). Além disso, clicou-se no botão *Options...*, e o armazenamento do desenho óptimo foi especificado como *Store Selection Indicator in Present Worksheet*, *Store Selected Rows of Design Columns in New Worksheet*, e *Copy to New Worksheet também seleccionou Row in Column* (Figura 3.25);

depois disso clicou-se no botão OK, para voltar à caixa de diálogo *Select Optimal Design* (Figura 3.22).

Nesta mesma Caixa de Diálogo (Figura 3.22), o botão *Results...* foi clicado, o qual foi direccionado para colocar na janela da sessão do Minitab os resultados óptimos do desenho da *Matriz de Resumo e do desenho final* (Figura 3.26); e o botão OK foi clicado, o qual devolveu o procedimento à Caixa de Diálogo de *Select Optimal Design* (Figura 3.22) novamente, o qual também foi clicado OK novamente, para finalmente sair da mesma. No entanto, este procedimento de desenho óptimo do percurso foi repetido para 48, 51, e 53 pontos, para obter o desenho mais óptimo.

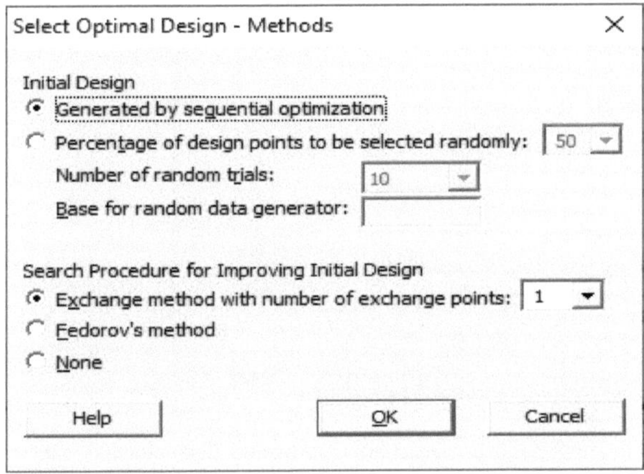

Figura 3.24. Seleccionar Design Optimal - Métodos para o Sistema de Bainha de Cimento.

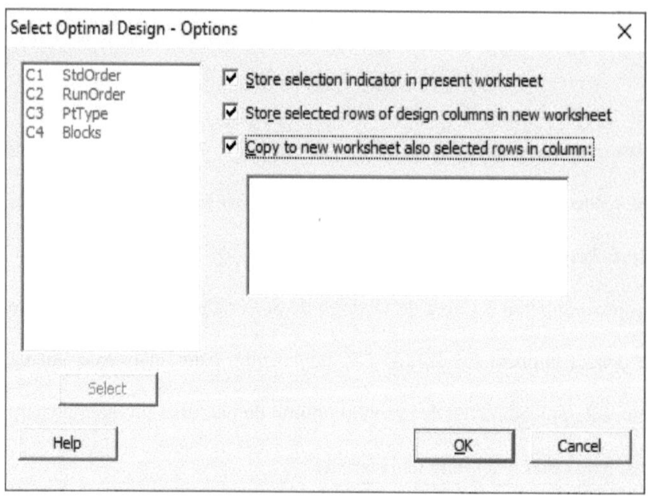

Figura 3.25. Armazenamento de Design Optimal Selected - Opções para o Sistema de Bainha de Cimento.

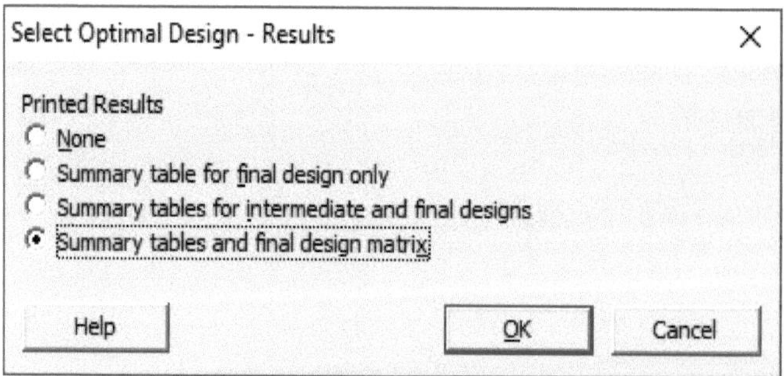

Figura 3.26. Resultados de Impressão do Desenho Optimizado Seleccionado para o Sistema de Bainha de Cimento.

O resultado da superfície de resposta optimizada BBDoE para os sistemas de bainha de cimento é apresentado na Tabela 3.5. Tendo isto em conta, as Tabelas 3.5 mostram os parâmetros óptimos de concepção para os sistemas de bainha de cimento da superfície de resposta óptima e os seus parâmetros relacionados para os modelos CS, TS, PR, e PM desenvolvidos dos sistemas de bainha de cimento investigados.

Quadro 3.5. Parâmetros de concepção ideais para os sistemas de bainha de cimento.

S/Não.	Parâmetro de desenho óptimo	Desenho/Valor óptimo (Unitless)			
		Design Optimal I	Design Optimal II	Design Optimal III	Desenho Optimal IV
	Número de pontos de desenho dos candidatos	54	54	54	54
	Número de pontos de desenho no Design Optimal	48	53	50	51
1	Número de condição	25,450.00	21,599.40	26,066.70	25,762.30
2.	D-optimidade [Determinante de $(\mathbf{X}^T \mathbf{X})$]	1.17012E+71	7.13371E+71	2.61362E+71	3.90606E+71
3.	A-Optimalidade [Trace $(\mathbf{X}^T \mathbf{X})$]$^{-1}$	9,271.28	7,311.80	9,116.31	8,581.37
4.	G-Optimalidade $\left(\frac{\text{Average Leverage}}{\text{Maximum Leverage}}\right)$	0.72	0.97	0.69	0.89
5.	V-Optimalidade (Alavancagem média)	0.35	0.32	0.34	0.33
6.	Alavancagem Máxima	0.49	0.33	0.49	0.37

Consequentemente, os parâmetros estatísticos de concepção óptima acima mencionados foram utilizados na avaliação da adequação de cada uma das concepções óptimas prováveis. Estes foram realizados, após a concepção da Box- Behnken DoE para as superfícies de resposta de CS, TS, PR, e PM. Os parâmetros estatísticos de concepção óptima foram utilizados para justificar a concepção óptima seleccionada.

Como prova, a análise do desenho óptimo da superfície de resposta apresentada na Tabela 3.5 mostra que, o número de condição do desenho óptimo III (26.066,70) foi o mais elevado seguido pelo do desenho óptimo IV (25.762,30). Com base nestes resultados, foi explícito inferir que, entre alguns ou todos os termos do modelo desenvolvido, existe uma forte colinearidade com os novos 50 pontos de desenho, em vez dos 54 pontos de desenho antigos. Isto significa que existe pelo menos uma interacção entre alguns ou todos os termos dos modelos desenvolvidos dos sistemas de bainha de cimento.

Além disso, o parâmetro D-optimidade também conhecido como a optimalidade determinante ou determinante de $(\mathbf{X}^T \mathbf{X})$ mediu a capacidade do desenho óptimo seleccionado para o modelo desenvolvido, para estimar ou prever com precisão os valores dos dados observados. Praticamente, um valor maior de D-optimidade era mais preferível. Como resultado, entre os projectos óptimos (I a IV) gerados pelo Minitab 16; o projecto óptimo com o maior valor de D-optimalidade tinha mais hipóteses de ser seleccionado. Assim, a selecção do desenho óptimo II (7,13371E+71), em vez do segundo desenho óptimo IV, que tem o seu valor de D-optimalidade registado como 2,61362E+58.

Além disso, o parâmetro A-optimalidade ou trace inverse $(\mathbf{X}^T \mathbf{X})$ avalia a variância média nos coeficientes de regressão de superfície de resposta do modelo ajustado. Quanto menor for o valor da optimalidade A, entre quaisquer dos modelos óptimos em contenção, maior é a probabilidade da sua selecção. Sobre este fundo, observou-se que o desenho óptimo II tinha o menor valor de optimalidade A medido a 7.311,80.

A optimização G calculou o rácio da variância da previsão média (alavancagem média) para a variância da previsão máxima (alavancagem máxima) sobre os pontos de concepção do desenho óptimo seleccionado. Tecnicamente, a V-optimidade foi também denominada alavancagem média, o que minimizou o numerador da G-optimalidade.

Em paridade, a optimização do G minimizou o seu denominador. Portanto, quanto menor for o valor da optimização G, melhor para a selecção do Design Optimal III. Consequentemente, foi seleccionado o Desenho Optimal III; uma vez que, o seu valor de optimização G de 0,69 foi registado como o valor mais pequeno. Como inicialmente mencionado, e descrito, o parâmetro V-optimidade mediu a variância média da previsão ou alavancagem média sobre os pontos de desenho definidos, e quanto menor o valor, melhor. Assim, foi seleccionado o Optimal Design II; porque, o seu valor de V-optimidade de 0,32 foi registado como o valor mais pequeno. Embora, o Optimal Design IV (0,72) tenha contendido com o Optimal Design II seleccionado durante a selecção.

Do mesmo modo, o parâmetro de média máxima indicava que uma concepção optimizada deve conter pelo menos um ponto de concepção influente. Isto foi indicado por uma diferença positiva muito mais ampla entre o valor de máxima-média e o valor de V-optimidade. Nestes modelos óptimos, a diferença positiva entre o valor de máxima-média (0,49) e o valor de V-optimidade (0,34) para o desenho óptimo III é de +0,15. Por conseguinte, a sua selecção.

Com base nas análises acima mencionadas, Optimal Design III foi seleccionado como o desenho óptimo candidato para o sistema de bainha de cimento (Tabela 3.5). Estas selecções basearam-se principalmente na existência de uma forte colinearidade entre os termos do modelo proposto, e um número reduzido de pontos de desenho no BBDoE.

Neste contexto, para implementar eficazmente o desenho óptimo seleccionado, todos os desenhos óptimos foram apagados do Minitab 16, para repor a sua memória. Posteriormente, os procedimentos de desenho óptimo para o desenho óptimo III foram novamente executados, para o manter na memória do Minitab 16. O desenho óptimo final para os sistemas de bainha de cimento investigados é apresentado na Tabela AIII.1.

Nesta altura, o desenho óptimo III tinha sido seleccionado e apresentado como o melhor desenho experimental concebido para a investigação. Posteriormente, as corridas experimentais foram conduzidas de acordo com o desenho óptimo III. Este desenho óptimo foi utilizado, para testar as respostas de desempenho de CS, TS, PR, e PM para os sistemas de revestimento de cimento investigados (Tabela AIII.1).

3.5.4 Especificação API 10A Métodos experimentais

3.5.4.1 Formulação de chorume de cimento ferroso e desionizado

As amostras de água de mistura ferrosa foram utilizadas para preparar as caldas de cimento utilizadas para as corridas experimentais. Na prática, estas pastas de cimento foram preparadas com base nos princípios da especificação API 10A (especificação API 10A, 2002). De acordo com esta especificação, o recipiente com água de mistura como o seu conteúdo foi submetido a mistura à velocidade de 4.000 rpm durante aproximadamente 15 segundos; depois de todo o pó de cimento da classe G medido (793g) ter sido adicionado à água de mistura (350g). Isto explicou que cada uma das pastas de cimento foi constantemente formulada à razão de 0,44 (Figura 3.27).

Mais adiante, o recipiente de mistura foi coberto e colocado para mistura à velocidade de 12.000rpm na misturadora de cimento. Esta mistura foi realizada durante cerca de 35 segundos; as pastas de cimento foram formuladas, em vários intervalos baseados no BBDoE de concepção óptima.

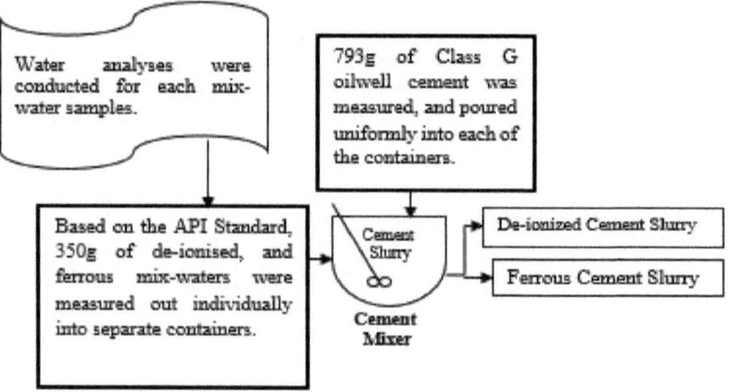

Figura 3.27. Diagrama de blocos utilizados para a Preparação de Pasta de Cimento.

Geralmente, foram preparadas 50 amostras de pasta de cimento para a investigação do desempenho do sistema de cimento. As 50 pastas de cimento foram curadas em 200 cubos de bainhas de cimento, com base no BBDoE de concepção ideal, o que permitiu testar as suas respostas CS, TS, PR, e PM com base no BBDoE de concepção ideal. Além disso, foram tomadas precauções, para assegurar a aderência aos procedimentos API de mistura de pasta de cimento, e a substituição da lâmina do dispositivo, quando este tiver perdido 10% do seu peso original por uma lâmina padrão não utilizada.

3.5.4.2   Desenho de Cubos de Cimento Curado Ferroso e Deionizado

A Especificação API 10A, que é a *especificação para cimentos e materiais para cimentação de poços* foi adoptada, e utilizada, para produzir os cubos curados de bainha de cimento (Especificação API 10A, 2002). Assim, cada um dos 50 (12-deionizados, 38 ferrosos) caldas de cimento preparados foi vertido num molde de latão constituído por 4 compartimentos, cada um com 2 por 2 polegadas quadradas de dimensão (Placa AIV.1); cada um destes compartimentos foi enchido até à borda, e esmagado por uma vareta de agitação, para remover as bolsas de ar aprisionadas na calda de cimento, e foi coberto com uma placa de latão. Nessa altura, o molde coberto, foi limpo do excesso de lama no seu corpo, e o molde foi lubrificado. A graxa era aplicada, para evitar fugas de chorume do molde, e a água canalizada para o molde. Subsequentemente, o molde foi colocado no recipiente de pressão da câmara de cura e coberto pelo tampão (placas AIV.2, e AIV.3). A câmara de cura foi então pressurizada, a uma pressão de cura final, e à temperatura de cura final (direccionada). Os testes foram conduzidos separadamente, durante 8, 7, e 6 horas, para produzir cubos de cimento curado de baixa densidade (Placa AIV.4). Estas experiências foram conduzidas intermitentemente à temperatura fixa, pressão e tempo de cura entre 200 e 250^0 F; 2500 e 3000 psi; 6 e 8hrs, respectivamente, e com base no BBDoE. No entanto, a Figura AIV.1 mostra a temperatura inicial de cura ou aquecimento de funcionamento como 3^0 F. Durante os 30 minutos seguintes antes do tempo final do tempo de cura definido, a temperatura final de cura foi sempre reduzida para 30^0 F, quando o interruptor de arrefecimento do cilindro foi ligado, sem que a pressão de cura fosse ajustada.

Finalmente, durante os 10 minutos seguintes, a pressão de cura restante foi drenada, e o equipamento de cura foi desligado da fonte de energia eléctrica. Posteriormente, o molde foi transferido do recipiente de pressão para um banho de água 80^0 F; para arrefecer o molde durante 45 minutos.

Esta mesma experiência foi conduzida para todos os chorumes preparados, para produzir os cubos curados. No final das séries experimentais foram produzidos 108 cubos de bainhas de cimento (ou seja, 27 séries x 4 compartimentos do molde de latão produzidos 108 cubos). Além disso, estes cubos curados foram ainda curados num banho de água durante cerca de 48 horas. Em seguida, estes cubos de cimento curados em banho de água foram submetidos a testes de CS e TS, PR, e PM.

3.5.4.3 Teste de Compressão e Resistência à Tensão para Bainha de Cimento

Com base na Especificação API 10A (2002) método aplicado na produção de sistemas de bainha de cimento; cada uma das execuções experimentais produziu um conjunto de 4 peças de 2 por 2 cubos de bainha de cimento curados ao quadrado (ver Sub-secção 3.5.4.4). Após os cubos de bainha de cimento terem sido curados durante 48 horas num banho de água, foram utilizados dois (2) cubos curados de cada conjunto para os testes CS, e TS, usando o método ASTM C109/C109M, com o dispositivo de prensa hidráulica (ASTM, 1999), e o método ASTM C496, com o tensómetro universal de teste de divisão i-Strentek 1510 (ASTM C496, 2004), respectivamente. Embora, para os testes TS, os cubos curados tenham sido cortados em forma cilíndrica, por um aparelho de arquivamento de betão, para caberem no suporte da amostra. Além disso, o CS médio, e o TS de divisão para a amostra de bainha de cimento, foram calculados utilizando as fórmulas dadas pela norma ASTM C109/C109M (ASTM C109, 1999; Equação 3.11), e pela norma ASTM C496 (ASTM C496, 2004; Equação 3.12), respectivamente. Os resultados experimentais das respostas CS, e TS são apresentados no Apêndice V (Quadro AV.1)

$$.CS = \frac{P}{A} \tag{3.12}$$

$$TS = \frac{2P}{\pi l d} \tag{3.13}$$

onde:

CS $=$ CS dos cubos curados de bainha de cimento (psi),

A $=$ área do cubo curado da bainha de cimento (em)^2

TS $=$ divisória TS (psi),

P $=$ carga máxima aplicada, que a resistência da bainha de cimento falhou (*lb*),

π $=$pi (3,14159265),

l $=$ comprimento do espécime (in), e

d $=$ diâmetro do espécime (in).

3.5.4.4 Testes de porosidade e permeabilidade de cubos de bainha de cimento

O PR, e PM dos cubos curados de bainhas de cimento foram conduzidos de acordo com os métodos indicados em Omosebi *et al.* (2016), e na Especificação API 10A (2002). Tanto o PR como o PM dos cubos curados foram medidos a partir do equipamento AP-608 Automated Permeameter-Porosimeter (Coretest AP-608). A pressão de confinamento utilizada para os testes PR e PM foi definida como padrão em 3000psi. Os resultados experimentais para as respostas PR e PM são apresentados no Apêndice V (Tabela AV.1)

3.6 Modelação no Minitab 16

Após as experiências terem sido realizadas nos sistemas de bainha de cimento; e as superfícies de resposta ou as variáveis dependentes de CS, TS, PR, e PM terem sido observadas, obtidas, registadas, e introduzidas na folha de trabalho concebida do Minitab 16 BBDoE (Figura 3.28). O passo seguinte foi a concepção dos modelos das superfícies de resposta. Em relação ao método de desenvolvimento do modelo no Minitab 16, a folha de trabalho BBDoE para os preditores dos sistemas de bainha de cimento e as suas variáveis dependentes foram invocadas na janela principal do Minitab 16 (Figura 3.28); e o desenho da superfície de resposta da análise... foi acedido através do menu Stat➔ DoE➔ Superfície de resposta➔ Análise do desenho da superfície de resposta... (Figura 3.29). Esta acção apresentou a caixa de diálogo de Análise de Concepção da Superfície de *Resposta* (Figura 3.30).

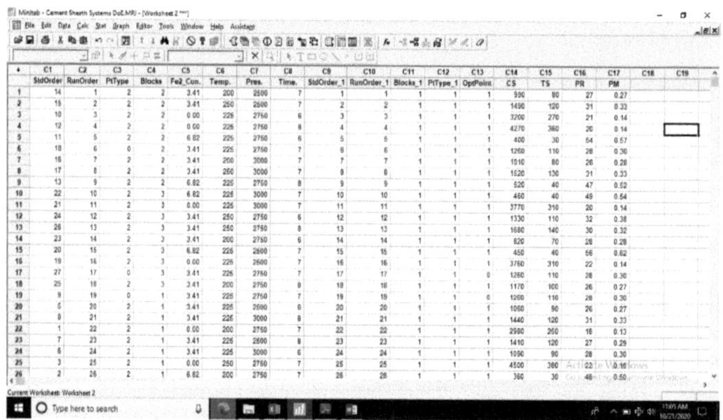

	C1 StdOrder	C2 RunOrder	C3 PtType	C4 Blocks	C5 Fe2_Con.	C6 Temp.	C7 Pres.	C8 Time.	C9 StdOrder_1	C10 RunOrder_1	C11 Blocks_1	C12 PtType_1	C13 OptPoint	C14 CS	C15 TS	C16 PR	C17 PM	C18	C19
1	14	1	2	2	3.41	200	2500	7	1	1	1	1	1	990	80	27	0.27		
2	15	2	2	2	3.41	250	2600	7	2	2	1	1	1	1490	120	31	0.33		
3	10	3	2	2	0.00	225	2750	6	3	3	1	1	1	3200	270	21	0.14		
4	12	4	2	2	0.00	225	2750	8	4	4	1	1	1	4270	360	20	0.14		
5	11	5	2	2	6.82	225	2750	6	5	6	1	1	1	400	30	64	0.57		
6	18	6	0	2	3.41	225	2750	7	6	6	1	1	1	1260	110	28	0.30		
7	16	7	2	2	3.41	200	3000	7	7	7	1	1	1	1010	80	26	0.28		
8	17	8	2	2	3.41	250	3000	7	8	8	1	1	1	1520	130	31	0.33		
9	13	9	2	2	6.82	225	2750	8	9	9	1	1	1	520	40	47	0.52		
10	22	10	2	3	6.82	225	3000	7	10	10	1	1	1	460	40	49	0.54		
11	21	11	2	3	0.00	225	3000	7	11	11	1	1	1	3770	310	20	0.14		
12	24	12	2	3	3.41	250	2750	6	12	12	1	1	1	1330	110	32	0.38		
13	26	13	2	3	3.41	250	2750	8	13	13	1	1	1	1680	140	30	0.32		
14	23	14	2	3	3.41	200	2750	6	14	14	1	1	1	820	70	28	0.28		
15	20	15	2	3	6.82	225	2600	7	15	15	1	1	1	450	40	56	0.62		
16	19	16	2	3	0.00	225	2600	7	16	16	1	1	1	3760	310	22	0.14		
17	27	17	0	3	3.41	225	2750	7	17	17	1	1	0	1250	110	28	0.30		
18	25	18	2	3	3.41	200	2750	8	18	18	1	1	1	1170	100	26	0.27		
19	9	19	0	1	3.41	225	2750	7	19	19	1	1	0	1260	110	28	0.30		
20	5	20	2	1	3.41	225	2600	6	20	20	1	1	1	1060	90	26	0.27		
21	8	21	2	1	3.41	225	3000	8	21	21	1	1	1	1440	120	31	0.33		
22	1	22	2	1	0.00	200	2750	7	22	22	1	1	1	2980	250	18	0.13		
23	7	23	2	1	3.41	225	2600	8	23	23	1	1	1	1410	120	27	0.29		
24	6	24	2	1	3.41	225	3000	6	24	24	1	1	1	1090	90	28	0.30		
25	3	25	2	1	0.00	250	2750	7	25	25	1	1	1	4500	380	22	0.16		
26	2	26	2	1	6.82	200	2750	7	26	26	1	1	1	360	30	48	0.50		

Figura 3.28. O BBDoE e as respostas dos sistemas de bainha de cimento.

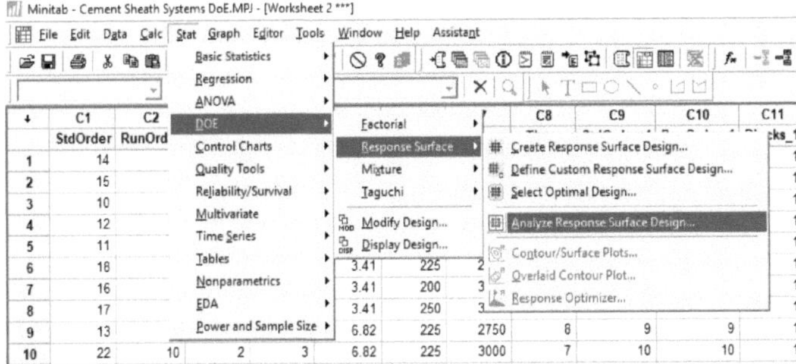

Figura 3.29. Introdução ao desenvolvimento do modelo com o Minitab 16.

Na Caixa de Diálogo do *Desenho da Superfície de Resposta de Análise* (Figura 3.30), as respostas investigadas dos sistemas de bainha de cimento (CS, TS, PR, e PM) e o ponto óptimo (OptPoint) foram duplamente clicadas, o que permitiu a cada uma das suas selecções passar para o painel de *Resposta*. Ainda na Caixa de Diálogo do *Desenho da Superfície de Resposta de Análise* (Figura 3.30), em *Analyse Data Using* options Uncoded foi seleccionada; para apresentar os termos do modelo nas suas descrições reais (CS, TS, PR, e PM). Posteriormente, o botão *Terms...* foi clicado, e esta exploração popup da Caixa de Diálogo do *Desenho da Superfície de Análise da Resposta - Termos* (Figura 3.31). Nesta Caixa de Diálogo (Figura 3.31), sob o título *Incluir os Termos seguintes*, foi seleccionado o termo Quadrático Completo e todos os seus termos associados foram seleccionados, depois clicou-se no botão OK, para voltar à Caixa de Diálogo de Concepção da Superfície de *Análise da Resposta - Termos*.

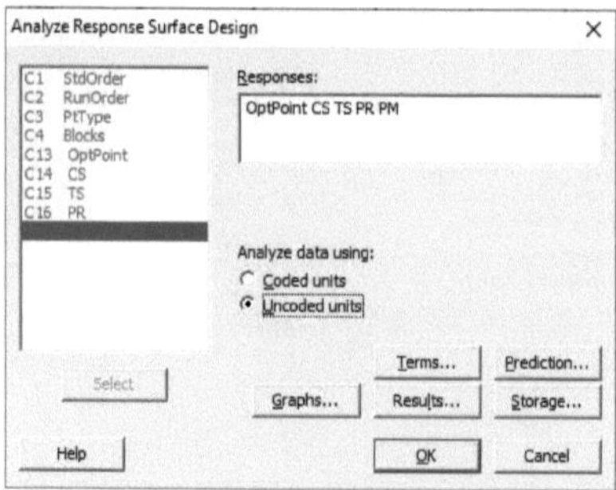

Figura 3.30. Selecção das respostas investigadas em unidades não codificadas.

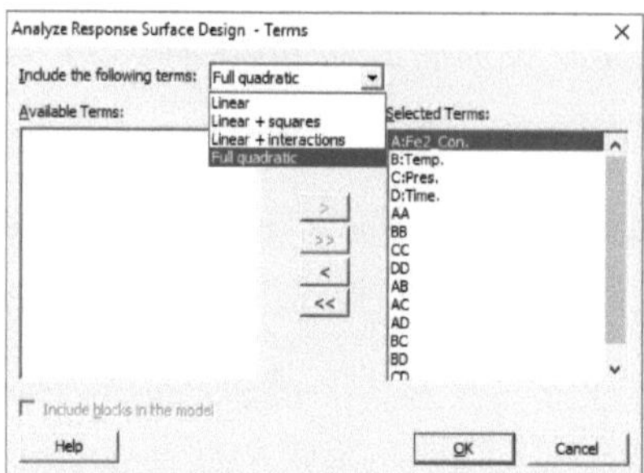

Figura 3.31. Selecção da ordem polinomial do modelo, e termos.

Além disso, nesta mesma Caixa de Diálogo (Figura 3.30) foi clicado o botão *Predição...*,

o qual fez surgir a Caixa de Diálogo de *Análise de Design de Superfície de Resposta -*

Predição (Figura 3.32).

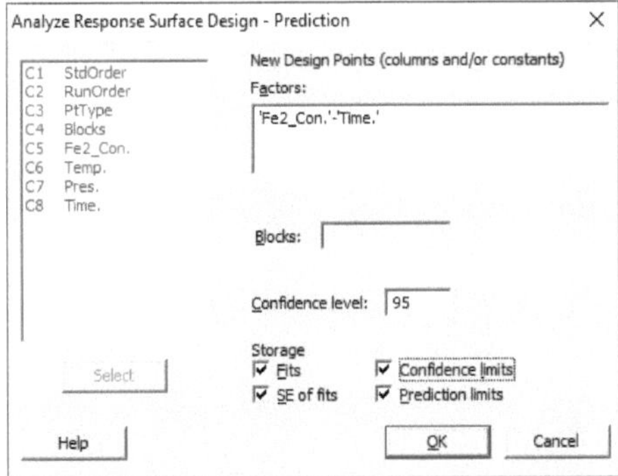

Figura 3.32. Selecção dos factores do modelo e do nível de confiança estatística.

Nesta altura, os factores (Fe2_Con., Temp., Pres., e Time) foram seleccionados, e o nível de confiança estatística de previsão do modelo proposto foi fixado em 95% (Figura 3.32); isto foi em relação ao nível de significância estatística fixado nas hipóteses. Após estas selecções terem sido feitas, clicou-se no botão Ok, que encaminhou o procedimento para a Caixa de Diálogo do *Desenho da Superfície de Resposta Analítica* (Figura 3.30). Depois, clicou-se no botão *Graphs...*, que seleccionou os tipos residuais a partir da caixa de diálogo de Análise de *Concepção da Superfície de Resposta - Gráfico* (Figura 3.33); depois clicou-se no botão OK. Esta acção, devolveu o procedimento à Caixa de Diálogo de Análise de Concepção da Superfície de *Resposta*. Neste momento, clicou-se no botão Results..., o qual apareceu na Caixa de Diálogo de *Concepção da Superfície de Análise da Resposta - Resultados* (Figura 3.34). Nesta Caixa de Diálogo de Concepção da Superfície de Análise da *Resposta - Resultados,* foi especificado o formato em que os resultados do modelo seriam exibidos na janela da sessão; e o botão OK foi clicado como um meio pelo qual o procedimento foi devolvido à Caixa de Diálogo de *Concepção da Superfície de Análise da Resposta* (Figura 3.30).

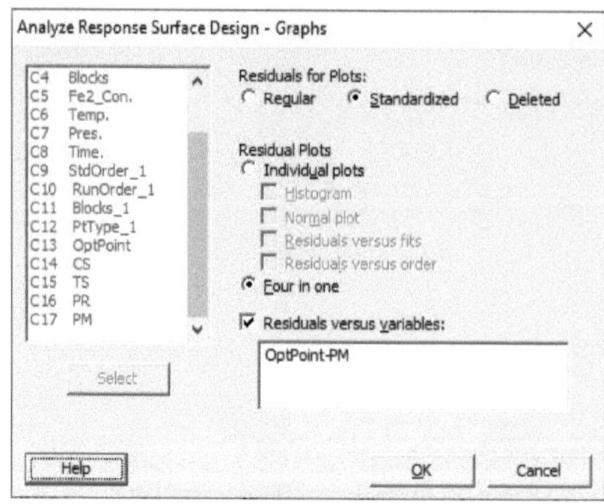

Figura 3.33. Selecção do tipo de parcela residual.

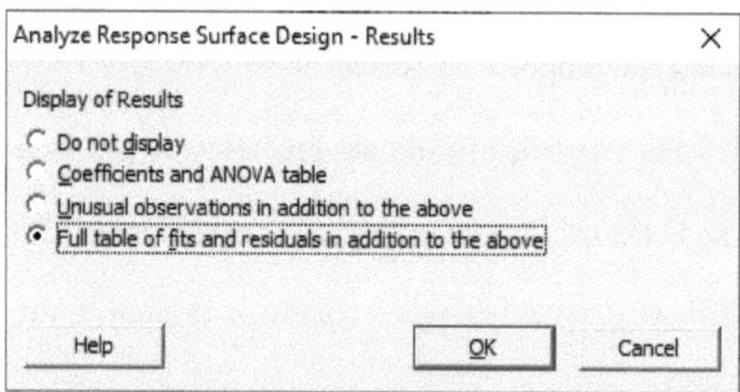

Figura 3.34. Selecção do formato em que os resultados do modelo seriam exibidos.

Finalmente, a especificação sobre os ajustes e resíduos, e a informação do modelo foram configurados na Caixa de Diálogo de *Concepção da Superfície de Análise da Resposta - Armazenamento* (Figura 3.35), após o botão *Armazenamento...* ter sido clicado na Caixa de Diálogo de *Concepção da Superfície de Análise da Resposta*. Após a configuração dos resultados do modelo, o botão OK foi clicado, para sair da Caixa de Diálogo de Concepção da Superfície de Análise da *Resposta - Armazenamento* (Figura 3.35); e o botão OK foi clicado novamente, para sair completamente da Caixa de Diálogo de *Concepção da Superfície de Análise da Resposta* (Figura 3.30).

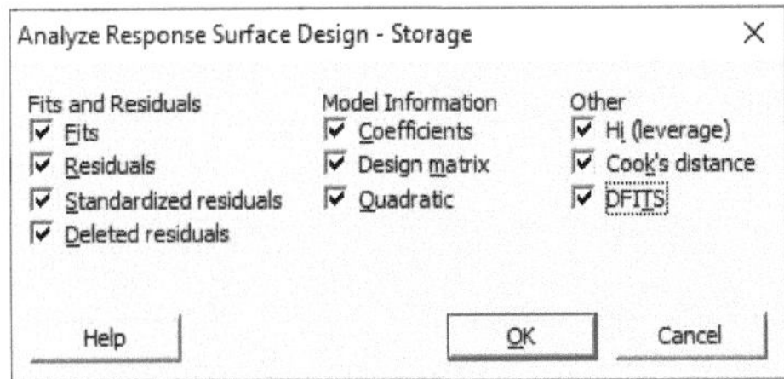

Figura 3.35. Especificação de ajustes e resíduos, e informação sobre modelos.

Tecnicamente, os resultados do modelo proposto foram exibidos na janela de 16 sessões do Minitab. Após as experiências terem sido realizadas nos sistemas de bainha de cimento; e as superfícies de resposta ou as variáveis dependentes de CS, TS, PR, e PM foram observadas, obtidas, registadas, e introduzidas na folha de trabalho do Minitab 16 BBDoE concebida.

3.7 Métodos de rastreio no Minitab 16

O rastreio assegurou que o modelo desenvolvido e os seus termos são estatisticamente significativos. Isto significa que, cada um dos termos não deve ter *valor p* acima de 0,05 (α = 0,05) ou acima de 0,1, e o *valor p* não ajustado do modelo não deve ser inferior a 0,05. Isto foi realizado em cada um dos modelos desenvolvidos nesta pesquisa. O rastreio foi realizado no Minitab 16, através da activação da folha de trabalho do desenho óptimo na Janela do Minitab 16 (Figura 3.36), e do acesso aos menus: Stat menu➜ DoE➜ Superfície de resposta➜ Analisar a concepção da superfície de resposta... (Figura 3.37). Isto levou à caixa de diálogo de *Análise de Concepção da Superfície de Resposta* (Figura 3.38).

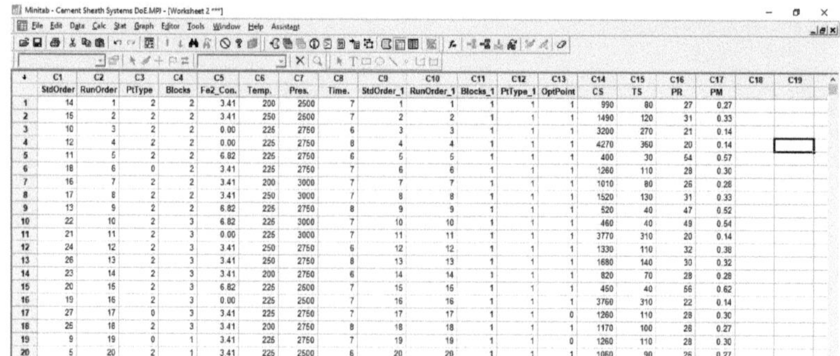

Figura 3.36. Exemplo do BBDoE e respostas dos sistemas de bainha de cimento.

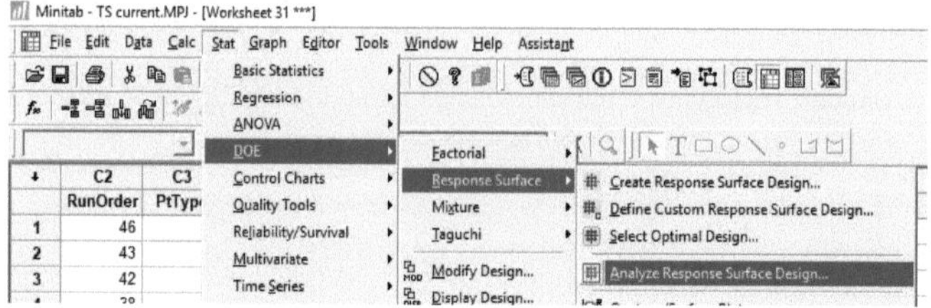

Figura 3.37. Começando com o rastreio do modelo com o Minitab 16.

Na caixa de diálogo de *Análise de Concepção da Superfície de Resposta* (Figura 3.38) a resposta CS foi duplamente clicada, e apareceu no *painel de Resposta*. Subsequentemente, as *Unidades não codificadas* foram seleccionadas em *Análise de dados usando*. Sequencialmente, os botões *Terms, Predictions, Graphs, Results, and Storage* foram clicados e as opções foram feitas em conformidade, como mostrado nas Figuras 3.39 a 3.43. Após todas as decisões ou selecções terem sido feitas, o botão OK foi clicado. Os resultados do modelo provável de resposta CS são mostrados nas Tabelas 3.6 e 3.7.

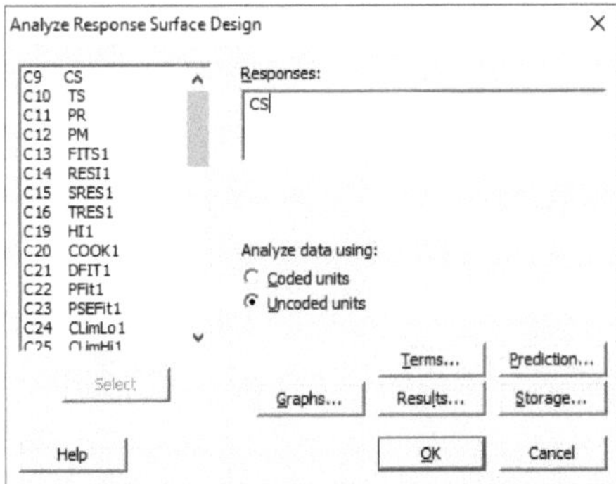

Figura 3.38. Análise do desenho da superfície de resposta.

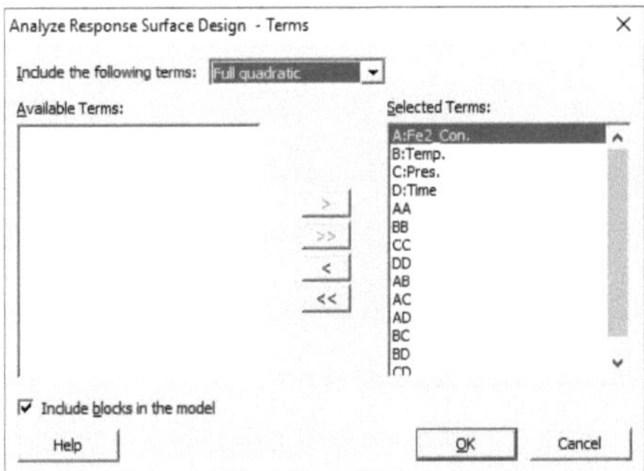

Figura 3.39. Análise de Design de Superfície de Resposta - Termos.

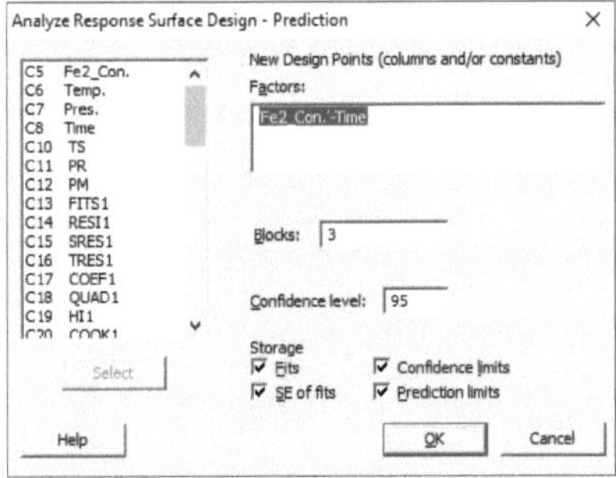

Figura 3.40. Análise do desenho da superfície de resposta - Predição.

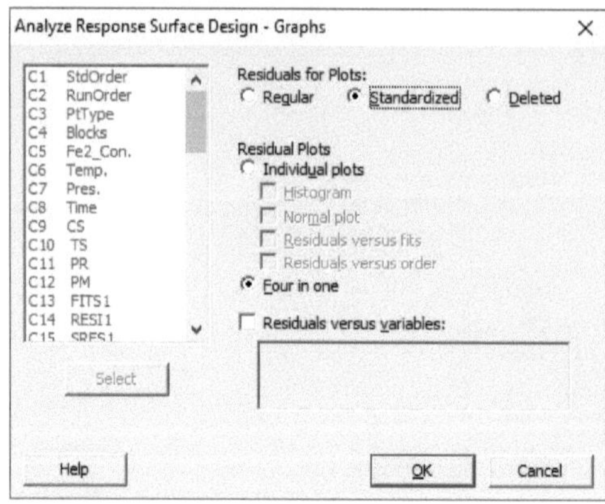

Figura 3.41. Análise de Design de Superfície de Resposta - Gráficos.

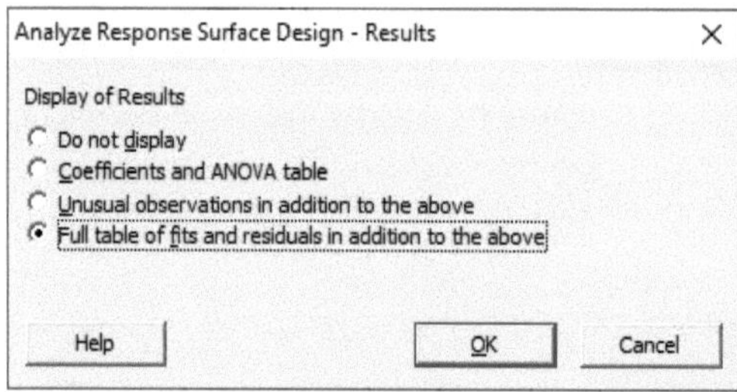

Figura 3.42. Análise do Design da Superfície de Resposta - Resultados .

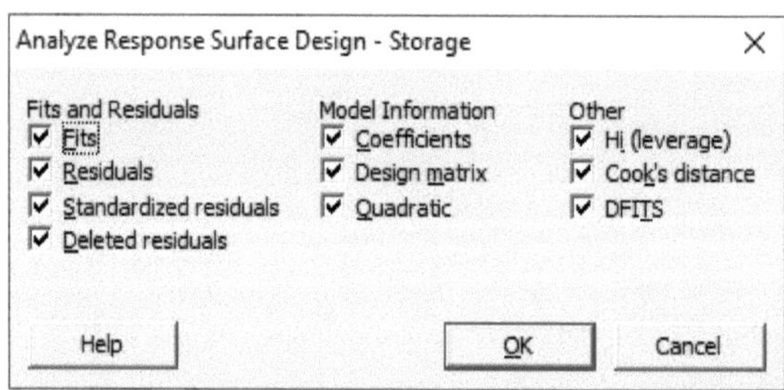

Figura 3.43. Análise do desenho da superfície de resposta - Armazenamento.

Tabela 3.6.   Coeficientes de Regressão Estimados para o Modelo CS Provável.

```
The analysis was done using uncoded units.

Estimated Regression Coefficients for CS

Term                   Coef   SE Coef        T       P
Constant           -10242.6   45330.4   -0.226   0.823
Block 1                69.9      95.0    0.736   0.467
Block 2                57.3      97.0    0.591   0.559
Fe2_Con.             -785.2     789.5   -0.995   0.327
Temp.                 -14.4     161.4   -0.089   0.929
Pres.                  11.1      17.9    0.624   0.537
Time                 -439.8    3436.8   -0.128   0.899
Fe2_Con.*Fe2_Con.      60.9      15.1    4.032   0.000
Temp.*Temp.             0.1       0.3    0.360   0.721
Pres.*Pres.            -0.0       0.0   -0.821   0.417
Time*Time              65.9     175.7    0.375   0.710
Fe2_Con.*Temp.         -3.9       2.0   -1.975   0.057
Fe2_Con.*Pres.          0.5       0.2    2.363   0.024
Fe2_Con.*Time         -68.0      49.4   -1.378   0.177
Temp.*Pres.            -0.0       0.0   -0.064   0.950
Temp.*Time             -0.1       6.7   -0.016   0.987
Pres.*Time             -0.0       0.7   -0.007   0.995


S = 476.210    PRESS = 16877487
R-Sq = 90.04%  R-Sq(pred) = 77.55%  R-Sq(adj) = 85.22%
```

Tabela 3.7.   Análise de Variância do Modelo de CS Provável

```
Analysis of Variance for CS

Source                  DF     Seq SS     Adj SS     Adj MS      F       P
Blocks                   2     441088     409475     204737   0.90   0.415
Regression              14   67240179   67240179    4802870  21.18   0.000
  Linear                 4   57944461     430234     107559   0.47   0.754
    Fe2_Con.             1   54075026     224335     224335   0.99   0.327
    Temp.                1    2522249       1815       1815   0.01   0.929
    Pres.                1     254493      88196      88196   0.39   0.537
    Time                 1    1092693       3714       3714   0.02   0.899
  Square                 4    6713253    6691306    1672826   7.38   0.000
    Fe2_Con.*Fe2_Con.    1    6250414    3686659    3686659  16.26   0.000
    Temp.*Temp.          1     108670      29436      29436   0.13   0.721
    Pres.*Pres.          1     322542     152893     152893   0.67   0.417
    Time*Time            1      31627      31899      31899   0.14   0.710
  Interaction            6    2582465    2582465     430411   1.90   0.111
    Fe2_Con.*Temp.       1     884450     884450     884450   3.90   0.057
    Fe2_Con.*Pres.       1    1266436    1266436    1266436   5.58   0.024
    Fe2_Con.*Time        1     430592     430592     430592   1.90   0.177
    Temp.*Pres.          1        916        916        916   0.00   0.950
    Temp.*Time           1         61         61         61   0.00   0.987
    Pres.*Time           1         10         10         10   0.00   0.995
Residual Error          33    7483600    7483600     226776
  Lack-of-Fit           10    2038527    2038527     203853   0.86   0.580
  Pure Error            23    5445073    5445073     236742
Total                   49   75164866
```

Os resultados no Quadro 3.6 mostraram que a maioria dos termos na resposta CS têm
valores de p acima de 0,1. Excepto, os termos Fe2_Con.*Fe2_Con. (A*A),
Fe2_Con.*Temp. (A*B), e Fe2_Con.*Pres. (A*C), que tinham *p-valores* de 0,000, 0,057,

e 0,024, respectivamente. Além disso, a Tabela 3.7 revelou que o modelo sem ajuste (0,580) tinha um *valor de* p superior a 0,05.

Geralmente, estes resultados de análises explicaram que aqueles outros termos com *valores de p* acima de 0,1, não eram estatisticamente significativos; embora o modelo gerado fosse estatisticamente significativo. Portanto, os passos acima foram repetidos e os termos com *valores de p* acima de 0,1 foram expurgados (rastreados) do modelo CS. Isto foi feito utilizando a Figura 3.44, que é a Caixa de Diálogo de *Análise de Design de Superfície de Resposta - Termos*. Os resultados do protocolo de análise são apresentados nas Tabelas 3.8, e 3.9.

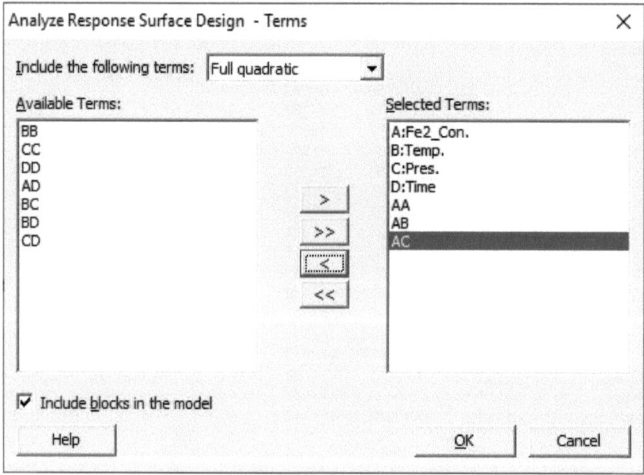

Figura 3.44. Análise de Design de Superfície de Resposta - Termos.

Tabela 3.8. Estimativa dos coeficientes de regressão para o Modelo CS Adequado.

The analysis was done using uncoded units.

Estimated Regression Coefficients for CS

```
Term                      Coef   SE Coef        T       P
Constant               1892.94   2769.41    0.684   0.498
Block 1                  67.93     91.16    0.745   0.461
Block 2                  61.26     92.72    0.661   0.513
Fe2_Con.              -1261.70    679.23   -1.858   0.071
Temp.                    25.72      7.52    3.420   0.001
Pres.                    -2.08      0.75   -2.764   0.009
Time                    213.38     93.42    2.284   0.028
Fe2_Con.*Fe2_Con.        60.94     11.16    5.463   0.000
Fe2_Con.*Temp.           -3.90      1.90   -2.055   0.046
Fe2_Con.*Pres.            0.47      0.19    2.459   0.018


S = 457.658     PRESS = 15921428
R-Sq = 88.85%   R-Sq(pred) = 78.82%   R-Sq(adj) = 86.35%
```

Tabela 3.9.   Análise de Variância do Modelo CS Adequado.

```
Analysis of Variance for CS

Source                  DF    Seq SS     Adj SS     Adj MS        F       P
Blocks                   2    441088     421693     210846     1.01   0.375
Regression               7  66345761   66345761    9477966    45.25   0.000
  Linear                 4  57944461    7870782    1967696     9.39   0.000
    Fe2_Con.             1  54075026     722703     722703     3.45   0.071
    Temp.                1   2522249    2450503    2450503    11.70   0.001
    Pres.                1    254493    1599568    1599568     7.64   0.009
    Time                 1   1092693    1092693    1092693     5.22   0.028
  Square                 1   6250414    6250414    6250414    29.84   0.000
    Fe2_Con.*Fe2_Con.    1   6250414    6250414    6250414    29.84   0.000
  Interaction            2   2150886    2150886    1075443     5.13   0.010
    Fe2_Con.*Temp.       1    884450     884450     884450     4.22   0.046
    Fe2_Con.*Pres.       1   1266436    1266436    1266436     6.05   0.018
Residual Error          40   8378017    8378017     209450
  Lack-of-Fit           17   2932945    2932945     172526     0.73   0.746
  Pure Error            23   5445073    5445073     236742
Total                   49  75164866
```

Concluindo, os resultados analisados na Tabela 3.8 mostram que os valores p do termo

do modelo CS eram inferiores a 0,05, e eram estatisticamente influentes para o modelo.

Além disso, a Tabela 3.9 indica que o p-valor por falta de ajuste do modelo de CS era

superior a 0,05. Portanto, os coeficientes de regressão estimados na Tabela 3.8 foram

utilizados para desenvolver o modelo de resposta CS adequado. Estes procedimentos de rastreio e desenvolvimento de um modelo adequado, foram utilizados no desenvolvimento de todos os modelos neste trabalho.

Em antecipação, todos os resultados obtidos a partir das análises de regressão de superfície multi-respostas, incluindo o contorno, as parcelas de superfície, e modelos adequados das respostas BBDoEs, foram baseados na abordagem RSM utilizando a tecnologia, Minitab 16 pacote de aplicação estatística, são todos apresentados no capítulo seguinte, capítulo quatro para discussão.

CAPÍTULO IV

RESULTADOS E DISCUSSÃO

Os objectivos deste capítulo (iv) são (4.1) apresentar os resultados experimentais e a discussão sobre as respostas do desempenho mecânico da bainha de cimento; (4.2) validar os modelos e apresentar os modelos substantivos das respostas do desempenho mecânico da bainha de cimento, com a sua discussão; (4.3) identificar e apresentar as variáveis independentes óptimas para cada uma das respostas desejáveis do desempenho mecânico da bainha de cimento, com a sua discussão.

4.1 Resultados Experimentais e Discussão sobre as Respostas de Desempenho Mecânico da Bainha de Cimento

Após a concepção e optimização do BBDoE para a cura dos sistemas de lama de cimento, os sistemas de bainha de cimento produzidos testados determinaram as respostas quantitativas CS, TS, PR, e PM. As respostas quantitativas recolhidas formaram o conjunto de dados dos sistemas de bainha de cimento (Tabela AV.1). Além disso, o software estatístico Minitab 16 efectuou análises de regressão de superfície de resposta múltipla no conjunto de dados, nas quais os resultados da superfície de resposta traçaram algumas inferências robustas.

Esta secção (4.1) está dividida em subsecções: 4.1.1; 4.1.2; 4.1.3; 4.1.4. Assim, as subsecções 4.1.1 e 4.1.2 respectivamente, representam os resultados e a discussão sobre os efeitos do Fe^{2+} na mistura de água no CS dos sistemas de bainha de cimento de poços de petróleo; resultados e discussão sobre os efeitos do Fe^{2+} na mistura de água no TS da bainha de cimento de poços de petróleo sistemas. Além disso, as subsecções 4.1.3 e 4.1.4 são correspondentemente designadas como resultados e discussão sobre os efeitos do Fe^{2+} na mistura de água em PR e PM da bainha de cimento de poço de petróleo, como resultado do presente do Fe^{2+} na mistura de água.

4.1.1 Resultados e Discussão sobre os Efeitos do Fe^{2+} em Mix-Water on the Compressive Strength of Oilwell Cement Sheath Systems

Recordar que o CS da bainha de cimento é a capacidade da pasta de cimento de ligar o anel entre o diâmetro exterior do cordão de revestimento e a parede de formação, nas condições de poço de petróleo prevalecentes, e de suportar cargas ou força de compressão tendentes a reduzir o tamanho da bainha de cimento. Em contraste, o TS suporta cargas que tendem a alongar a bainha de cimento. Por outras palavras, o TS repele a força de compressão (sendo empurrado em conjunto), enquanto o TS repele a força de tensão (sendo puxado em separado). Além disso, o CS de uma bainha de cimento é significativo, uma vez que normalmente representa a totalidade das qualidades da bainha de cimento e das propriedades do chorume, ou seja, a viabilidade dos sistemas globais de cimento (Nelson e Guillot, 2006); devido a este último, o mau estado da água de mistura tem um impacto negativo sobre o CS de cimento, e o TS (Saleh *et al.*, 2018). Assim, estas investigações adicionais sobre a cimentação primária de poços petrolíferos.

Como resultado, foram conduzidas investigações sobre a relação entre a CS versus a água de mistura ferrosa, com os factores anteriormente referidos, para estabelecer as zonas óptimas de funcionamento, conforto, e zonas adversas dos desempenhos da CS. Estas foram conduzidas com base na concepção óptima do BBDoE aplicada na produção dos sistemas de bainha de cimento investigados. As parcelas de resposta CS apresentadas a seguir neste capítulo são do Minitab 16. Subsequentemente, os resultados nas figuras 4.1 a 4.6 demonstraram que as respostas CS dos sistemas de bainha de cimento ferroso investigados diminuíram, à medida que a concentração de Fe^{2+} na água de mistura aumentava, nos ambientes HTHP simulados.

Os resultados dos testes de desempenho CS obtidos foram analisados estatisticamente com a ferramenta de regressão disponível no software estatístico Minitab 16 para identificar as *zonas óptimas, confortáveis e adversas* do desempenho CS. O Fe^{2+} , no meio de outros ambientes HPHT simulados, influenciou os desempenhos do CS em cada um dos sistemas de bainha de cimento investigados (Figuras 4.1 a 4.6). Evidentemente, as figuras 4.1a a 4.6a são as parcelas de contorno, enquanto que as figuras 4.1b a 4.6b são as parcelas de superfície. Estas figuras demonstram os efeitos do ião metálico pesado, Fe^{2+} em água de mistura no desenvolvimento da bainha de cimento da CS em ambientes simulados de HPHT.

As parcelas de contorno das figuras 4.1a a 4.6a revelam as *zonas óptimas, confortáveis e adversas* do desempenho CS dos sistemas de bainha de cimento. Além disso, a ferramenta do modo crosshair disponível no Minitab 16 estimou os desempenhos de CS nas parcelas de contorno. Por outro lado, as parcelas de superfície das figuras 4.1b a 4.6b representam a provável proximidade, onde o pico do desempenho CS existe, utilizando os tons esbranquiçados iluminados que apareceram perto do topo ou do topo das parcelas.

Consequentemente, a zona adversa é a região com desempenhos de CS inferiores ao padrão API 1500psi para o desempenho de bainha de cimento de CS. A zona adversa é indicada nas parcelas de contorno, uma vez que a área sombreada com o padrão de malha avermelhada ocupada pelas setas amareladas da região que tendem para o lado direito das parcelas de contorno. Da mesma forma, a zona ideal nas parcelas de contorno é a área ilustrada com o fundo esbranquiçado sombreado com faixas de retrocesso, enquanto a zona de conforto nas parcelas de contorno é a área colada entre a zona ideal e a zona adversa.

Como foi dito anteriormente, os desempenhos da CS nas zonas óptimas e de conforto são mais significativos do que os da API 1500 psi, enquanto os da zona adversa são menores do que 1500psi. Mais uma vez, as figuras 4.1b a 4.6b representam os resultados das parcelas da superfície de resposta, que mostram o pico dos desempenhos do CS representado com sombras esbranquiçadas iluminadas.

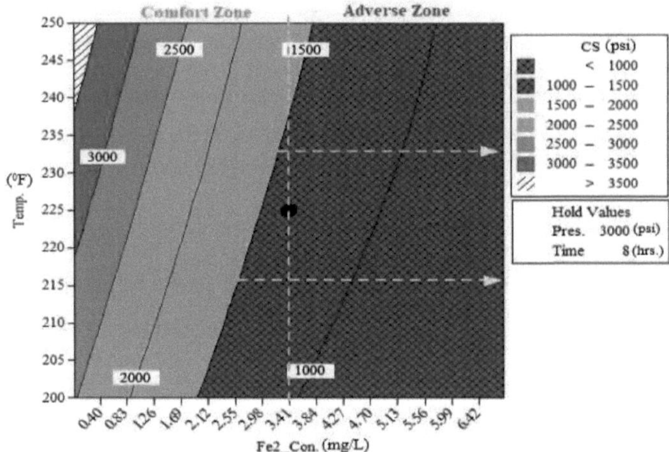

Figura 4.1a.   Um gráfico de contorno 2D de CS vs Temp., e Fe2_Con. em valores de Pres. (3000psi) e Tempo (8hrs).

Assim, as figuras 4.1a e 4.1b mostram as respostas de desempenho CS da bainha de cimento. Estas bainhas de cimento foram produzidas quando a pressão e o tempo foram mantidos a 3000psi e 8hrs, respectivamente, e a concentrações variadas de Fe^{2+} (0,00 a 6,82mg/L), temperatura (200 a 250^0 F).

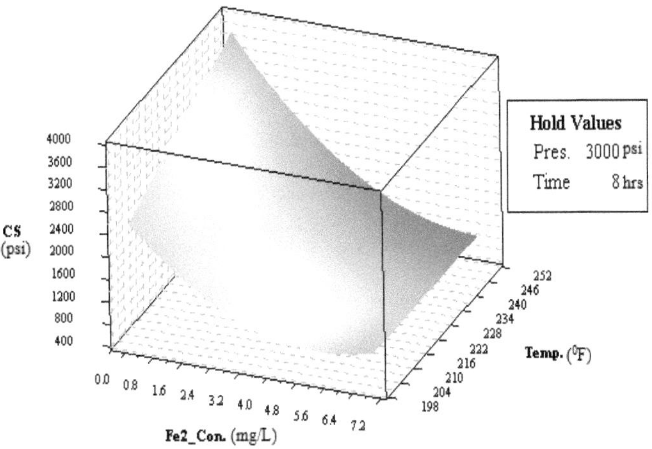

Figura 4.1b.   Um gráfico de superfície 3D de CS vs Temp., e Fe2_Con. em valores de Pres. (3000psi) e Tempo (8hrs).

Especificamente, a Figura 4.1a revela que a região óptima está incluída nas coordenadas de Fe2_Con., e Temp, a (0,00mg/L,239^0 F); (0,00mg/L,250^0 F); (0,37mg/L,250^0 F) com os desempenhos CS medidos aproximadamente a 3508; 3790; 3508psi. Além disso, a Figura 4.1a descreveu a zona de conforto a residir nas coordenadas de Fe2_Con, e Temp. delimitada por (0,00mg/L,238^0 F); (0,38mg/L,250^0 F); (3,78mg/L,250^0 F); (1,94mg/L,200^0 F); (0,00mg/L,200^0 F), com desempenhos de CS estimados em aproximadamente a 3508; 3790; 3508psi: 3500; 3500; 1500; 1500; 2514psi respectivamente. Ao mesmo tempo, os resultados da Figura 4.1a mostram também que a zona adversa é identificada com as coordenadas de Fe2_Con Temp. em (1,95mg/L,200^0 F); (3,79mg/L,250^0 F); (6,82mg/L,250^0 F); (6,82mg/L,200^0 F), com os desempenhos de CS estimados em 1499; 1499; 925; 963psi, respectivamente.

Da mesma forma, o gráfico da figura 4.1b ilustra que, quando a pressão e o tempo foram mantidos respectivamente a 3000psi e 8hrs, a região iluminada superior indicou as respostas mais elevadas dos desempenhos da CS. A Figura 4.1b revela que o zénite do

113

desempenho CS foi centrado na proximidade de 0,00 a 0,80mg/L (Fe2_Con.) e 228 a 250^0 F (Temp.) com o desempenho médio do CS aproximadamente acima de 3790psi.

Criticamente, as evidências deduzidas dos resultados da Figura 4.1a mostram que na zona óptima, como a concentração de Fe^{2+} permaneceu constante a 0,00mg/L em alguns pontos, depois aumentou para 0,37mg/L; a temperatura aumentou simultaneamente de 239 para 250^0 F. A estas coordenadas, o CS resultante aumentou correspondentemente de 3508 para 3790, depois diminuiu para 3508psi. Também, na zona de conforto, como a concentração conhecida de Fe^{2+} aumentou de 0,38 para 3,78mg/L e à temperatura constante de 250^0 F, o CS correspondente diminuiu de 3500 para 1500psi. Além disso, quando a concentração de Fe^{2+} aumentou de 0,00 para 1,94mg/L e a temperatura diminuiu de 238 para 200^0 F, o CS resultante diminuiu de 3500 para 2514psi. Do mesmo modo, na zona adversa, o CS diminuiu de 1499 para 925psi, enquanto que a concentração de Fe^{2+} aumentou de 3,79 para 6,82mg/L, à temperatura constante de 250^0 F. Portanto, estas observações na Figura 4.1a explicam que o CS da bainha de cimento aumentou, a uma concentração conhecida constante de Fe^{2+}, à medida que a temperatura aumentava. Por outro lado, o CS reduziu-se a algumas concentrações crescentes conhecidas de Fe^{2+}, quer a uma temperatura constante quer a uma temperatura crescente.

Também os resultados da Figura 4.2a ilustram as respostas de desempenho CS para sistemas de bainha de cimento produzidos quando a condição experimental foi mantida constante à temperatura (250^0 F) e tempo (8hrs); com a pressão variando entre 2500 a 3000psi, e Fe^{2+} concentração variando entre 0,00 a 6,82mg/L.

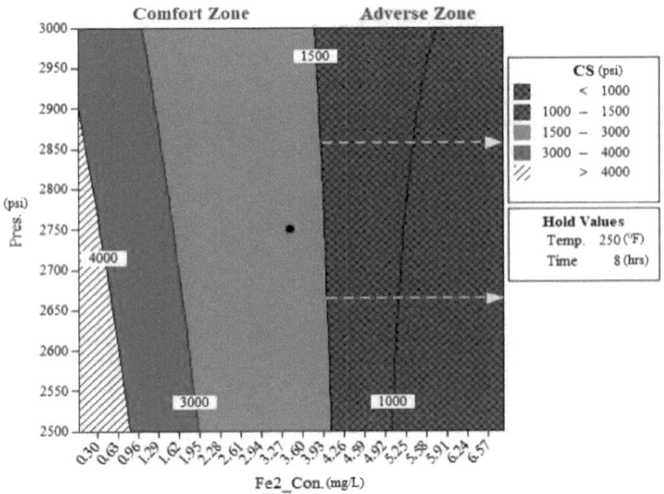

Figura 4.2a.   Um gráfico de contorno 2D de CS vs Pres., e Fe2_Con. em valores de Temp. (250^0 F) e Tempo (8hrs).

Em resultado disto, a Figura 4.2a mostra a zona adversa dos desempenhos da SC. Esta zona é estabelecida pelas coordenadas de Fe2_Con, e Pres., em (4,08mg/L, 2500psi); (3,79mg/L, 3000psi); (6,82mg/L, 3000psi); (6,82mg/L, 2500psi) com os correspondentes desempenhos de CS aproximados de 1499; 1499; 925; 385psi, respectivamente. Do mesmo modo, na Figura 4.2a, a zona de conforto ocupa as coordenadas de Fe2_Con, e Pres.   At   (0,82mg/L,2500psi);   (0,00mg/L,2890psi);   (0,00mg/L,3000psi); (3,78mg/L,3000psi); (4,06mg/L,2500psi), com os desempenhos de CS resultantes estimados em aproximadamente 4000; 4000; 3785; 1500, e 1500psi, respectivamente. Mais adiante, a Figura 4.2a mostra a zona óptima. Assim, a zona óptima é reconhecida como estando dentro das coordenadas (Fe2_Con., Temp.) mapeadas como (0,00mg/L,2880psi); (0,00mg/L,2890psi); (0,81mg/L,2500psi), com os respectivos desempenhos de CS estimados em 4830; 4025; 4009psi.

115

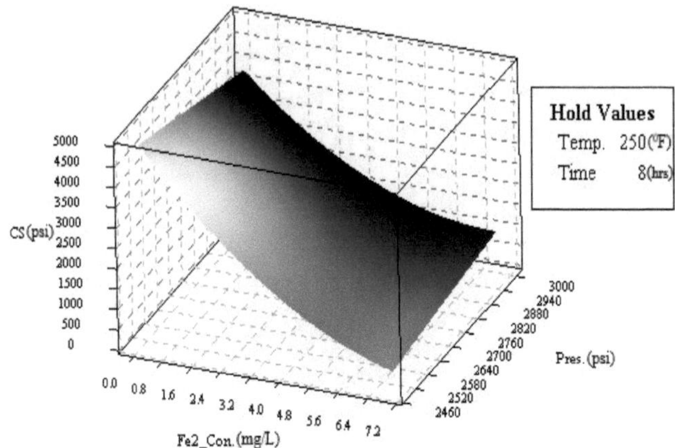

Figura 4.2b.   Uma trama de superfície 3D de CS vs Pres., e Fe2_Con. Valores de Temp. (250⁰ F) e Tempo (8hrs).

Em confirmação destes resultados, a Figura 4.2b representa o resultado do desempenho do ápice CS, para as bainhas de cimento como aproximadamente a 4830psi. Este ponto reside no pico centrado com as coordenadas 0,00mg/L (Fe2_Con.) e 2880psi (Pres.).

Analisicamente, a sugestão inferida na Figura 4.2a demonstra que na zona óptima, quando a concentração de Fe^{2+} aumentou de 0,00 para 0,00mg/L, e depois para 0,81mg/L, a pressão aumentou simultaneamente de 2880 para 2890psi, depois para 2500psi com um CS correspondente que diminuiu de 4830 para 4025psi, depois diminuiu para 4009psi. Do mesmo modo, na zona de conforto, como a concentração conhecida de Fe^{2+} aumentou de 0,00 para 3,78mg/L, com a pressão constante de 3000psi, o CS correspondente diminuiu de 3785 para 1500psi.

Além disso, quando a pressão aumentou de 2890 para 3000psi, com a concentração constante de Fe^{2+} de 0,00mg/L, o CS resultante diminuiu de 4000 para 3785psi. Do mesmo modo, na zona adversa, o CS diminuiu de 1499 para 925psi, enquanto a concentração do Fe^{2+} aumentou de 3,79 para 6,82mg/L, à pressão constante de 3000psi.

Além disso, a pressão aumentou de 2500 para 3000psi, com a concentração constante de Fe^{2+} de 6,82mg/L.

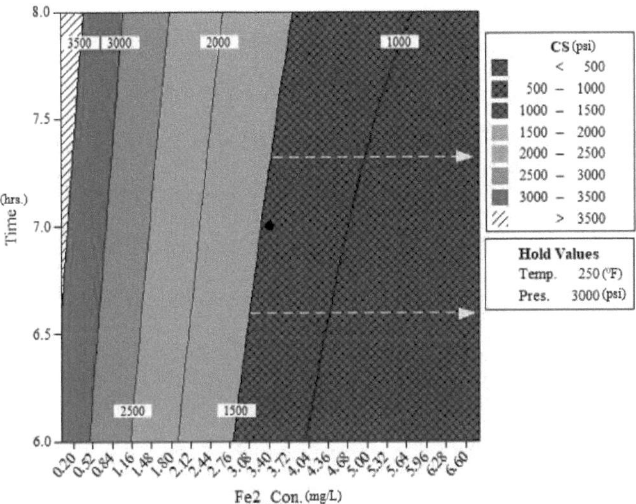

Figura 4.3a.   Um gráfico de contorno 2D de CS vs Time, e Fe2_Con. em valores de Temp. (250^0 F) e Pres. (3000psi).

O CS melhorou de 385 para 925psi. Portanto, a Figura 4.2a descreve que o CS da bainha de cimento aumenta a uma constante concentração conhecida de Fe^{2+} e aumento da pressão. Inversamente, o CS diminui a algumas concentrações de Fe^{2+} conhecidas e crescentes a uma pressão constante.

Além disso, os resultados na Figura 4.3a mostram as respostas de desempenho CS para sistemas de bainha de cimento produzidos quando a condição experimental foi mantida constante à temperatura (250^0 F) e pressão (3000psi); com o tempo variando entre 6 a 8hrs, e Fe^{2+} concentração variando entre 0,00 a 6,82mg/L.

Assim, a Figura 4.3a ilustra que a zona adversa do desempenho CS é mapeada com as coordenadas de Fe2_Con, e Tempo, a (2,82mg/L,6hrs.); (3,79mg/L,8hrs.);

117

(6,82mg/L,8hrs.); (2,82mg/L,6hrs.), com os correspondentes desempenhos CS de 1499; 1499; 925; 500psi. Também a zona de conforto é descrita na Figura 4.3a como a área delimitada com as coordenadas (Fe2_Con, e Tempo) de (0,00mg/L,6hrs.); (0,00mg/L,6,66hrs.); (0,36mg/L,8hrs.); (3,79mg/L,8hrs.); (2,80mg/L,6hrs.), com os desempenhos CS resultantes de 3500; 3500; 3500; 3500; 1500; 1500psi. Além disso, a Figura 4.3a indica a zona óptima, existe nas coordenadas de Fe2_Con, e Time, a (0,00mg/L,6,70hrs); (0,00mg/L,8hrs); (0,34mg/L,8hrs), com os respectivos desempenhos CS registados de 3514, 3785; 3514psi. Ainda assim, o gráfico de superfície representado pela Figura 4.3b revela que, o desempenho médio de CS é aproximadamente de 3785psi, este reside no pico centrado a 0,00mg/L (Fe2_Con.) e 8hrs (Tempo).

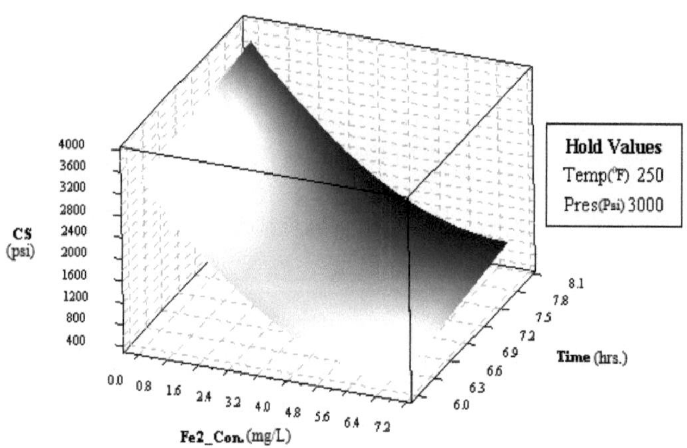

Figura 4.3b.   Uma trama de superfície 3D de CS vs Time, e Fe2_Con. Valores realizados de Temp. (250^0 F) e Pres. (3000psi).

Logicamente, os resultados da Figura 4.3a ilustram que na zona adversa, quando a concentração de Fe^{2+} aumentou de 3,79 para 6,82mg/L, no tempo de cura constante de 8hrs. O CS diminuiu de 1499 para 925psi. Além disso, os resultados mostram que, como o tempo de cura aumentou de 6 para 8hrs, a concentração de Fe^{2+} aumentou de 2,82 para

6,82mg/L, com um aumento correspondente do CS de 500 para 925psi. Do mesmo modo, na zona de conforto, como a concentração de Fe^{2+} aumentou de 0,00 para 0,36mg/L, o tempo de cura aumentou de 6,66 para 8hrs, com um CS constante de 3500psi. Além disso, quando a concentração de Fe^{2+} aumentou de 0,36 para 3,79mg/L, com um tempo de cura constante de 8hrs, o CS resultante diminuiu de 3500 para 1500psi. Do mesmo modo, na zona óptima, o CS diminuiu de 3785 para 3514psi quando a concentração de Fe^{2+} aumentou de 0,00 para 0,34mg/L, no tempo de cura constante de 8psi. Além disso, quando o tempo de cura aumentou de 6,70 para 8hrs, com a concentração constante de Fe^{2+} de 0,00mg/L. O CS melhorou de 3514 para 3785psi. Como resultado, a Figura 4.3a ilustra que o CS da bainha de cimento aumenta a uma concentração conhecida constante de Fe^{2+} e aumenta o tempo de cura. Inversamente, o CS diminui em algumas concentrações de Fe^{2+} conhecidas e em constante tempo de cura.

Num outro desenvolvimento, com uma baixa definição dos preditores, a concentração Fe^{2+} , temperatura, pressão e tempo foram definidos para 0,00mg/L, 200^0 F, 2500psi, e 6hrs, respectivamente, durante a produção dos sistemas de bainha de cimento. Praticamente, no primeiro conjunto de bainhas de cimento produzido (figuras 4.4a e 4.4b), a pressão (2500psi) e o tempo (6hrs) foram mantidos constantes, enquanto a temperatura variou entre 200 a 250^0 F para cada uma das concentrações de Fe^{2+} entre 0,00 a 6,82mg/L. Do mesmo modo, o segundo conjunto de bainhas de cimento produzido (Figuras 4.5a e 4.5b), a temperatura (200^0 F) e o tempo (6hrs) foram mantidos constantes; enquanto que, a pressão variou entre 2500 a 3000psi; para cada uma das concentrações de Fe^{2+} entre 0,00 a 6,82mg/L.

Além disso, o último conjunto de bainhas de cimento produzido na configuração baixa dos preditores, a temperatura (200^0 F) e a pressão (2500psi) foram mantidas constantes;

enquanto que o tempo variou entre 6 a 8hrs para cada uma das concentrações Fe^{2+} observadas entre 0,00 a 6,82mg/L (Figuras 4.6a e 4.6b). Posteriormente, foram produzidos os testes de desempenho CS realizados, conjunto trio de resultados para os sistemas de bainha de cimento. Os resultados recolhidos foram analisados no Minitab 6, que gera representações gráficas (Figuras 4.4a, 4.4b, 4.5a, 4.5b, 4.6a, e 4.6b), para extrair inferências científicas robustas.

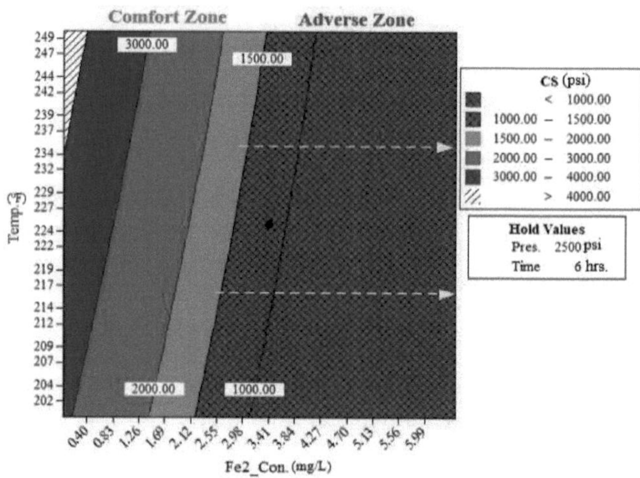

Figura 4.4a.   Um gráfico de contorno 2D de CS vs Temp., e Fe2_Con. em valores de Pres. (2500psi) e Tempo (6hrs).

Assim, os resultados da Figura 4.4a revelam que, na zona óptima, o desempenho CS máximo registado é estimado em 4404psi, na concentração Fe^{2+} de 0,00mg/L, e a temperatura de 250^0 F; enquanto a zona de conforto é estimada em 4000psi, na concentração Fe^{2+} de 0,41mg/L, e a temperatura de 250^0 F. Também a zona adversa mediu 1499psi na concentração de Fe^{2+} de 3,36mg/L, e a temperatura de 250^0 F. Além disso, a Figura 4.4a mostra que o desempenho óptimo da zona CS diminui de 4404 para 4004psi quando a concentração de Fe^{2+} aumentou de 0,00 para 0,38mg/L, à temperatura de 250^0 F. Mais adiante, a Figura 4.4a ilustra que o desempenho CS diminui de 3127

120

para 1500psi na zona de conforto. Principalmente, quando a concentração de Fe^{2+} aumentou de 0,00 para 2,18mg/L, à temperatura de 200^0 F. Do mesmo modo, a Figura 4.4a demonstra que na zona adversa, quando a concentração de Fe^{2+} aumentou de 2,19 para 6,46mg/L, à temperatura de 200^0 F, o desempenho do CS diminui de 1499 para 13psi. Além disso, os resultados da Figura 4.4b confirmam que o desempenho CS zenital mediu 4404psi à concentração de Fe^{2+} de 0,00mg/L e à temperatura de 250 F.^{0}

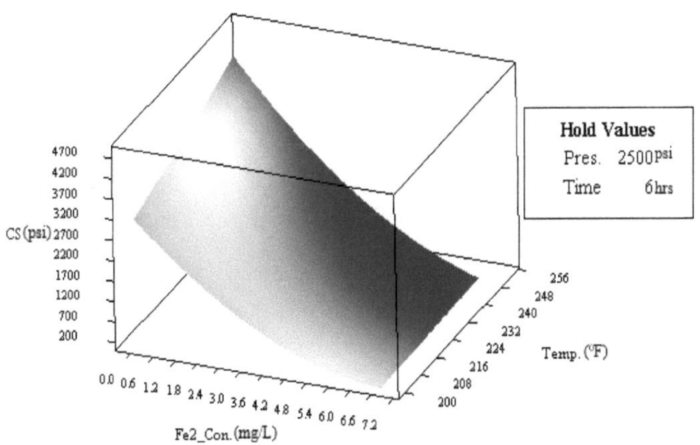

Figura 4.4b.   A 3D gráficos de superfície de CS vs Temp., e Fe2_Con. em valores de Pres. (2500psi) e Tempo (6hrs).

Portanto, os resultados do teste de desempenho CS obtidos a partir da bainha de cimento produzida, com base na condição experimental, que foi mantida constante à pressão (2500psi) e tempo (6hrs); enquanto que, o factor temperatura variou entre 200 a 250^0 F, para cada Fe^{2+} concentração entre 0,00 a 6,82mg/L; demonstraram que, o Fe^{2+} afecta negativamente o desempenho CS.   Noutro desenvolvimento, as figuras 4.5a e 4.5b indicam testes de desempenho CS para bainhas de cimento produzidas a temperatura constante (2500F) e tempo (6hrs), enquanto que a pressão variou entre 2500 a 3000psi para diferentes concentrações de Fe^{2+} de 0,00 a 6,82mg/L.

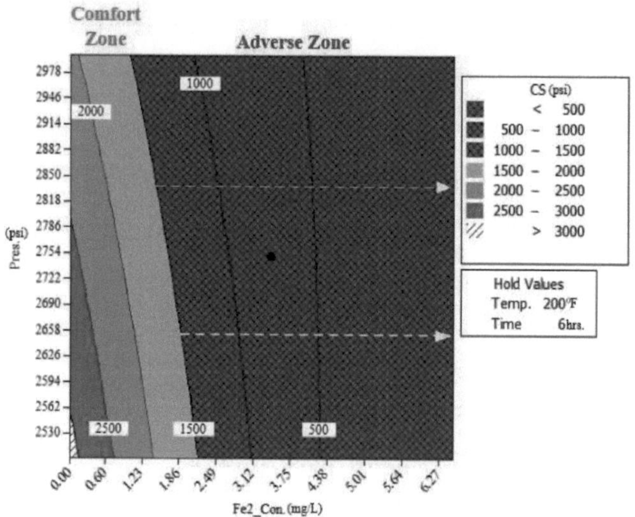

Figura 4.5a.   Um gráfico de contorno 2D de CS vs Pres., e Fe2_Con. em valores de Temp. (200⁰ F) e Tempo (6hrs).

Assim, a Figura 4.5a explica que, na zona óptima, quando a concentração de Fe^{2+} aumentou de 0,00 para 0,13mg/L à pressão constante de 2500psi, o desempenho CS caiu de 3120 para 3012psi. Da mesma forma, na zona de conforto, quando a concentração de Fe^{2+} aumentou de 0,14 para 2,18mg/L, à pressão constante de 2500psi, o desempenho CS observado diminuiu de 3000 para 1500psi; enquanto na zona adversa, o desempenho CS também diminuiu de 1499 para 486psi, quando a concentração de Fe^{2+} aumentou de 1,03 para 6,49mg/L, à pressão constante de 3000psi. Também a Figura 4.5b confirma que o desempenho médio do CS é aproximadamente de 3120psi, que reside no ponto de pico centrado ou na coordenada de concentração de Fe^{2+} a 0,00mg/L, e a pressão a 2500psi. Isto também evidenciou que pressões mais elevadas superiores a 2500psi são prejudiciais ao desenvolvimento da CS.   Estes resultados nas Figuras 4.5a e 4.5b também demonstraram que uma alta concentração de um Fe^{2+} em água misturada é uma fonte de diminuição da CS.

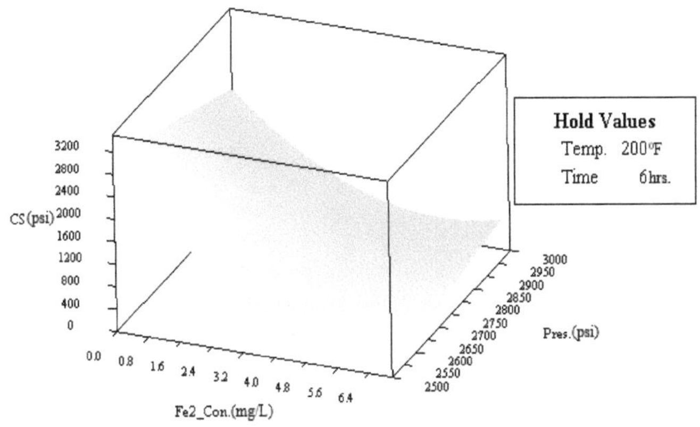

Figura 4.5b.   Um gráfico de superfície 3D de CS vs Pres., e Fe2_Con. em valores de Temp. (200⁰ F) e Tempo (6hrs).

Além disso, a Figura 4.6a representa os resultados das performances CS dos sistemas de bainha de cimento preparados, quando os preditores de temperatura e pressão foram mantidos constantes a 200⁰ F e 2500 psi, respectivamente; enquanto o tempo variou entre 6 a 8hrs., para Fe^{2+} concentração de 0,00 a 6,82mg/L.

Além disso, a Figura 4.6a descreve explicitamente a zona adversa do desempenho CS como a região mapeada com as coordenadas de Fe2_Con, e o tempo, a (2,22mg/L,6hrs.); (2,95mg/L,8hrs.);   (6,38mg/L,8hrs.);   (6,38mg/L,6hrs.),   com   desempenhos   CS correspondentes a 1499; 1499; 446; 22psi.

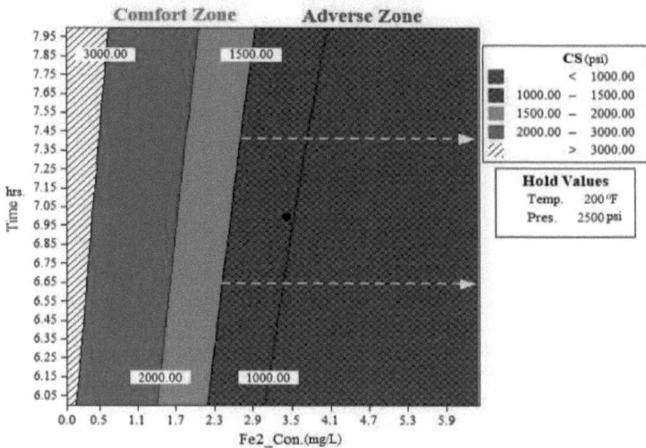

Figura 4.6a.   Um gráfico de contorno 2D de CS vs Time, e Fe2_Con. em valores de Temp. (200^0 F) e Pres. (2500psi).

Também a zona de conforto é descrita na Figura 4.6a como a área delimitada com as coordenadas (Fe2_Con, e Tempo) que se encontra a (0,14mg/L,6hrs.); (0,66mg/L,8hrs.); (2,93mg/L,8hrs.); (2,19mg/L,6hrs.), com as performances CS resultantes de 3000; 3000; 1500; 1500psi. A figura 4.6a também ilustra a zona óptima, com as coordenadas de Fe2_Con, e Tempo, a (0,00mg/L,6hrs); (0,00mg/L,8hrs); (0,63mg/L,8hrs); (0,11mg/L,6hrs), com os respectivos desempenhos CS medidos de 3117, 3542; 3018; 3025psi.

Para maior clareza, a Figura 4.6a explica que na zona óptima, quando a concentração de Fe^{2+} aumentou de 0,00 para 0,63mg/L a um tempo constante de 8hrs, o desempenho da CS caiu de 3542 para 3018psi. Do mesmo modo, a Figura 4.6a indica que na zona de conforto, o desempenho CS diminuiu de 3000psi para 1500psi; quando a concentração de Fe^{2+} aumentou de 0,14 para 2,19mg/L, a um tempo constante de 8hrs.

Do mesmo modo, na zona adversa, o desempenho da CS diminuiu de 1499 para 446psi; quando a concentração de Fe^{2+} aumentou de 2,95 para 6,38mg/L no tempo constante de

8hrs. Após as análises exaustivas dos resultados acima mencionados, estes resultados inferiram que uma concentração elevada de um Fe^{2+} em água misturada provoca a perda de bainha de cimento de CS. Na mesma linha, a parcela de superfície representada pela Figura 4.6b revela que o desempenho médio de CS estimado em 3542psi, que reside no ponto de pico, que se intersecta a 0,00mg/L (Fe2_Con.) e 8hrs. (Tempo).

Criticamente, os resultados avaliados nas Figuras 4.1 a 4.6 mostram que os preditores de pressões mais elevadas, temperaturas mais baixas e tempos mais baixos promoveram firme e significativamente o comportamento antagónico de Fe^{2+} em relação ao sistema de bainha de cimento, em fraco desenvolvimento da CS.

Ao substanciar estes resultados obtidos no desenvolvimento da CS nesta investigação, Crook *et al.* (2001) concluíram que a capacidade da bainha de cimento para proporcionar uma integridade adequada do poços e um completo isolamento zonal do poços no subsolo é uma função das suas propriedades mecânicas. Estas propriedades mecânicas não são diferentes de PR, PM, tracção e CS (Omosebi *et al.*, 2016). Do mesmo modo, num estudo anterior, Crook *et al.* (2001) pronunciaram que a integridade adequada do poços e o isolamento zonal do poços não requer necessariamente um CS elevado; mas, ser capaz de atingir as seguintes forças da regra tradicional de cimentação de poços de petróleo: suportar o revestimento (5-200psi); continuar a perfuração após esperar pelo cimento para fixar o tempo (500psi); perfurar a zona de pagamento (1000psi), e pelo menos estimular ou melhorar a recuperação de petróleo, e isolar uma zona (2000psi).

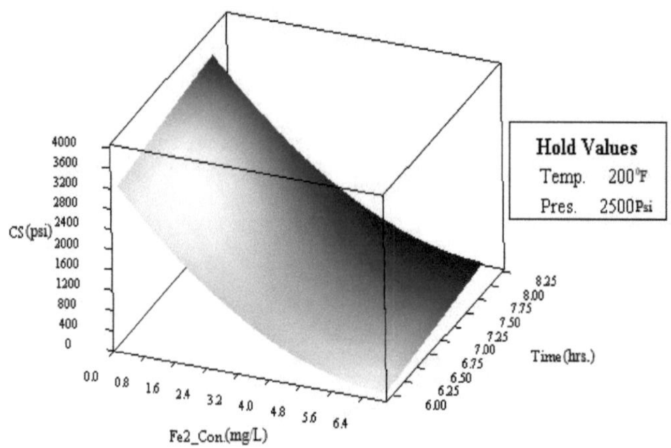

Figura 4.6b.   Um gráfico de superfície 3D de CS vs Time, e Fe2_Con. em valores de Temp. (200⁰ F) e Pres. (2500psi).

Além disso, Omosebi *et al.* (2016) opinaram que, devido à carbonatação do hidróxido de cálcio e do silicato de cálcio hidratado por CO_2 durante a hidratação do clinker de cimento durante aproximadamente mais de 28 dias, a bainha de cimento PR e PM aumenta, à medida que o CS diminui; o que significa que o CS representa o desempenho do PR e PM e CO_2 degrada as propriedades mecânicas intrínsecas da bainha de cimento. Também, por implicação, o estudo sugere que a presença de Fe^{2+} na água de mistura também degrada as propriedades mecânicas intrínsecas da bainha de cimento investigada nos ambientes simulados de HPHT. Consequentemente, nesta investigação, as zonas com CS inferiores a 2000psi são pouco relevantes na cimentação de poços de petróleo HPHT; mas no total, o API recomendou 1500psi como CS mínimo para cimentos e materiais para cimentação de poços (Especificação API 10A, 2002).

Além disso, a especificação é diferente da da perfuração posterior; após a cimentação da caixa, que recomenda um CS na gama de 102 a 725 psi; uma vez que ocorrem outras hidratações e transformações estruturais ao longo do ciclo de exploração do poço

cimentado, e mesmo após o entupimento e abandono do poço (Omosebi *et al.*, 2016).
Além disso, na zona adversa, o CS da matriz da bainha de cimento está tão desintegrado
que irá aumentar os parâmetros de transporte, tais como o PM e PR da matriz da bainha
de cimento, para comprometer as funções da bainha de cimento de isolamento e
integridade do wellbore (Omosebi *et al.*, 2016). No decurso disto, *Omosebi et al.* (2016)
declararam que uma impureza como o ácido carbónico colocava sérios problemas de
integridade e isolamento de poços no subsolo do estado HPHT ao facilitar o ataque ácido
ao cimento de poços petrolíferos, resultando na perda da integridade estrutural e
isolamento de poços.

Além disso, os resultados demonstraram que uma alta concentração de Fe^{2+} acima de
0,3mg/L em água misturada cai na categoria de impureza química (OMS, 2011). Em
apoio a esta premissa, Madhusudana *et al.* (2011) realizaram anteriormente um estudo
semelhante. O estudo investigou os efeitos do ião de chumbo (Pb^{2+}) no CS pelo espigão
de Pb^{2+} em água desionizada de concentrações conhecidas. Estas águas de mistura
contaminadas de Pb^{2+} de diferentes concentrações conhecidas foram misturadas com
areia Ennore para preparar amostras de argamassa de cimento.

Como resultado, a presença de concentrações de Pb^{2+} aproximadamente superiores a
3000mg/L na mistura-água reduz o CS do betão de argamassa em comparação com o
espécime de referência. Esta observação é a consequência da dissociação do hidróxido
de cálcio e da descalcificação do hidrato de tobermorite ou silicato de cálcio por Pb^{2+}.
Assim, esta investigação deduziu que a perda de CS num sistema de cimento ferroso é
semelhante às descobertas de Madhusudana *et al.* (2011) uma vez que tanto Fe^{2+} como
Pb^{2+} são metais pesados divalentes. Por conseguinte, a perda de CS num sistema de
bainha de cimento ferroso resultou da dissociação e descalcificação. Predominantemente,

a respectiva dissociação e descalcificação do hidróxido de cálcio e tobermorite ou silicato de cálcio (C-S-H) por concentração elevada de Fe^{2+} em hidrato de silicato ferroso; (F-S-H) porque o C-S-H tem uma superfície interna elevada com um mecanismo prático e robusto de adsorção para adsorver iões estrangeiros (Zhang *et al.*, 2018).

Além disso, o grande número de defeitos encontrados na estrutura C-S-H incentiva a substituição e integração de iões de metais pesados estrangeiros na superfície do tobermorite (Glasser, 1994). Do mesmo modo, a disponibilidade da estrutura de poros na bainha de cimento proporciona algumas grandes áreas de superfície para promover a adsorção de iões de metais pesados, o que enfraquece a CS da bainha de cimento (Zampori *et al.*, 2006). Estas actividades são muito propensas na zona adversa. Portanto, a água de mistura deve ser tornada potável antes da sua utilização para a formulação de pasta de cimento (Yousuo *et al.*, 2019; Nelson e Guillot, 2006). Embora, durante os testes destrutivos do desempenho do CS, as bainhas de cimento de baixa resistência dentro da zona de conforto fossem menos quebradiças ou quebradiças, enquanto as bainhas de cimento totalmente endurecido na zona óptima eram muito quebradiças e fracturadas excessivamente (Igbani *et al.*, 2020a); e, entretanto, porque a quebra da bainha de cimento não é uma qualidade desejada necessária para a perfuração na zona de conforto Oil-Water-Contact (OWC) e Oil-Gas-Contact (OGC), daí que os CS na zona de conforto possam ser mais adequados.

4.1.2 Resultados e Discussão sobre os Efeitos das Águas Mistas Ferrosas na Resistência à Tensão dos Sistemas de Bainha de Cimento Oilwell.

A resistência à tracção da bainha de cimento é a resistência que resiste à fractura por retracção, flexão, congelação e descongelamento, ou expansão diferencial. Assim, o TS é a capacidade de um sistema de bainha de cimento de resistir ao alongamento do seu tamanho por forças de tensão. Em relação aos factores que afectam o desenvolvimento do TS da bainha de cimento, num estudo, Philippacopoulos e Berndt (2001) opinaram que os principais riscos de falha do cimento são a reinjecção da expansão do reservatório de fluidos durante a recuperação do petróleo. Além disso, Lile *et al.* (1997) explicaram que quando a pressão dos poros finalmente ganhou entrada nos sistemas de matriz de cimento, tende a afectar o TS; também, a fractura hidráulica afecta o TS.

De forma correspondente, Labibzadeh (2010) revelou que o TS máximo de um poço de cimento petrolífero da Classe G no subsolo existe às temperaturas e pressões mínimas de 150^0 F e 1500psi, respectivamente. Portanto, é imperativo investigar os efeitos das diferentes concentrações de Fe^{2+} no desenvolvimento do TS; para prevenir a fractura da bainha de cimento por retracção, flexão, congelação e descongelamento. Os resultados das investigações estão presentes a seguir para discussão e inferências sobre as influências de Fe^{2+} nas respostas ao TS, em diferentes ambientes HPHT.

Assim, a superfície de resposta óptima concebida BBDoE foi muito adequada para observar as respostas do desenvolvimento TS, com base nas influências dos preditores: Fe^{2+} concentração, temperatura, pressão e tempo. Por conseguinte, estes preditores foram definidos como, alta definição (6,82mg/L, 250^0 F, 3000psi, 8hrs.), média definição (3,41mg/L, 225^0 F, 2750psi, 7hrs.), e baixa definição (0,00mg/L, 200^0 F, 2500psi, 6hrs.).

Consequentemente, os resultados nas Figuras 4.7, 4.8, e 4.9 são gráficos de contorno, que ilustram as tendências das respostas TS quando os sistemas de bainha de cimento investigados produzidos estavam com diferentes concentrações de Fe^{2+} , a pressão e tempo constantes; enquanto que, a temperatura varia durante as corridas experimentais. Mais adiante, os resultados nas figuras 4.10, 4.11, e 4.12 demonstram as tendências das respostas de TS quando os sistemas de bainha de cimento foram produzidos com diferentes concentrações de Fe^{2+} , a uma temperatura e tempo constantes; enquanto que, a pressão varia durante as corridas experimentais. Do mesmo modo, os resultados das figuras 4.13, 4.14, e 4.15 mostram as tendências das respostas de TS para bainhas de cimento produzidas com diferentes concentrações de Fe^{2+}, a uma temperatura e pressão constantes; enquanto que, o tempo varia ao longo das corridas experimentais.

Assim, a Figura 4.12 demonstra que o TS do sistema de bainha de cimento diminui à medida que a concentração de Fe^{2+} aumenta. Esta descoberta foi para os sistemas de bainha de cimento produzidos a partir de sistemas de pasta de cimento com concentrações de Fe^{2+} de 0,00 a 6,82mg/L, quando a condição experimental foi configurada como de alta regulação, à pressão constante de 3000psi; tempo de 8hrs; enquanto a temperatura varia entre 200 a 250 F.^{0}

Consequentemente, na Figura 4.7, dois pontos arbitrários ("A_1" e "A_2") foram utilizados para ilustrar os efeitos da concentração de Fe^{2+} nas respostas TS dos sistemas de bainha de cimento investigados no ambiente HPHT simulado. Assim, à medida que o ponto passa de "A1" (1,21mg/L, 225^0 F, 197psi) para "A2" (5,60mg/L, 225^0 F, 98psi), a resposta TS reduz-se de 197 para 98psi, à medida que a concentração de Fe^{2+} aumenta de 1,21 para 5,60mg/L, a alguma temperatura de 225^0 F, à pressão constante de 3000psi, e tempo de 8hrs. A magnitude redutora da perda de TS foi registada como 99psi.

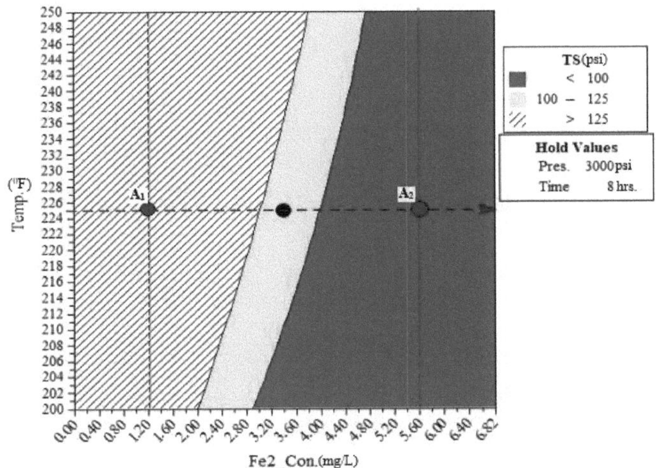

Figura 4.7.   Traçado de contorno para os efeitos de Fe2_Con. no TS de sistemas de bainha de cimento preparado, na Temp. simulada (200 a 250⁰ F), Pres. (3000psi) e Time (8hrs).

Do mesmo modo, a Figura 4.8 estabelece que a resposta TS do sistema de bainha de cimento também diminui à medida que aumenta a concentração de Fe^{2+} na água de mistura.   A figura 4.8 ilustra as respostas TS dos sistemas de bainha de cimento produzidos com misturas-água de diferentes concentrações de Fe^{2+} entre 0,00 a 6,82mg/L; a uma pressão constante de 2750psi, e tempo de 7hrs; enquanto a temperatura varia entre 200 a 250⁰ F. Além disso, com a ajuda da ferramenta do modo crosshair no Minitab 16, dois pontos arbitrários ("B₁ " e "B₂ " na Figura 4.8), com as coordenadas (Fe^{2+} concentração, temperatura, TS), foram utilizados para descrever o impacto da concentração de Fe^{2+} nas respostas de desenvolvimento TS dos sistemas de bainha de cimento investigados, no ambiente HPHT simulado.

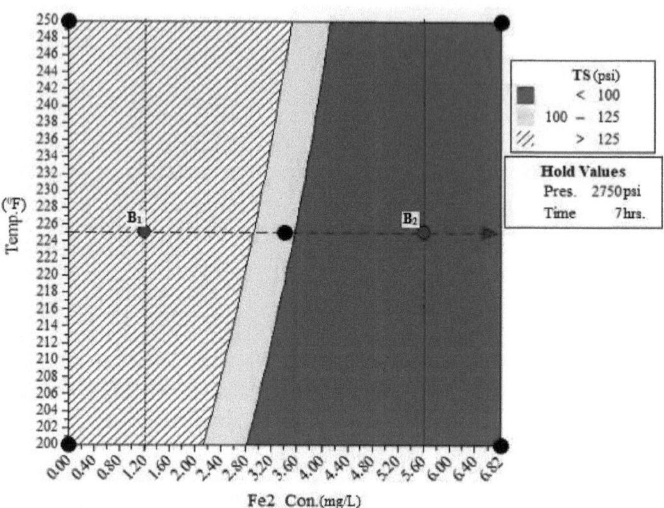

Figura 4.8.   Traçado de contorno para os efeitos de Fe2_Con. no TS de sistemas de bainha de cimento preparado, na Temp. simulada (200 a 250⁰ F), Pres. (2750psi) e Time (7hrs).

Como consequência, quando o ponto navegou de "B1" (1,21mg/L, 225⁰ F, 210psi) para "B2" (5,60mg/L, 225⁰ F, 49psi), a resposta TS reduz-se de 210 para 49psi; enquanto que, a concentração de Fe^{2+} aumenta de 1,21 para 5,60mg/L, a alguma temperatura de 225⁰ F, pressão constante de 2750psi, e tempo de 7hrs. A magnitude redutora da perda de TS medida a 161psi.

Do mesmo modo, os resultados da Figura 4.9 mostram que o aumento da concentração de Fe^{2+} resultou em perda de TS. Como resultado, quando a coordenada passou do ponto "C1" (1,21mg/L, 225⁰ F, 224psi) para "C2" (5,60mg/L, 225⁰ F, 19psi), a concentração de Fe^{2+} aumentou de 1,21 para 5,60mg/L, a alguma temperatura de 225⁰ F, à pressão constante de 2500psi e tempo de 6hrs. A quantidade redutora da perda de TS nestes pontos da Figura 4.9 mediu 206psi. Em adenda, a resposta TS máxima medida a 0,01mg/L e 250⁰ F na Figura 4.7 é de 314psi; enquanto que, 339psi e 366psi que foram estimados nas Figuras 4.8 e 4.9, respectivamente.

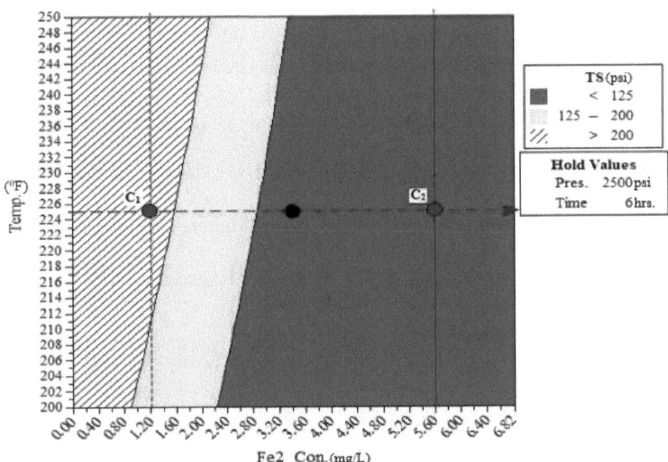

Figura 4.9.   Traçado de contorno para os efeitos de Fe2_Con. no TS de sistemas de bainha de cimento preparado, na Temp. simulada (200 a 250^0 F), Pres. (2500psi) e Time (6hrs).

Praticamente, estes resultados nas Figuras 4.7 a 4.9 demonstraram que, à medida que a concentração de Fe^{2+} aumenta na água de mistura utilizada na formulação do sistema de bainha de cimento investigado, a bainha de cimento perde o seu TS no ambiente HPHT simulado. Assim, a Figura 4.7 indica que a perda do TS foi de 99psi. 99psi registada foi como Fe^{2+} a concentração aumentou de 1,21 para 5,60mg/L quando a temperatura foi 225^0 F e à pressão constante de 3000psi e tempo 8hrs. Da mesma forma, na Figura 4.8, à pressão constante (2750psi) e ao tempo (7hrs), a quantidade de perda de TS foi calculada como 161psi. Da mesma forma, na Figura 4.9, à pressão constante (2500psi) e ao tempo (6hrs), o grau de perda de TS foi avaliado como 206psi. Consequentemente, estas descobertas mostraram que os efeitos da elevada concentração de Fe^{2+} no desenvolvimento do TS eram mais prejudiciais, uma vez que tanto o tempo de cura como a pressão reduzem simultaneamente.

Num outro conjunto de investigações, as respostas TS medidas foram em sistemas de bainha de cimento produzidos com diferentes concentrações de Fe^{2+} a uma temperatura e tempo constantes; enquanto que, a pressão variou durante as corridas experimentais. Assim, as figuras 4.10, 4.11, e 4.12 são parcelas de contorno geradas no Minitab 16, com base na superfície de resposta óptima BBDoE projectada. Mais uma vez, estes resultados são apresentados graficamente nas Figuras 4.10, 4.11, e 4.12. A discussão sobre cada um destes resultados é apresentada a seguir.

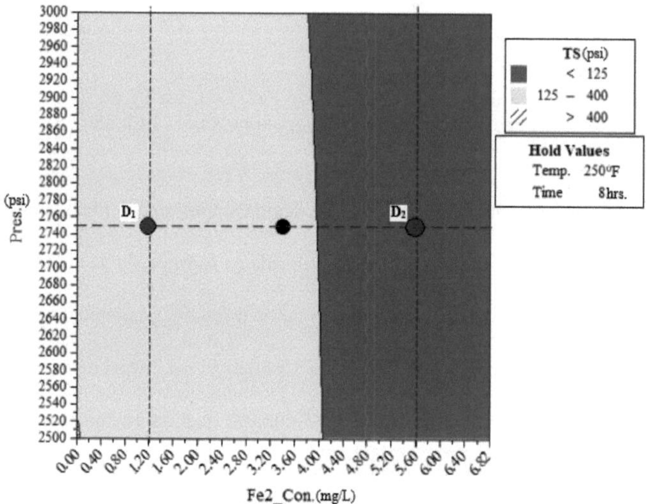

Figura 4.10.   Traçado dos efeitos do Fe2_Con. no TS dos sistemas de bainha de cimento produzidos, no Pres. simulado (2500 a 3000psi), Temp. (250^0 F) e Time (8hrs).

Assim, a Figura 4.10 (a configuração alta) ilustra que, à medida que a coordenada passa de "D₁ " (1,21mg/L, 2750psi, 272psi) para "D₂ " (5,60mg/L, 2750psi, 73psi), a concentração de Fe^{2+} aumenta de 1,21 para 5,60mg/L; enquanto, a resposta TS diminui de 272 para 73psi, a alguma pressão de 2750psi, temperatura constante de 250^0 F e tempo de 8hrs. Por conseguinte, a perda TS estimada foi de 199psi.

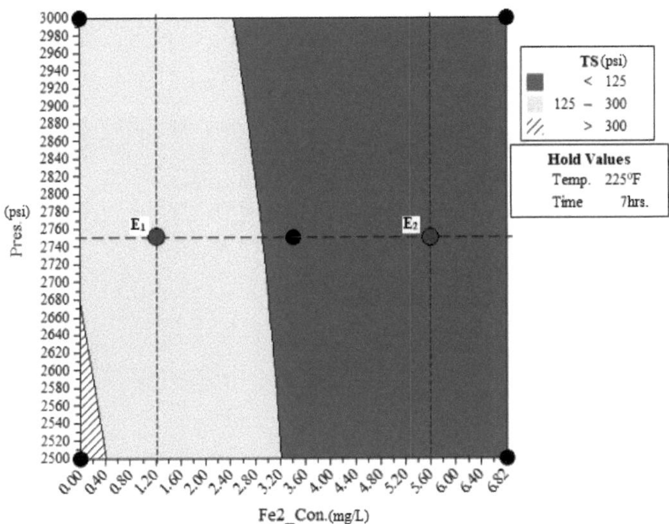

Figura 4.11.　Traçado de contorno para os efeitos de Fe2_Con. no TS de sistemas de bainha de cimento preparado, na Pres. simulada (2500 a 3000psi), Temp. (225^0 F) e Time (7hrs).

Da mesma forma, o resultado do ajuste intermédio na Figura 4.11 demonstra que os impactos negativos da concentração de Fe^{2+} entre 0,00 a 6,82mg/L nas respostas TS dos sistemas de bainha de cimento produzidos, à pressão simulada varia entre 2500 a 3000psi, à temperatura constante de 225^0 F, e tempo de 7hrs. A Figura 4.11 mostra que quando "E₁ " (1,21mg/L, 2750psi, 210psi) passou para "E₂ " (5,60mg/L, 2750psi, 49psi); observou-se que a concentração de Fe^{2+} aumenta de 1,21 para 5,60mg/L, nos valores de 225^0 F para temperatura e 7hrs para tempo. Além disso, o TS reduz de 210 para 49psi, à pressão de 2750psi, com uma resposta TS correspondente estimada em 161psi.

Do mesmo modo, os resultados de baixa regulação na Figura 4.12 ilustram as influências adversas da concentração de Fe^{2+} de 0,00 a 6,82mg/L nas respostas TS dos sistemas de bainha de cimento preparados, à pressão variada simulada entre 2500 a 3000psi, à temperatura constante de 200^0 F, e ao tempo de 6hrs.

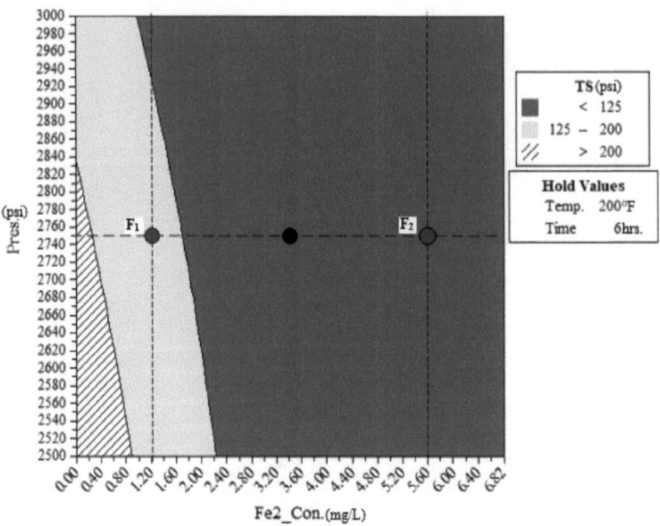

Figura 4.12.   Traçado de contorno para os efeitos de Fe2_Con. no TS de sistemas de bainha de cimento preparado, na Pres. simulada (2500 a 3000psi), Temp. $(200^0$ F) e Time (6hrs).

Do mesmo modo, a Figura 4.12 demonstra que, como "F_1 " (1,21mg/L, 2750psi, 148psi) muda de posição para "F_2 " (5,60mg/L, 2750psi, 24psi); a concentração Fe^{2+} aumenta de 1,21 para 5,60mg/L como habitualmente; enquanto que a resposta TS diminui de 148 para 24psi, à pressão de 2750psi, ao valor de temperatura mantida de 200^0 F e ao valor de tempo mantido de 6hrs. Por conseguinte, a quantidade resultante de perda de TS nestes pontos na Figura 4.12 estimada em 124psi. Além disso, a resposta TS máxima medida a 0,01mg/L e 2500psi na Figura 4.10 é de 403psi, enquanto 330psi e 258psi foram estimados nas Figuras 4.11 e 4.12, respectivamente.

Concisamente, estas descobertas acima mencionadas estabeleceram novamente que, à medida que a concentração de Fe^{2+} aumenta na água de mistura, a bainha de cimento perde o seu TS no ambiente HPHT.   Consequentemente, estes resultados demonstraram que os impactos negativos da elevada concentração de Fe^{2+} na água de mistura para o desenvolvimento do TS são mais prejudiciais a um tempo e temperatura de cura mais elevados.

Ainda à frente, as respostas experimentais TS foram detectadas e medidas a partir de sistemas de bainha de cimento preparados com diferentes concentrações de Fe^{2+} a temperatura e pressão constantes, enquanto o tempo de previsão variou durante estas corridas experimentais. Estas observações nas figuras 4.13, 4.14, e 4.15 são parcelas de contorno geradas no Minitab 16. Estas foram obtidas com base na superfície de resposta óptima concebida BBDoE para os cubos de bainha de cimento produzidos. Esta superfície de resposta ideal concebida BBDoE foi muito adequada para medir as respostas TS.

Subsequentemente, os preditores utilizados foram Fe^{2+} concentração, temperatura, pressão, e tempo. Como foi dito anteriormente, estes preditores foram definidos como, alta concentração (6,82mg/L, 250^0 F, 3000psi, 8hrs.), média concentração (3,41mg/L, 225^0 F, 2750psi, 7hrs.), e baixa concentração (0,00mg/L, 200^0 F, 2500psi, 6hrs.) durante a realização da experiência. Embora as variáveis independentes, temperatura, e pressão, fossem mantidas constantes; enquanto que, a variável independente, pressão, e a variável controlável Fe^{2+}, a concentração variou durante as corridas experimentais. Mais uma vez, as figuras 4.13, 4.14, e 4.15 apresentam explicitamente estes resultados e a sua discussão a seguir.

De forma correspondente, os resultados de alta definição na Figura 4.13 ilustram os efeitos da concentração de Fe^{2+} entre 0,00 a 6,82mg/L nas respostas TS dos sistemas de bainha de cimento produzidos. Estes sistemas de bainha de cimento preparados no tempo de cura simulado entre 6 a 8hrs., à temperatura constante combinada de 250^0 F e pressão de 3000psi.

137

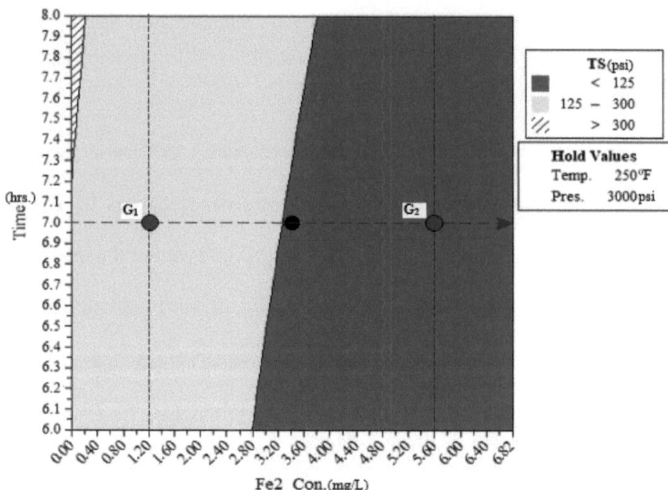

Figura 4.13.   Traçado dos efeitos de Fe2_Con. no TS de sistemas de bainha de cimento preparado, no Tempo simulado (6 a 8 hrs.), Temp. (250^0 F) e Pres. (3000psi).

A Figura 4.13 sugere que como "G_1 " (1.21mg/L, 7hrs., 222psi) muda de coordenadas para "G_2 " (5.60mg/L, 7hrs., 66psi), a concentração de Fe^{2+} aumenta de 1.21 para 5.60mg/L; enquanto a resposta TS diminui de 222 para 66psi, em algum momento de 7hrs., temperatura constante de 250^0 F e pressão de 3000psi. Assim, a perda TS medida nestes pontos na Figura 4.13 é de 156psi.

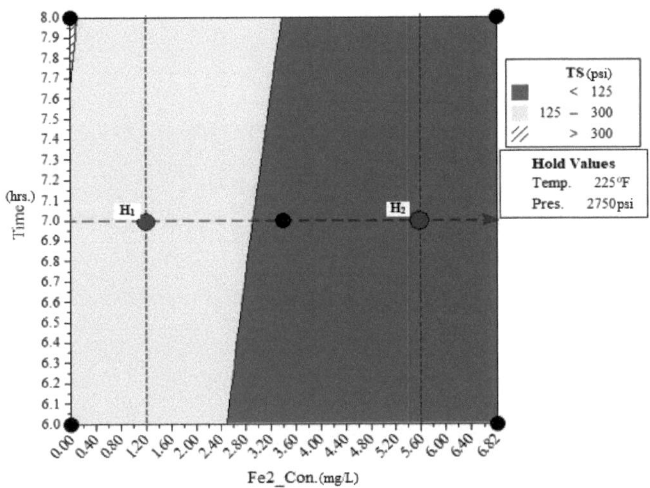

Figura 4.14.   Traçado de contorno para os efeitos de Fe2_Con. no TS de sistemas de bainha de cimento preparado, no Tempo simulado (6 a 8 hrs.), Temp. (225^0 F) e Pres. (2750psi).

Da mesma forma, a configuração central resulta na Figura 4.14 descreve os efeitos da concentração de Fe^{2+} entre 0,00 a 6,82mg/L nas respostas TS dos sistemas de bainha de cimento formulados, no tempo de cura simulado variou entre 6 a 8hrs., à temperatura constante de 225^0 F, e à pressão 2750psi.   A Figura 4.14 recomenda que, como o "H₁ " (1,21mg/L, 7hrs., 210psi) coordena as alterações para "H2" (5,60mg/L, 7hrs., 49psi), a concentração de Fe^{2+} aumenta de 1,21 para 5,60mg/L. Nesta altura, a resposta TS diminui de 210 para 49psi, em algum momento de 7hrs., temperatura constante de 225^0 F e pressão de 2750psi. Por conseguinte, a perda TS avaliada nestes pontos foi de 161psi.

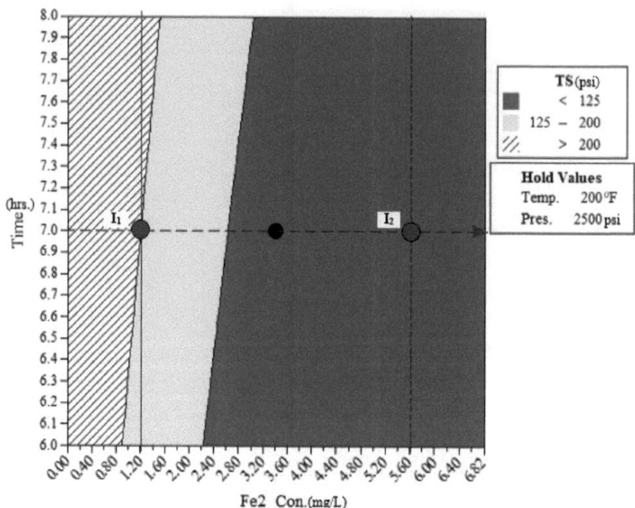

Figura 4.15.   Traçado dos efeitos de Fe2_Con. no TS de sistemas de bainha de cimento preparado, na hora simulada (6 a 8 hrs.), Temp. (200^0 F) e Pres. (2500psi).

Os resultados da baixa regulação na Figura 4.15 mostram os efeitos da concentração de Fe^{2+} entre 0,00 a 6,82mg/L na resposta TS dos sistemas de bainha de cimento formulados, no tempo de cura simulado variou entre 6 a 8hrs., à temperatura constante de 200^0 F, e à pressão de 250psi. A Figura 4.15 confirma que como "I₁ " (1,21mg/L, 7hrs., 200psi) a coordenada muda para "I₂ " (5,60mg/L, 7hrs., 31psi), a concentração de Fe^{2+} aumenta de 1,21 para 5,60mg/L. Pelo contrário, a resposta TS diminui de 200 para 31psi, em algum momento de 7hrs., temperatura constante de 200^0 F e pressão de 2500psi. Por esta razão, a perda TS avaliada nestes pontos da Figura 4.15 foi de 169psi.

A título de julgamento, todos os resultados apresentados nas figuras 4.7 a 4.15 demonstraram que cada uma das respostas TS dos sistemas de bainha de cimento investigados diminui à medida que aumenta a concentração de Fe^{2+} . Como resultado, estes resultados demonstraram que os efeitos adversos da elevada concentração de Fe^{2+} na água de mistura para o desenvolvimento do TS são mais activos a uma temperatura e pressão mais baixas. Em resumo, este estudo estabeleceu que, à medida que a concentração de Fe^{2+} aumenta na água de mistura utilizada na produção de cubos de bainha de cimento, a bainha de cimento perde o seu TS no ambiente HPHT. Estas conclusões concordam com o estudo de Labibzadeh (2010), o qual opinou que o TS mínimo de um sistema de cimento de classe G no subsolo sustenta-se em 150^0 F e 1500psi, e depois disso, o TS aprecia. Além disso, a Especificação API 10A (2002) fixou 125psi como o TS mínimo de bainha de cimento de poço de petróleo no tempo de 8hrs, a temperatura de 104^0 F e a pressão atmosférica.

4.1.3 Resultados e Discussão sobre os Efeitos das Águas Mistas Ferrosas na Porosidade dos Sistemas de Bainha de Cimento Oilwell.

Na indústria petrolífera a montante, a OWC tem sido utilizada para a cimentação primária como material de vedação impermeável no anel entre os cordões de revestimento e a parede de formação, com o objectivo de evitar o fluxo indesejado de fluido para o poços, as inter-comunicações entre as diferentes zonas de fluido no poços, e para evitar que os cordões de revestimento sejam expostos a gases corrosivos (Heinold *et al.*, 2002; Sauki e Irawan, 2010; Omosebi *et al.*, 2016). Além disso, este material de vedação impermeável tem sido utilizado no controlo de poços, e também, para tapar e abandonar poços de petróleo marginais. Contextualmente, as funções acima mencionadas da bainha de cimento impermeável são designadas *também* como *isolamento zonal* (Azar e Samuel, 2007).

Um isolamento zonal eficaz do poço é uma função do desempenho sinérgico de RP e PM de um sistema de bainha de cimento. O PM de uma bainha de cimento é medido por um dispositivo conhecido como permeâmetro. Este dispositivo utiliza o princípio da lei de Darcy, para medir o PM de uma bainha de cimento. Além disso, a temperatura, pressão e tempo de cura simulados utilizados para curar os cubos de bainha de cimento são integrados no relatório do PM (Bourgoyne *et al.*, 1986). Além disso, PR, e PM são respectivamente, medidos em percentagem (%), e milli-Darcy (mD). Embora não haja uma norma API mais clara de PR e PM para OWC de classe G na especificação API 10A; mas outros relataram que, uma bainha de cimento com menos de 100mD pode ser usada como um selo contra comunicações de fluidos de formação (Anon, 2018); Lecampion *et al.* (2011) também apontaram que a PM da bainha de cimento usada em poços de petróleo, deve ser tão baixa quanto menos de 0,1mD para um selo reforçado do anel. Portanto, uma bainha de cimento deve não só formar uma forte barreira rígida entre o invólucro ou cordão linear e a parede de formação; mas, deve também apresentar características quase impermeáveis. Isto impediria a migração de fluidos através do poços, e forneceria apoio estrutural às cordas do invólucro, excepto que a pasta de cimento foi mal concebida (Azar e Samuel, 2007). Apesar da fortificação destas propriedades da bainha de cimento durante a fase de concepção da pasta de cimento, ainda há casos relatados de migrações de gás, fugas de hidrocarbonetos, contaminações das águas subterrâneas, e corrosão das cordas do invólucro devido ao isolamento zonal do poço falhado. Estes foram confirmados por muitos estudos (Hair e Narvaez, 2011; NAP, 2012; Garg e Gokavarapu, 2012; Normann, 2018). No que diz respeito às impurezas na água misturada, esta investigação conduziu algumas experiências sobre o PR, e PM de cubos curados de bainhas de cimento. Assim, o PR, e PM dos cubos curados das bainhas de cimento foram conduzidos de acordo com os métodos indicados em Omosebi *et al.* (2016), e na Especificação API 10A (2002).

Tanto o PR como o PM dos cubos curados foram medidos usando o Permeametro Automatizado (Coretest AP-608). Os resultados de laboratório foram recolhidos, organizados, traçados utilizando o Minitab 16; e os modelos gerados foram baseados no

BBDoE de concepção óptima. Os gráficos representam respectivamente a relação entre PR, PM, e a concentração de água de mistura ferrosa. Além disso, estes foram obtidos sob as influências do tempo de cura, alta pressão, e alta temperatura. Por outro lado, os modelos mostram separadamente, a relação entre as respostas de PR; e PM com os preditores, concentração de água de mistura ferrosa, sob a influência do tempo de cura, alta pressão, e alta temperatura. Estes modelos são também apresentados para discussão.

As figuras 4.16 a 4.18 são resultados que mostram as várias respostas de PR para bainhas de cimento preparadas, nos valores constantes de: pressão (3000psi) e tempo (8hrs) - experiências de presa alta; pressão (2750psi) e tempo (7hrs) - experiências de presa média; pressão (2500psi) e tempo (6hrs) - experiências de presa baixa; onde cada uma das experiências foi conduzida em combinação com a temperatura variou entre 200 a 250^0 F, e água de mistura de várias concentrações de Fe^{2+} entre 0,00 a 6,82mg/L.

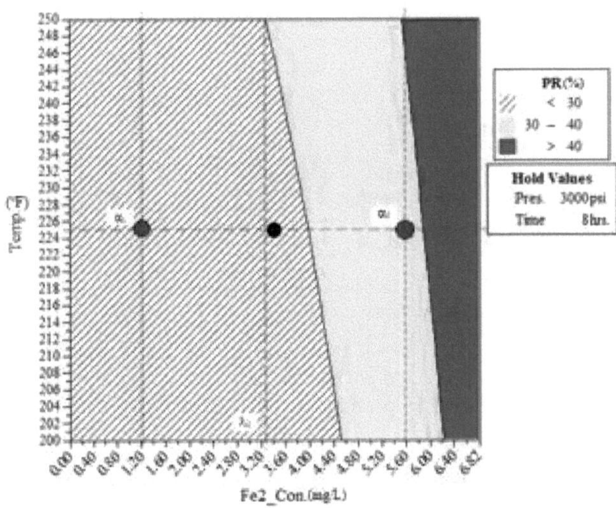

Figura 4.16. O PR para bainhas de cimento preparadas, nos valores de porão do pres. (3000psi), e tempo (8hrs); temperatura variada (200 a 250^0 F), e para vários Fe2_Con. (0,00 a 6,82mg/L).

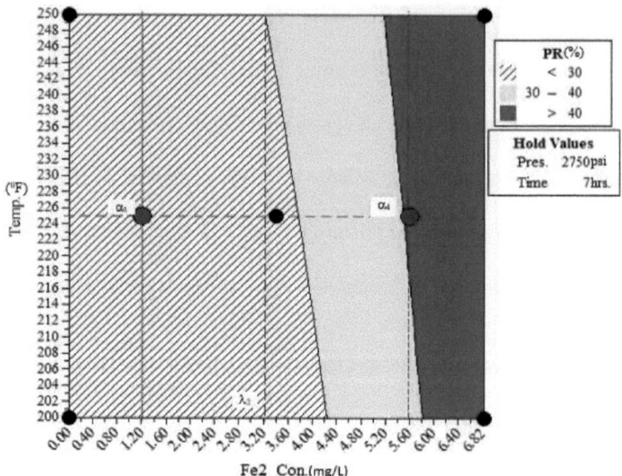

Figura 4.17. O PR para bainhas de cimento preparadas, nos valores de porão do pres. (2750psi), e tempo (7hrs); temperatura variada (200 a 250⁰ F), e para vários Fe2_Con. (0,00 a 6,82mg/L).

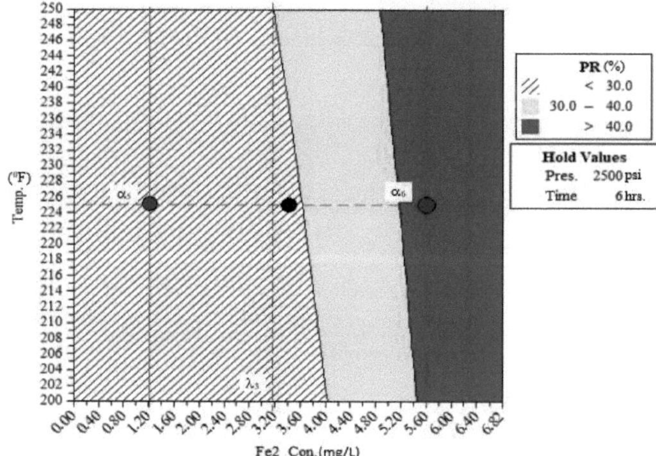

Figura 4.18. O PR para bainhas de cimento preparadas, nos valores de porão do pres. (2500psi), e tempo (6hrs); temperatura variada (200 a 250⁰ F), e para vários Fe2_Con. (0,00 a 6,82mg/L).

Assim, os resultados da Figura 4.16 ilustram que, à medida que a posição das coordenadas muda de "α_1 " (1,21mg/L, 225^0 F, 25,38%) para "α_2 " (5,58mg/L, 225^0 F, 37,92%), as bainhas de cimento tornam-se mais porosas, à medida que a concentração de Fe^{2+}

144

aumenta, com uma quantidade diferencial de 12,54%. Além disso, os resultados na Figura 4.16 mostram que, algumas respostas uniformes de PR óptimas foram observadas quando a concentração de Fe^{2+} se situava entre 0,00 a 3,26mg/L (λ_1). Da mesma forma, os resultados da Figura 4.17 demonstram que, à medida que a coordenada passa de "α_3 " (1,21mg/L, 225^0 F, 23,43%) para "α_4 " (5,58mg/L, 225^0 F, 40,55%), as bainhas de cimento tornam-se mais porosas, à medida que a concentração de Fe^{2+} aumenta, com uma quantidade diferencial de 17,12%.

Mais adiante, os resultados na Figura 4.17 descrevem que, algumas respostas uniformes de RP óptimas foram detectadas quando a concentração de Fe^{2+} se situava entre 0,00 a 3,22mg/L (λ_2). Da mesma forma, os resultados da Figura 4.18 explicam que, à medida que a posição das coordenadas muda de "α_5 " (1,21mg/L, 225^0 F, 21,49%) para "α_6 " (5,58mg/L, 225^0 F, 43,37%), as bainhas tornam-se mais porosas, à medida que a concentração de Fe^{2+} aumenta, com uma quantidade diferencial de 21,88%.

Além disso, os resultados na Figura 4.18 mostram que, foram observadas algumas respostas uniformes de RP óptimas quando a concentração de Fe^{2+} estava entre 0,00 a 3,16mg/L (λ_3). Os resultados destas figuras mostraram que, os efeitos da alta concentração de Fe^{2+} na RP de bainhas de cimento, são mais pronunciados, nas experiências de baixa regulação. No conjunto, os resultados explicaram que, o PR da bainha de cimento torna-se mais poroso, à medida que a presença de concentração de Fe^{2+} na água de mistura aumenta. Além disso, os pontos negros são os pontos BBDoE; enquanto, os outros pontos são pontos arbitrários seleccionados para ilustrar a tendência das respostas de PR, à medida que a concentração de Fe^{2+} aumenta.

Figuras 4.19, 4.20, e 4.21 são resultados que mostram as várias respostas de PR para bainhas de cimento preparadas, nos valores de: temperatura (250^0 F), e tempo (8hrs) - experiências de presa alta; temperatura (225^0 F), e tempo (7hrs) - experiências de presa média; temperatura (200^0 F), e tempo (6hrs) - experiências de presa baixa; onde cada uma das experiências de presa foi conduzida em combinação com pressão variou entre 2500 a 3000psi, e água de mistura de várias concentrações de Fe^{2+} entre 0,00 a 6,82mg/L.

Consequentemente, os resultados na Figura 4.19 ilustram que, à medida que a posição das coordenadas muda de "α_7 " (1,21mg/L, 2750psi, 24,28%) para "α_8 " (5,58mg/L, 2750psi, 41,43%), as bainhas de cimento desenvolveram mais poros, à medida que a concentração de Fe^{2+} aumenta, com uma quantidade diferencial de 17,15%. Além disso, os resultados da Figura 4.19 confirmam que, quando a concentração de Fe^{2+} se situava entre 0,00 a 3,28mg/L (λ_4), foram testemunhadas algumas respostas uniformes de RP óptimas.

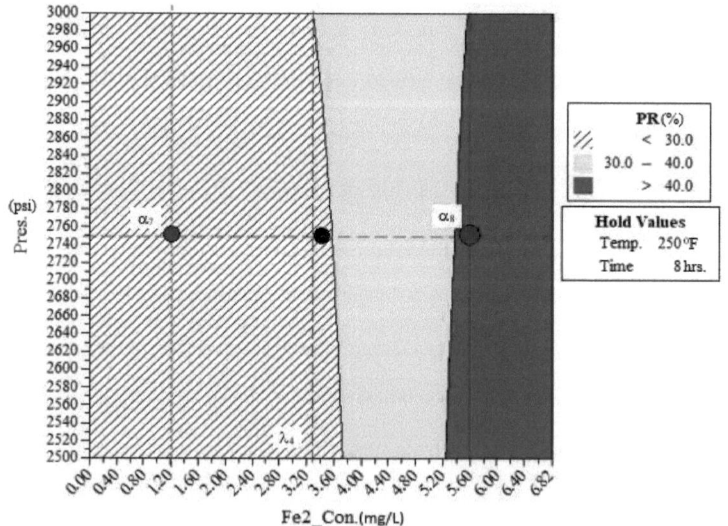

Figura 4.19. O PR para bainhas de cimento preparado, nos valores de temperatura de espera (250⁰ F), e tempo (8hrs); pres. variado. (2500 a 3000psi), e para vários Fe2_Con. (0,00 a 6,82mg/L).

Do mesmo modo, os resultados da Figura 4.20 demonstram que, à medida que a coordenada passa de "α_9 " (1,21mg/L, 2750psi, 23,43%) para "α_{10} " (5,58mg/L, 2750psi, 40,63%), as bainhas de cimento desenvolveram mais poros, à medida que a concentração de Fe^{2+} aumenta, com uma quantidade diferencial de 17,18%. Adicionalmente, os resultados na Figura 4.20 descrevem que, algumas respostas uniformes de PR óptimas foram detectadas quando a concentração de Fe^{2+} se situava entre 0,00 a 3,58mg/L (λ_5).

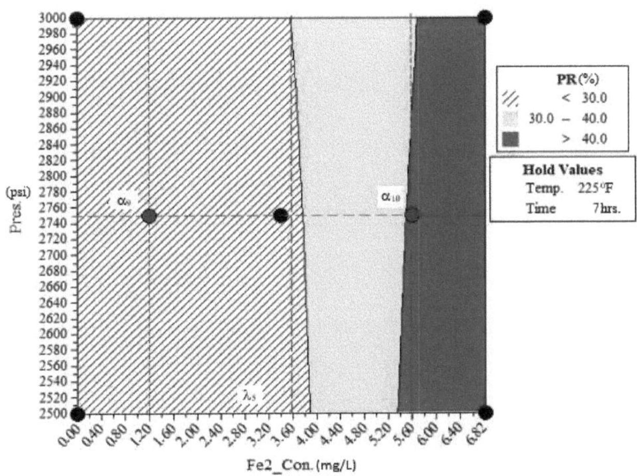

Figura 4.20. O PR para bainhas de cimento preparado, nos valores de temperatura (225⁰ F), e tempo (7hrs); pres. variado. (2500 a 3000psi), e para vários Fe2_Con. (0,00 a 6,82mg/L).

Também os resultados da Figura 4.21 explicam que, à medida que as coordenadas mudam de posição "α_{11} " (1,21mg/L, 2750psi, 22,59%) para "α_{12} " (5,58mg/L, 2750psi, 39,72%), as bainhas tornam-se mais porosas, à medida que a concentração de Fe^{2+} aumenta, com uma quantidade diferencial de 17,13%. Além disso, os resultados da Figura 4.21 mostram que, algumas respostas uniformes de RP óptimas foram observadas quando a

147

concentração de Fe^{2+} se situava entre 0,00 a 3,78mg/L (λ_6).   Portanto, os resultados nas

Figuras 4.19, 4.20, e 4.21 mostraram que, os efeitos da presença de altas concentrações

de Fe^{2+} na água de mistura nas bainhas de cimento, são mais activos, quando as bainhas

de cimento foram produzidas nos valores de temperatura de retenção (225^0 F), e tempo

(7hrs) - experiências de regulação média. Além disso, os resultados globais das figuras

4.19, 4.20, e 4.21 explicam que, o PR das bainhas de cimento preparadas torna-se mais

poroso, uma vez que a água de mistura utilizada na formulação da bainha de cimento foi

contaminada com maior concentração de Fe^{2+} acima de 3,58mg/L.

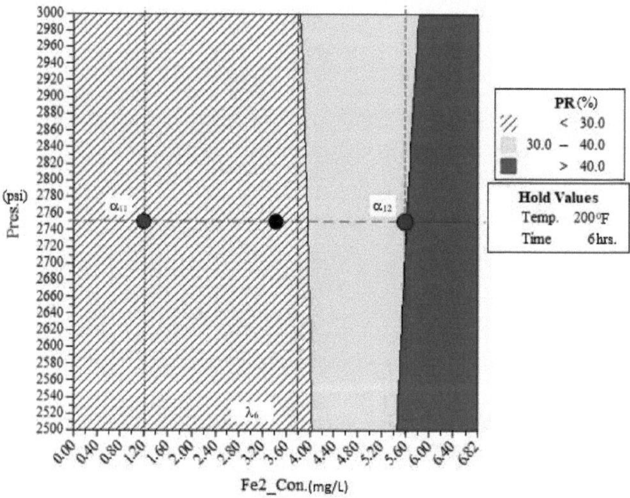

Figura 4.21. O PR para bainhas de cimento preparado, nos valores de temperatura de
espera (200^0 F), e tempo (6hrs); pres. variado. (2500 a 3000psi), e para
vários Fe2_Con. (0,00 a 6,82mg/L).

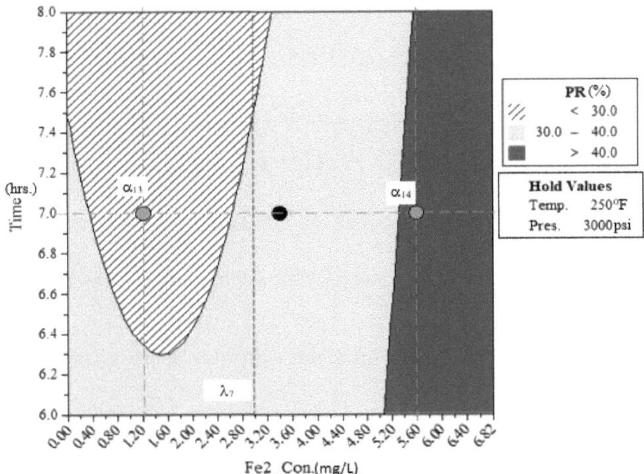

Figura 4.22. O PR para bainhas de cimento preparado, nos valores de porão de temp. (250⁰ F), e pres. (3000psi); tempo variado (6 a 8hrs.), e para vários Fe2_Con. (0,00 a 6,82mg/L).

Além disso, as figuras 4.22, 4.23, e 4.24 são resultados das várias respostas de PR para as bainhas de cimento produzidas, nos valores de: temperatura (250^0 F), e pressão (3000psi) - experiências de presa alta; temperatura (225^0 F), e pressão (2750psi) - experiências de presa média; temperatura (200^0 F), e pressão (2500psi) - experiências de presa baixa; onde cada uma das experiências foi conduzida em combinação com o tempo variando entre 6 a 8hrs, e água de mistura de várias concentrações de Fe^{2+} entre 0,00 a 6,82mg/L.

Como resultado, os resultados da Figura 4.22 esclarecem que, à medida que a coordenada passa de "α_{13} " (1,21mg/L, 7hrs., 29,06%) para "α_{14} " (5,58mg/L, 7hrs., 41,63%), as bainhas de cimento desenvolveram mais poros, à medida que a concentração de Fe^{2+} aumenta, com uma quantidade diferencial de 12,57%. Adicionalmente, os resultados da Figura 4.22 confirmam que, algumas respostas uniformes de RP óptimas foram testemunhadas quando a concentração de Fe^{2+} se situava entre 0,00 a 2,98mg/L (λ_7).

149

Do mesmo modo, os resultados na Figura 4.23 explicam que, à medida que as passagens coordenadas através de "α_{15} " (1,21mg/L, 7hrs., 23,42%) para "α_{16} " (5,58mg/L, 7hrs., 40,55%), as bainhas de cimento PR aumentam, à medida que a concentração de Fe^{2+} aumenta, com uma quantidade diferencial de 17,13%. Além disso, os resultados da Figura 4.23 confirmam que, algumas respostas uniformes de PR óptimas foram observadas quando a concentração de Fe^{2+} se situava entre 0,00 a 3,38mg/L (λ_8).

Da mesma forma, os resultados na Figura 4.24 elucidam que, como as passagens coordenadas através de "α_{117} " (1.21mg/L, 7hrs., 17.81%) para "α_{18} " (5.58mg/L, 7hrs.., 39,62%), as bainhas de cimento PR aumentam, à medida que a concentração de Fe^{2+} aumenta, com uma quantidade diferencial de 21,81%. Além disso, os resultados na Figura 4.24 explicam que, algumas respostas de PR óptimas uniformes foram observadas quando a concentração de Fe^{2+} se situava entre 0,00 a 4,00mg/L ( ).λ_9

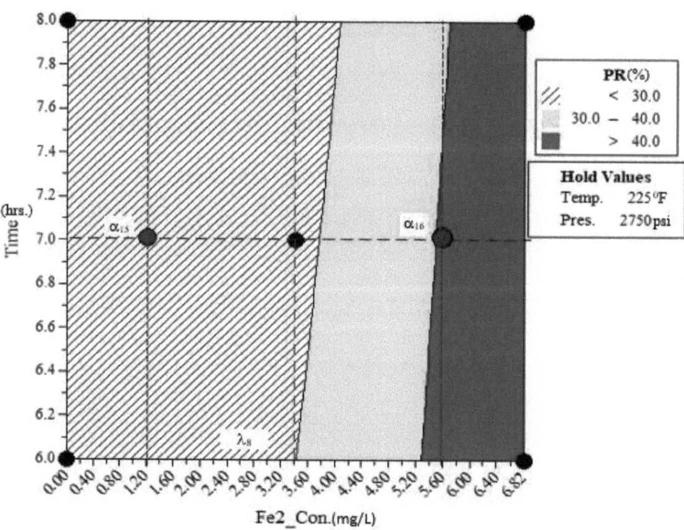

Figura 4.23. O PR para bainhas de cimento preparado, nos valores de porão de temp. (225⁰ F), e pres. (2750psi); tempo variado (6 a 8hrs.), e para vários Fe2_Con. (0,00 a 6,82mg/L).

Por estas razões, os resultados nas Figuras 4.22, 4.23, e 4.24 indicaram que, os efeitos da presença de alta concentração de Fe^{2+} na água de mistura nas bainhas de cimento, são mais activos, quando as bainhas de cimento foram produzidas nos valores de temperatura (200^0 F), e pressão (2500psi) - experiências de baixa regulação - experiências de baixa regulação.

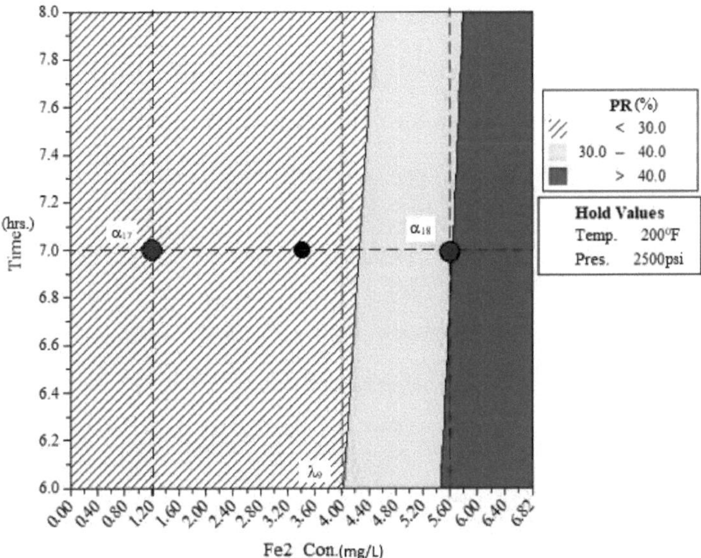

Figura 4.24. O PR para bainhas de cimento preparado, nos valores de porão de temp. (200^0 F), e pres. (2500psi); tempo variado (6 a 8hrs.), e para vários Fe2_Con. (0,00 a 6,82mg/L).

Mais adiante, os resultados globais nas figuras 4.22, 4.23, e 4.24 explicaram que, as relações públicas das bainhas de cimento preparadas se tornam mais porosas, uma vez que a água de mistura utilizada na formulação da bainha de cimento foi contaminada com maior concentração de Fe^{2+} acima de 4,00mg/L.

4.1.4 Resultados e Discussão sobre os Efeitos das Águas Mistas Ferrosas na Permeabilidade dos Sistemas de Bainha de Cimento Oilwell.

Na indústria petrolífera a montante, o cimento de poços de petróleo (OWC) tem sido utilizado para a cimentação primária como material de vedação impermeável no anel entre as cordas e a parede de formação, com o objectivo de evitar o fluxo de fluido para o poços, as inter-comunicações entre as diferentes zonas de fluido no poços, e para evitar que as cordas do invólucro sejam corrosivas (Heinold *et al.*, 2002; Sauki e Irawan, 2010; Omosebi *et al.*, 2016). Além disso, este material de vedação impermeável tem sido utilizado no controlo de poços de petróleo e para tapar e abandonar os poços marginais de petróleo. Contextualmente, as funções mencionadas acima da bainha de cimento impermeável são denominadas *isolamento zonal completo do poço* (Azar e Samuel, 2007). Além disso, os estudos disponíveis demonstraram que alguns dos principais factores que afectam a PM dos sistemas de bainha de cimento são a temperatura e a pressão no fundo do poço, o uso inadequado de aditivos, o caudal de bombagem, a grande quantidade de água misturada, e as impurezas na água misturada (Pattinasarany e Irawan, 2012).

Por estes motivos, esta investigação investigou os efeitos da presença de Fe^{2+} na água misturada nas respostas PM de diferentes sistemas de bainhas de cimento preparadas em vários ambientes HPHT. Estas investigações experimentais foram conduzidas com base no BBDoE da RSM. O Trail Optimal Design foi gerado no Minitab 16 e adoptado como o BBDoE de concepção óptima, no qual foram produzidos cubos de bainha de cimento para investigar as respostas de PM, utilizando o dispositivo Coretest AP-608. Como resultado, os resultados das análises e inferências são apresentados nas Figuras 4.25 a 4.33.

Para maior clareza, as figuras 4.25, 4.26, e 4.27 são resultados que, respectivamente, mostram as respostas PM para bainhas de cimento preparadas, nos valores constantes de pressão (3000psi) e tempo (8hrs) - experiências de presa alta; pressão (2750psi) e tempo (7hrs) - experiências de presa média; pressão (2500psi) e tempo (6hrs) - experiências de presa baixa; em que, todas, a temperatura variou entre 200 a 250^0 F, para águas mistas com várias concentrações de Fe^{2+} entre 0,00 a 6,82mg/L.

Além disso, as respostas PM em cada um dos resultados das figuras 4,25 a 4,27 são categorizadas por este estudo em zona óptima (PM < 0,3mD), zona de conforto (PM entre 0,3 a 0,4mD), e zona adversa (PM > 0,4mD). Estas categorias são mostradas em cada uma das figuras por uma lenda do topo direito. A lenda descreve a zona óptima com uma risca esbranquiçada, a zona de conforto com uma cor amarelada, e a zona adversa com uma cor avermelhada. Praticamente, os resultados globais nas figuras 4.25, 4.26, e 4.27 mostram que, à medida que a concentração de Fe^{2+} na mistura-água aumenta de 0,00 para 6,82mg/L, a bainha de cimento torna-se mais permeável, ou seja, de 0,3 para 4,0mD.

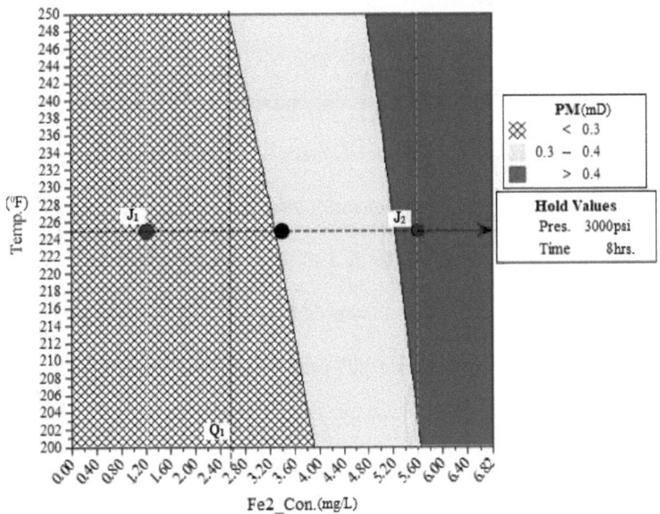

Figura 4.25. O PM para bainhas de cimento preparado, nos valores de porão do pres. (3000psi), e tempo (8hrs); temperatura variada (200 a 250^0 F), e para vários Fe2_Con. (0,00 a 6,82mg/L).

Mais adiante, os resultados da Figura 4.25 ilustram que, à medida que a concentração de Fe^{2+} aumenta de 0,00 para 2,56mg/L (Q_1), as bainhas de cimento mantêm uma impermeabilidade uniforme de menos de 0,3mD. No entanto, as bainhas de cimento tornaram-se mais permeáveis (0,3 a > 4,0mD) à medida que a concentração de Fe^{2+} aumenta continuamente de 3,90 a 6,82mg/L. Além disso, os resultados na Figura 4.25 mostram que à medida que a coordenada arbitrária constituída pela concentração de Fe^{2+} , temperatura e PM passa do ponto "J_1 " (1,21mg/L, 225^0 F, 0,24mD) para "J_2 " (5,58mg/L, 225^0 F, 0,42mD). Como resultado, quando a concentração de Fe^{2+} aumenta de 1,21 para 5,58mg/L, a bainha de cimento torna-se mais permeável de 0,24 para 0,42mD, a 225^0 F. Este PM explica que o incremento deferencial do PM é de 0,18mD.

A implicação destas inferências sobre os resultados visualizados das Figuras 4.25, 4.26, e 4.27 explica o nível de concentração de Fe^{2+} na água misturada que pode manter a uniformidade da impermeabilidade a menos de 0.3mD nas Figuras 4.25 (2.56mg/L), 4.26 (2.90mg/L), e 4.27 (3.12mg/L). Além disso, o resultado apresentado na Figura 4.26 mostra claramente que, à medida que a concentração de Fe^{2+} aumenta de 0,00 para 2,90mg/L (Q2), as bainhas de cimento mantêm uma impermeabilidade uniforme de menos 0,3mD; então, as bainhas de cimento tornaram-se mais permeáveis (0,3 para > 4,0mD) , uma vez que a concentração de Fe^{2+} aumenta constantemente de 3,90 para 6,82mg/L . Da mesma forma, os resultados da Figura 4.27 demonstram que, à medida que a concentração de Fe^{2+} aumenta de 0,00 para 3,12mg/L (Q_3), as bainhas de cimento mantêm uma impermeabilidade uniforme de menos 0,3mD. Enquanto que as bainhas de cimento se tornaram mais permeáveis (0,3 a > 4,0mD), à medida que a concentração de

Fe^{2+} aumenta constantemente de 3,90 a 6,82mg/L.

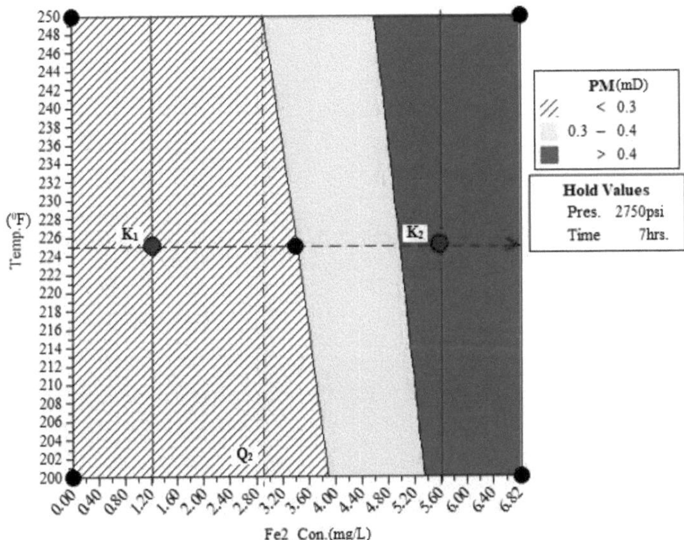

Figura 4.26. O PM para bainhas de cimento preparado, nos valores de porão do pres. (2750psi), e tempo (7hrs); temperatura variada (200 a 250⁰ F), e para vários Fe2_Con. (0,00 a 6,82mg/L).

Tecnicamente, nesta ordem particular, as respostas PM para bainhas de cimento preparadas, no valor de pressão constante (3000psi), e o tempo (8hrs) - experiências de alta definição; as bainhas de cimento tornam-se mais permeáveis, à medida que a concentração de Fe^{2+} aumenta constantemente acima de 2,56mg/L. Depois, aos valores constantes de pressão (2750psi), e tempo (7hrs) - experiências de presa média; os cubos de bainha de cimento tornam-se mais permeáveis, à medida que a concentração de Fe^{2+} aumenta acima de 2,90mg/L; enquanto que, aos valores constantes de pressão (2500psi), e tempo (6hrs) - experiências de presa baixa; as bainhas de cimento tornam-se mais permeáveis, à medida que a concentração de Fe^{2+} aumenta acima de 3,12mg/L. As bainhas de cimento foram produzidas em todos os cubos, com uma temperatura variada entre 200 a 250^0 F, para misturas de água com várias concentrações de Fe^{2+} entre 0,00 a 6,82mg/L.

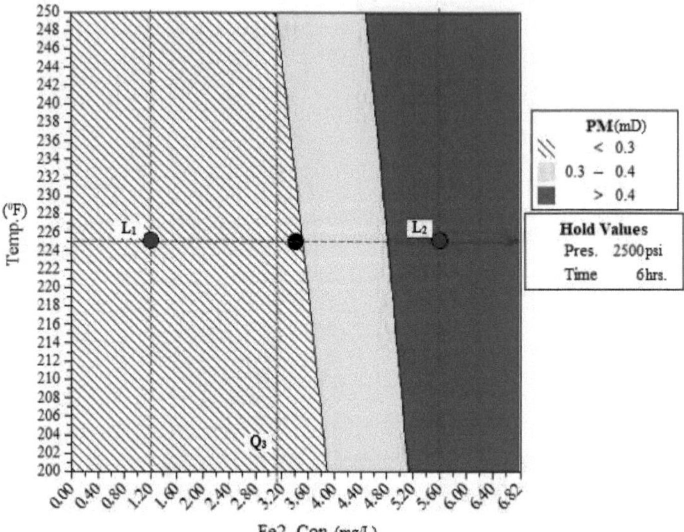

Figura 4.27. O PM para bainhas de cimento preparado, nos valores de porão do pres. (2500psi), e tempo (6hrs); temperatura variada (200 a 250^0 F), e para vários Fe2_Con. (0,00 a 6,82mg/L).

Portanto, estes resultados mostraram que os efeitos da presença de Fe^{2+} na água misturada na resposta PM dos sistemas de bainha de cimento investigados preparados em vários ambientes HPHT são mais evidentes para aqueles preparados, aos valores constantes de pressão (2500psi) e tempo (6hrs) - experiências de baixa regulação. Geralmente, com os cenários experimentais acima mencionados, estes resultados demonstraram que a bainha de cimento permeará livremente água, petróleo ou gás se a bainha de cimento preparada estiver com água de mistura de alta concentração de Fe^{2+} . Do mesmo modo, a Figura 4.26 ilustra que à medida que a coordenada muda do ponto "K₁ " (1,21mg/L, 225^0 F, 0,20mD) para "K₂ " (5,58mg/L, 225^0 F, 0,44mD), a concentração de Fe^{2+} aumentou de 1,21 para 5,58mg/L; enquanto a bainha de cimento permeou de 0,20 para 0,44mD, à mesma temperatura de 225^0 F. Os resultados descrevem que o incremento deferencial de PM é de 0,24mD.

Do mesmo modo, os resultados da Figura 4.27 confirmam que, à medida que a coordenada se desloca do ponto "L_1" (1.21mg/L, 225^0 F, 0.17mD) para "L_2" (5.58mg/L, 225^0 F, 0.47mD). O movimento resultante ilustra que a concentração de Fe^{2+} aumenta de 1,21 para 5,58mg/L; enquanto que, a bainha de cimento permeia mais de 0,17 para 0,47mD, à mesma temperatura de 225^0 F. Isto expõe que, o incremento deferencial de PM é de 0,30mD.

Portanto, estes resultados apresentados nas Figuras 4.25 a 4.27 mostraram que os efeitos da presença de Fe^{2+} na água de mistura na resposta PM dos sistemas de bainhas de cimento investigados preparados em vários ambientes HPHT são mais evidentes para as bainhas de cimento preparadas, nos valores constantes de pressão (2500psi), e tempo (6hrs) - experiências de baixa regulação. Além disso, isto explica que, nesta condição experimental, os poros das bainhas de cimento estão intrinsecamente mais ligados uns aos outros - mais porosos. Em geral, estas descobertas demonstraram que a impermeabilidade da bainha de cimento falhou devido à elevada concentração de Fe^{2+} na água de mistura.

Num outro conjunto de experiências, a temperatura configurada foi de 225^0 F e o tempo foi de 7hrs - para as experiências de configuração média; enquanto para as experiências de configuração baixa, a configuração foi a temperatura (200^0 F) e o tempo (6hrs); onde em todos os tratamentos experimentais, a pressão variou entre 2500 a 3000psi, para águas mistas com Fe^{2+} concentrações entre 0,00 a 6,82mg/L. Estas bainhas preparadas foram testadas para medir as respostas PM. Os resultados destas investigações são apresentados nas Figuras 4.28, 4.29, e 4.30 para discussão.

Em termos gráficos, as conclusões gerais das Figuras 4.28, 4.29, e 4.30 revelam que, como a concentração de Fe^{2+} na água misturada aumenta de 0,00 para 6,82mg/L, cada uma das impermeabilidades dos sistemas de bainha de cimento falha, ou seja, de 0,3 para > 4,0mD. Explicitamente, os resultados na Figura 4.28 mostram que, como a concentração de Fe^{2+} aumenta de 0,00 para 2,52mg/L (Q_4), as bainhas de cimento mantêm uma impermeabilidade uniforme de menos 0,3mD; depois disso, as bainhas de cimento tornaram-se mais permeáveis entre 0,3 a > 4,0mD, como a concentração de Fe^{2+} aumenta continuamente de 3,60 a 6,82mg/L .

Além disso, os resultados na Figura 4.28 mostram que, como a coordenada (Fe^{2+} concentração, pressão, PM) passa do ponto "M_1" (1.21mg/L, 2750psi, 0.22mD) para "M_2" (5.58mg/L, 2750psi, 0.46mD), o seu incremento deferencial de PM é de 0.24mD.

Da mesma forma, os resultados da Figura 4.29 indicam que, como a concentração de Fe^{2+} aumenta de 0,00 para 2,82mg/L (Q_5), as bainhas de cimento mantêm uma impermeabilidade uniforme de menos 0,3mD; depois disso, a impermeabilidade das bainhas de cimento falha mais de 0,3 para > 4,0mD, como a concentração de Fe^{2+} aumenta de 3,79 para 6,82mg/L. Do mesmo modo, os resultados na Figura 4.29 ilustram que, à medida que a coordenada muda do ponto "N_1" (1,21mg/L, 225^0 F, 0,20mD) para "N_2" (5,58mg/L, 2750psi, 0,45mD), é registado um incremento deferencial de PM de 0,25mD.

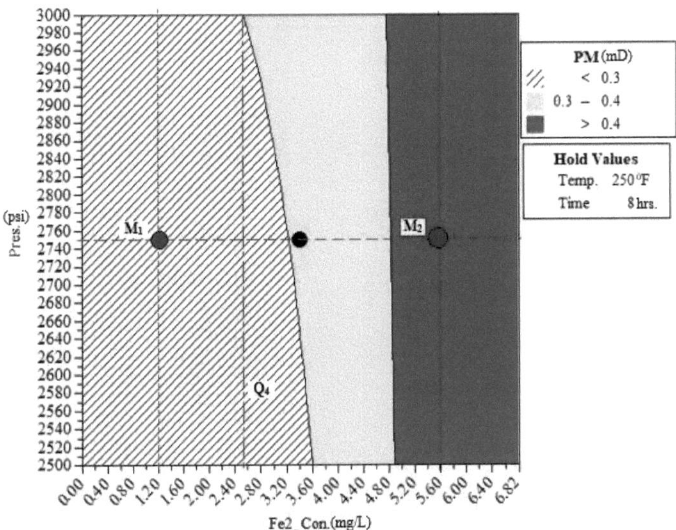

Figura 4.28. O PM para bainhas de cimento preparado, nos valores de temperatura de porão (250⁰ F), e tempo (8hrs); pres. variado. (2500 a 3000psi), e para vários Fe2_Con. (0,00 a 6,82mg/L).

Os resultados na Figura 4.30 mostram que, como a concentração de Fe^{2+} aumenta de 0,00 para 3,12mg/L (Q_6), as bainhas de cimento sustentam uma impermeabilidade uniforme de menos 0,3mD; enquanto que, as bainhas de cimento tornaram-se mais permeáveis (0,3 para > 4,0mD), como a concentração de Fe^{2+} aumenta constantemente de 3,90 para 6,82mg/L. Da mesma forma, os resultados na Figura 4.30 descrevem que, como a posição das coordenadas muda de posição do ponto "O₁ " (1,21mg/L, 2750psi, 0,19mD) para "O₂ " (5,58mg/L, 2750psi, 0,44mD), estima-se uma PM deferencial de 0,25mD.

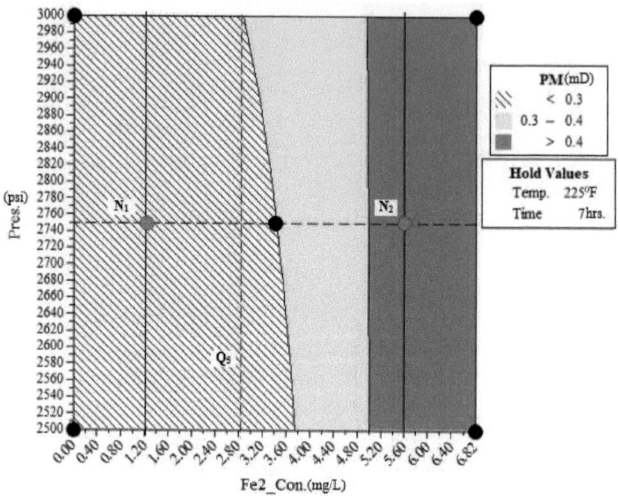

Figura 4.29. O PM para bainhas de cimento preparado, nos valores de porão de temperatura (225^0 F), e tempo (7hrs); pres. variado. (2500 a 3000psi), e para vários Fe2_Con. (0,00 a 6,82mg/L).

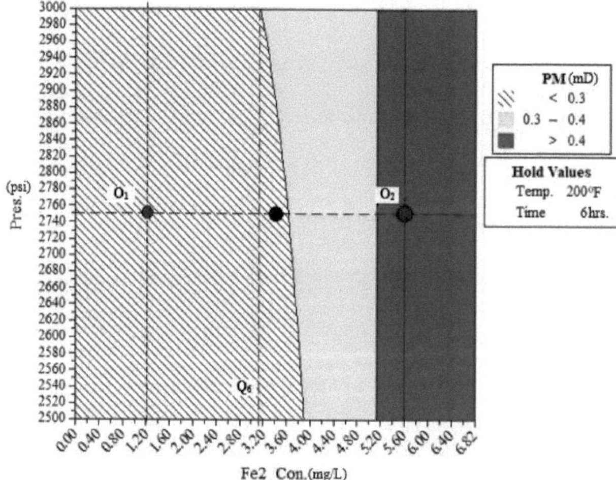

Figura 4.30. O PM para bainhas de cimento preparado, nos valores de porão de temperatura (200^0 F), e tempo (6hrs); pres. variado. (2500 a 3000psi), e para vários Fe2_Con. (0,00 a 6,82mg/L).

Estas sugestões divulgadas nas Figuras 4.28, 4.29, e 4.30 mostram o nível de

concentração de Fe^{2+} na água misturada, que pode manter a impermeabilidade inferior a

0.3mD, tal como registado nas Figuras 4.28 (2.52mg/L), 4.29 (2.82mg/L) e 4.30 (3.12mg/L), com base no BBDoE de concepção óptima. Como resultado, estas sugestões revelaram que, os efeitos da presença de Fe^{2+} na água de mistura na resposta PM, dos sistemas de bainha de cimento examinados produzidos nos vários ambientes HPHT, são mais perceptíveis nos cubos preparados, nos valores constantes de temperatura (200^0 F), e tempo (6hrs) - experiências de baixa regulação. Assim, a impermeabilidade da bainha de cimento falha, como resultado da alta concentração de Fe^{2+} presença em água misturada. Portanto, estes resultados mostraram que, os efeitos da presença de Fe^{2+} na água de mistura na resposta PM dos sistemas de bainha de cimento preparados em vários ambientes HPHT, são igualmente mais observáveis nas bainhas de cimento formuladas, à temperatura constante (225^0 F) e tempo (7hrs) - experiências de presa média; temperatura (200^0 F) e tempo (6hrs) - experiências de presa baixa. Estas descobertas demonstraram que, a impermeabilidade da bainha de cimento falha, como consequência da presença de alta concentração de Fe^{2+} na água de mistura utilizada para a sua formulação.

Num outro conjunto de investigações suplementares foram realizadas sobre sistemas de bainhas de cimento. Estas investigações suplementares foram conduzidas, para medir ainda mais os desempenhos das PM. Estas investigações suplementares foram realizadas nos valores constantes de temperatura (250^0 F) e pressão (3000psi); temperatura (225^0 F) e pressão (2750psi); temperatura (200^0 F) e pressão (2500psi). Também, à pressão variou entre 2500 a 3000psi, para águas mistas com várias concentrações de Fe^{2+} entre 0,00 a 6,82mg/L. Os resultados destas investigações são apresentados nas Figuras 4.31, 4.32, e 4.33.

Individualmente, as descobertas nas Figuras 4.31 revelam que, à medida que a concentração de Fe^{2+} na mistura-água aumenta de 0,00 para 6,82mg/L, a PM da bainha de cimento aumenta. Para maior clareza, os resultados da Figura 4.31 mostram que, à medida que a concentração de Fe^{2+} aumenta de 0,00 para 1,21mg/L (Q_7), as bainhas de cimento suportam uma impermeabilidade uniforme de menos 0,3mD; depois disso, as bainhas de cimento tornaram-se aparentemente permeáveis entre 0,3 a > 4,0mD, à medida que a concentração de Fe^{2+} aumenta continuamente de 2,40 a 6,82mg/L. Além disso, nos resultados, a Figura 4.31 ilustra que, à medida que a coordenada passa do ponto "P_1 " (1,21mg/L, 7hrs, 0,28mD) para "P_2 " (5,58mg/L, 7hrs, 0,47mD), a PM deferencial foi estimada em 0,19mD.

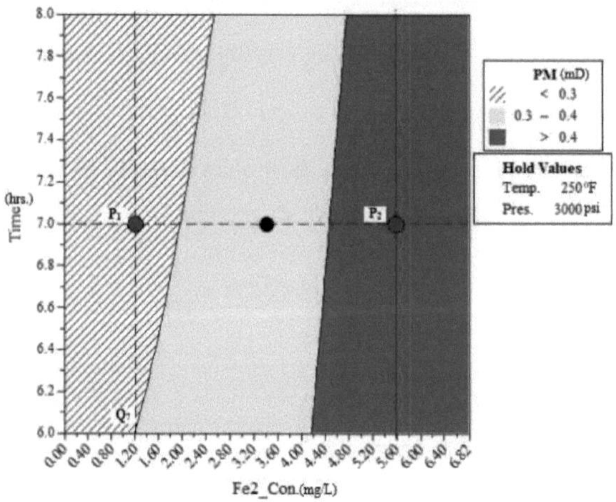

Figura 4.31O PM para bainhas de cimento preparado, nos valores de porão de temp. (250⁰ F), e pres. (3000psi); tempo variado (6 a 8hrs.), e para vários Fe2_Con. (0,00 a 6,82mg/L).

Do mesmo modo, o resultado nas Figuras 4.32 também revela que, à medida que a concentração de Fe^{2+} aumenta de 0,00 para 6,82mg/L, a PM da bainha de cimento aumenta. Por exemplo, o resultado na Figura 4.32 mostra que, à medida que a concentração de Fe^{2+} aumenta de 0,00 para 3,09mg/L (Q_8), as bainhas de cimento suportam uma impermeabilidade uniforme de menos 0,3mD; depois, as bainhas de cimento tornaram-se aparentemente permeáveis de 0,3 a > 4,0mD, à medida que a concentração de Fe^{2+} aumenta constantemente de 3,60 a 6,82mg/L

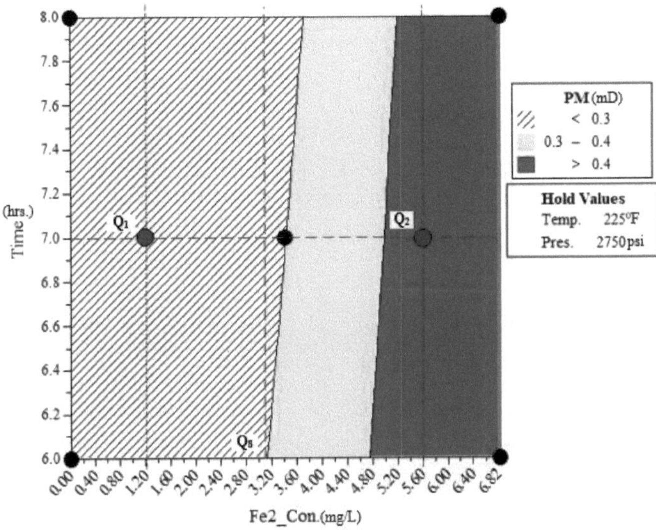

Figura 4.32A PM para bainhas de cimento preparada, nos valores de porão de temp. (225⁰ F), e pres. (2750psi); tempo variado (6 a 8hrs.), e para vários Fe2_Con. (0,00 a 6,82mg/L).

Além disso, o resultado na Figura 4.32 descreve que, como a coordenada muda a sua posição do ponto "Q_1 " (1,21mg/L, 7hrs, 0,20mD) para "Q_2 " (5,58mg/L, 7hrs, 0,45mD), a PM deferencial foi avaliada como 0,25mD. Da mesma forma, os resultados da Figura 4.33 indicam que, à medida que a concentração de Fe^{2+} aumenta de 0,00 para 3,88mg/L (Q_9), as bainhas de cimento apresentam uma impermeabilidade uniforme de menos 0,3mD; subsequentemente, as bainhas de cimento tornaram-se aparentemente permeáveis entre 0,3 a > 4,0mD, à medida que a concentração de Fe^{2+} aumenta constantemente de 4,20 a 6,82mg/L.

Além disso, os resultados na Figura 4.33 mostram que, à medida que a coordenada move a sua posição do ponto "R_1 " (1,21mg/L, 7hrs, 0,12mD) para "R_2 " (5,58mg/L, 7hrs, 0,42mD), a PM deferencial foi avaliada como 0,30mD. Os resultados na Figura 4.33 infere que, a impermeabilidade falha mais nas bainhas de cimento formuladas, à temperatura constante (200^0 F) e à pressão (2500psi) - experiências de baixa regulação.

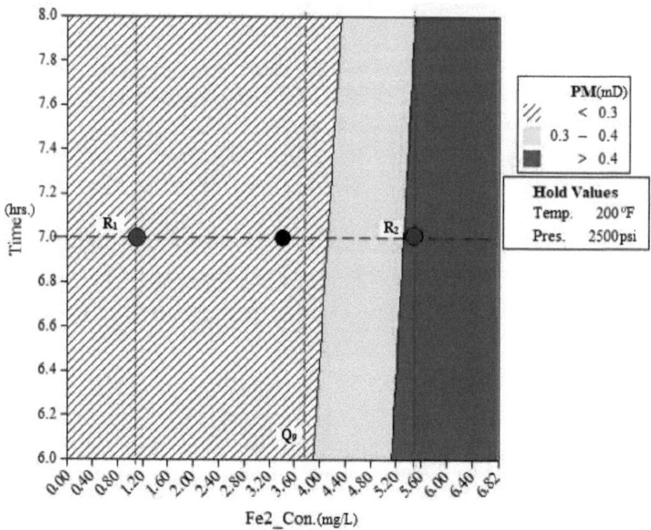

Figura 4.33A   PM para bainhas de cimento preparada, nos valores de porão de temp. (200^0 F), e pres. (2500psi); tempo variado (6 a 8hrs.), e para vários Fe2_Con. (0,00 a 6,82mg/L).

Geralmente, estes resultados expressos nas Figuras 4.31, 4.32, e 4.33 mostraram que, os efeitos da presença de altas concentrações de Fe^{2+} na água misturada, resultaram em fracos desempenhos de impermeabilidade dos sistemas de bainha de cimento, preparados em vários ambientes HPHT.   No entanto, no ambiente HPHT podem ser utilizados aditivos como nano-alumina, nano-sílica, sílica, fibra de polipropileno, para reduzir a PM dos sistemas de bainha de cimento (Campillo *et al.*, 2007; Doladoa *et al.*, 2007; Ahmed *et al.*, 2018;).

Criticamente, os resultados globais nas Figuras 4.25 a 4.33 demonstraram que a bainha de cimento com valor CS ainda mais elevado, nem sempre terá PR impermeável e insignificante; mas, pode ter algumas características perfeitas de transporte de fluidos, se a pasta de cimento foi formulada com água de mistura com uma concentração elevada de Fe^{2+} acima de 4,00mg/L, à medida que a temperatura e a pressão aumentam. Além disso, estes resultados sugerem que, quando a bainha de cimento é exposta a temperaturas superiores a 225^0 F e pressão superior a 2750psi, as propriedades sólidas da bainha de cimento desintegram-se. Embora, Bensted (1991) tenha sugerido uma temperatura inferior a 206^0 F.

Esta condição encoraja a dissociação do hidróxido de cálcio e do silicato de cálcio hidratado por Fe^2 , durante a hidratação do clinker de cimento da classe G por oxidações[+] (Igbani *et al.*, 2020b), que aumenta a bainha de cimento PR e PM, à medida que o CS diminui. Isto significa que, a bainha resultante pode não ser capaz de impedir o fluxo de fluido através da sua matriz - uma falha em completar o isolamento zonal do poço. No entanto, se não forem utilizados aditivos adequados durante a sua formulação de chorume. Como resultado, no ambiente HPHT podem ser utilizados aditivos tais como nano-alumina, nano-sílica, piso de sílica, fibra de polipropileno, para reduzir o PR e PM do cimento ferroso (Campillo *et al.*, 2007; Doladoa *et al.*, 2007; Ahmed *et al.*, 2018;). Notavelmente, as partículas nano-ferrosas ($Fe O_{23}$) na água misturada também actuam como aditivos na redução do PR e PM da bainha de cimento (Li, 2004; Shih *et al.*, 2006).

4.2 Modelos das respostas de desempenho mecânico da Bainha de Cimento

Agora que as respostas experimentais ou de desempenho real do CS, TS, PR, e PM para os sistemas de bainha de cimento investigados foram identificadas com base nas influências dos regressores, que são variáveis controláveis, concentração Fe^{2+} (Fe2_Con), temperatura (Temp), pressão (Pres), e tempo, foram robustamente alcançadas através do BBDoE de concepção óptima. Assim, são necessários modelos adequados para encaixar e prever estas variáveis dependentes observadas ou estas verdadeiras respostas de desempenho. Consequentemente, um dos resultados do Minitab 16 para as análises de variância (ANOVA) para CS é apresentado na Tabela 4.1, numa tentativa de desenvolver o modelo CS.

4.2.1 Modelo de superfície de resposta desenvolvido para o CS, Versus Fe2_Con, e outras variáveis estimuladas prevalecentes, tais como Temp., Pres., e Tempo; e as suas análises e discussão.

Consequentemente, o Modelo 4.1 foi desenvolvido a partir do resultado da ANOVA apresentado na Tabela 4.1. Explicitamente, os Modelos 4.1 a 4.3 respectivamente, representam o Quadro 4.1 (superfície de resposta linear + interacções modelo CS), Quadro 4.2 (superfície de resposta linear quadrática completa + quadrada + interacções modelo CS), e Quadro 4.3 (superfície de resposta linear quadrática completa + quadrada + interacções modelo CS). Consequentemente, cada um destes três modelos é composto pelo efeito principal e curvatura(ões). Estas curvaturas revelaram que, estes modelos desenvolvidos, têm termos quadráticos e/ou interactivos nos sistemas de bainha de cimento investigados, uma vez que afectam a resposta CS. Em confirmação disto, as Tabelas 4.1 a 4.6 foram resumidas e apresentadas no Quadro 4.7, para mostrar efectivamente a adequação de cada um destes modelos de CS na previsão da resposta CS dos sistemas de bainhas de cimento investigados, utilizando algumas ferramentas estatísticas. Estas ferramentas incluem o coeficiente de determinação ajustado ao quadrado [R^2 (adj)], coeficiente de determinação previsto ao quadrado [R^2 (pred)], coeficiente de determinação ao quadrado (R^2), soma de erros de previsão dos quadrados

(PRESS), desvio padrão (σ), factor's, termo's e *p-valor* do modelo. Estas análises são apresentadas no quadro 4.7.

Assim, os Modelos 4.1 a 4.3 têm resultados computacionais diferentes das regressões múltiplas da superfície de resposta executada. Além disso, as parcelas residuais de CS de cada um destes modelos em contenção versus a probabilidade normal; modelo verdadeiro de CS versus o modelo aproximado; histograma de CS; CS versus ordem de observação do modelo de CS são ilustrados nas Figuras 4.34 a 4.36.

Tabela 4.1.Coeficientes de Regressão Estimados para o   Modelo de   CS Linear + Interacções Prováveis.

```
Term                Coef   SE Coef       T       P
Constant         4988.85   32082.3   0.156   0.877
Block 1            58.99     123.4   0.478   0.635
Block 2            79.15     125.8   0.629   0.533
Fe2_Con.         -369.84    1017.4  -0.364   0.718
Temp.               1.80     120.9   0.015   0.988
Pres.              -4.05      10.5  -0.386   0.702
Time              482.50    3120.5   0.155   0.878
Fe2_Con.*Temp.     -3.90       2.6  -1.519   0.137
Fe2_Con.*Pres.      0.47       0.3   1.818   0.077
Fe2_Con.*Time     -68.04      64.2  -1.060   0.296
Temp.*Pres.         0.01       0.0   0.244   0.808
Temp.*Time         -0.11       8.8  -0.013   0.990
Pres.*Time         -0.00       0.9  -0.005   0.996


S = 618.955    PRESS = 26472053
R-Sq = 81.14%  R-Sq(pred) = 64.78%  R-Sq(adj) = 75.03%
```

$$CS \text{ (psi)} = 4988.85 - 369.84 * Fe2\_Con + 1.80 * Temp - 4.05 * Pres + 482.50 * Time - 3.90 * Fe2\_Con * Temp + 0.47 * Fe2\_Con * Pres - 68.04 * Fe2\_Con * Time + 0.01 * Temp * Pres - 0.11 * Temp * Time - 0.00 * Pres * Time \quad \dots \quad 4.1$$

Tabela 4.2.Análise de Variância (ANOVA) para o Modelo Linear + Interacções CS

```
Source                DF     Seq SS      Adj SS     Adj MS      F       P
Blocks                 2     441088      481890     240945    0.63    0.539
Regression            10   60548873    60548873    6054887   15.80    0.000
  Linear               4   57944461      211076      52769    0.14    0.967
    Fe2_Con.           1   54075026       50627      50627    0.13    0.718
    Temp.              1    2522249          85         85    0.00    0.988
    Pres.              1     254493       56974      56974    0.15    0.702
    Time               1    1092693        9160       9160    0.02    0.878
  Interaction          6    2604412     2604412     434069    1.13    0.363
    Fe2_Con.*Temp.     1     884450      884450     884450    2.31    0.137
    Fe2_Con.*Pres.     1    1266436     1266436    1266436    3.31    0.077
    Fe2_Con.*Time      1     430592      430592     430592    1.12    0.296
    Temp.*Pres.        1      22863       22863      22863    0.06    0.808
    Temp.*Time         1         61          61         61    0.00    0.990
    Pres.*Time         1         10          10         10    0.00    0.996
Residual Error        37   14174905    14174905     383106
  Lack-of-Fit         14    8729833     8729833     623559    2.63    0.019
  Pure Error          23    5445073     5445073     236742
Total                 49   75164866
```

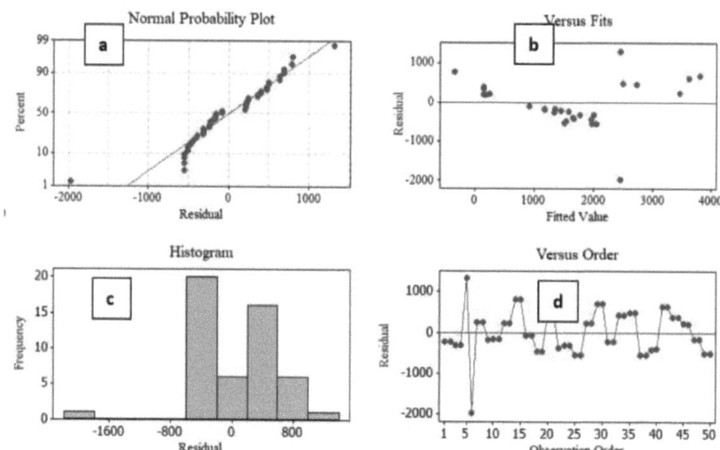

Figura 4.34. (a) Lote residual de CS versus Probabilidade Normal; (b) Modelo Verdadeiro de CS versus Modelo Aproximado; (c) Histograma de CS; (d) Ordem de Observação de CS versus Ordem de Resposta Linear + Interacções de Regressão Múltipla.

Tabela 4.3. Estimativa dos coeficientes de regressão para o Modelo CS Quadrático Completo (Linear + Quadrados + Interacções).

Term	Coef	SE Coef	T	P
Constant	-10242.6	45330.4	-0.226	0.823
Block 1	69.9	95.0	0.736	0.467
Block 2	57.3	97.0	0.591	0.559
Fe2_Con.	-785.2	789.5	-0.995	0.327
Temp.	-14.4	161.4	-0.089	0.929
Pres.	11.1	17.9	0.624	0.537
Time	-439.8	3436.8	-0.128	0.899
Fe2_Con.*Fe2_Con.	60.9	15.1	4.032	0.000
Temp.*Temp.	0.1	0.3	0.360	0.721
Pres.*Pres.	-0.0	0.0	-0.821	0.417
Time*Time	65.9	175.7	0.375	0.710
Fe2_Con.*Temp.	-3.9	2.0	-1.975	0.057
Fe2_Con.*Pres.	0.5	0.2	2.363	0.024
Fe2_Con.*Time	-68.0	49.4	-1.378	0.177
Temp.*Pres.	-0.0	0.0	-0.064	0.950
Temp.*Time	-0.1	6.7	-0.016	0.987
Pres.*Time	-0.0	0.7	-0.007	0.995

S = 476.210   PRESS = 16877487
R-Sq = 90.04%   R-Sq(pred) = 77.55%   R-Sq(adj) = 85.22%

Tabela 4.4.ANOVA para o Modelo CS Quadrático Completo (Linear + Quadrados + Interacções).

Source	DF	Seq SS	Adj SS	Adj MS	F	P
Blocks	2	441088	409475	204737	0.90	0.415
Regression	14	67240179	67240179	4802870	21.18	0.000
Linear	4	57944461	430234	107559	0.47	0.754
Fe2_Con.	1	54075026	224335	224335	0.99	0.327
Temp.	1	2522249	1815	1815	0.01	0.929
Pres.	1	254493	88196	88196	0.39	0.537
Time	1	1092693	3714	3714	0.02	0.899
Square	4	6713253	6691306	1672826	7.38	0.000
Fe2_Con.*Fe2_Con.	1	6250414	3686659	3686659	16.26	0.000
Temp.*Temp.	1	108670	29436	29436	0.13	0.721
Pres.*Pres.	1	322542	152893	152893	0.67	0.417
Time*Time	1	31627	31899	31899	0.14	0.710
Interaction	6	2582465	2582465	430411	1.90	0.111
Fe2_Con.*Temp.	1	884450	884450	884450	3.90	0.057
Fe2_Con.*Pres.	1	1266436	1266436	1266436	5.58	0.024
Fe2_Con.*Time	1	430592	430592	430592	1.90	0.177
Temp.*Pres.	1	916	916	916	0.00	0.950
Temp.*Time	1	61	61	61	0.00	0.987
Pres.*Time	1	10	10	10	0.00	0.995
Residual Error	33	7483600	7483600	226776		
Lack-of-Fit	10	2038527	2038527	203853	0.86	0.580
Pure Error	23	5445073	5445073	236742		
Total	49	75164866				

Lotes Residuais para CS

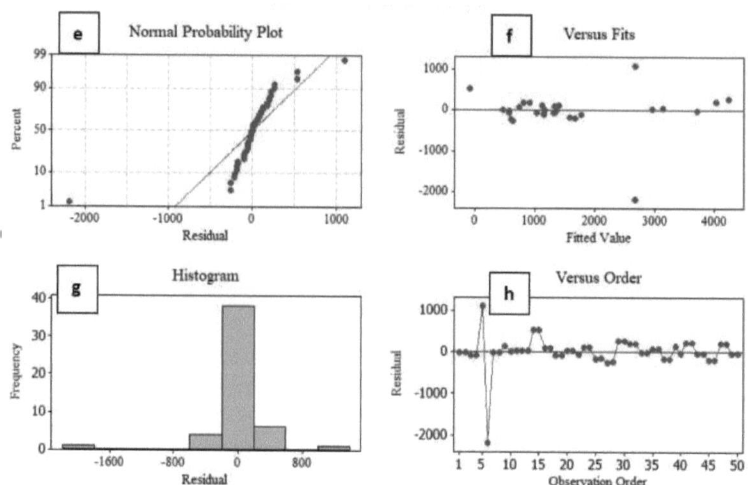

Figura 4.35. (e) Lote Residual de CS versus Probabilidade Normal; (f) Modelo Verdadeiro de CS versus Modelo Aproximado; (g) Histograma de CS; (h) Ordem de Observação de CS versus Superfície de Resposta Quadrática Completa (Linear + Quadrados + Interacções) Regressão Múltipla.

$$CS(psi) = -10242.60 - 785.20 * Fe2\_Con - 14.40 * Temp + 11.10 * Pres - 439.80 * Time + 60.90 * Fe2\_Con^{**2} + 0.10 * Temp^{**2} - 0.00 * Pres^{**2} + 65.90 * Time^{**2} - 3.90 * Fe2\_Con * Temp + 0.50 * Fe2\_Con * Pres - 68.00 * Fe2\_Con * Time - 0.00 * Temp * Pres - 0.10 * Temp * Time - 0.01 * Temp * Time - 0.00 * Pres * Time \qquad ... 4.2$$

Precisamente, entre estes modelos de CS contendentes, cada um destes parâmetros de CS contendentes é apresentado nas Tabelas 4.1 a 4.6, o melhor e adequado modelo de CS foi seleccionado para a previsão da resposta do CS, dos sistemas de bainha de cimento investigados. Assim, a selecção do melhor e adequado modelo foi baseada no modelo caracterizado com a maior percentagem de R^2 (adj) e R^2 (pred) em combinação com o mais baixo PRESS, desvio padrão de erro, e a interpretação das parcelas residuais.

Em segundo lugar, foi também utilizado o *valor p do* modelo hipotético para os testes de falta de ajuste, para seleccionar o modelo CS estatístico adequado. O *valor de p do* modelo hipotético para os testes de falta de ajuste indica que, para que o modelo CS

170

seleccionado seja estatisticamente adequado e seja aceite, para a bondade dos dados caberem ao nível de significância,$\alpha = 0,05$. O *valor de p do* modelo deve ser superior a 0,05. Hipoteticamente, diz-se o seguinte: "Rejeitar o modelo CS, se H_0 *: o valor p do* modelo < 0,05, e aceitar o modelo CS, se H_1 *: o valor p do* modelo > 0,05".

Por outro lado, a relevância estatística de cada um dos preditores do modelo, e os termos foram testados; também, ao nível do significado,$\alpha = 0,05$. Da mesma forma, a leitura é a seguinte: "Rejeitar o preditor ou termo do modelo, se H_0 *: valor p do* termo > 0,05, e aceitar o preditor ou termo do modelo CS se H_1 *: valor p* do termo < 0,05". Com base nestes critérios hipotéticos, o Modelo 4.3 é seleccionado como o melhor e adequado modelo de CS, para simular e prever o verdadeiro modelo do CS, CS de sistemas semelhantes de bainha de cimento ferroso.

Tecnicamente, espera-se que o modelo de desempenho CS proposto preveja as observações experimentais com 95% de confiança estatística, e um nível de significância estatística (α) de 5%. Este modelo não só evitará, a repetição de experiências semelhantes em Kolo Creek ou áreas semelhantes; mas melhorará a reputação da empresa de serviços de cimentação, incluindo a poupança: custo, recursos, e energia.

Tabela 4.5. Estimativa dos coeficientes de regressão para o Modelo CS quadrático completo (Linear + Quadrados + Interacções).

```
Term                       Coef   SE Coef        T      P
Constant                1892.94   2769.41    0.684  0.498
Block 1                   67.93     91.16    0.745  0.461
Block 2                   61.26     92.72    0.661  0.513
Fe2_Con.               -1261.70    679.23   -1.858  0.071
Temp.                     25.72      7.52    3.420  0.001
Pres.                     -2.08      0.75   -2.764  0.009
Time                     213.38     93.42    2.284  0.028
Fe2_Con.*Fe2_Con.         60.94     11.16    5.463  0.000
Fe2_Con.*Temp.            -3.90      1.90   -2.055  0.046
Fe2_Con.*Pres.             0.47      0.19    2.459  0.018


S = 457.658    PRESS = 15921428
R-Sq = 88.85%  R-Sq(pred) = 78.82%  R-Sq(adj) = 86.35%
```

Tabela 4.6. ANOVA para o Quadrático Pleno Triado (Linear + Quadrados + Interacções)
Modelo CS.

```
Source                 DF     Seq SS     Adj SS     Adj MS      F      P
Blocks                  2     441088     421693     210846   1.01  0.375
Regression              7   66345761   66345761    9477966  45.25  0.000
  Linear                4   57944461    7870782    1967696   9.39  0.000
    Fe2_Con.            1   54075026     722703     722703   3.45  0.071
    Temp.               1    2522249    2450503    2450503  11.70  0.001
    Pres.               1     254493    1599568    1599568   7.64  0.009
    Time                1    1092693    1092693    1092693   5.22  0.028
  Square                1    6250414    6250414    6250414  29.84  0.000
    Fe2_Con.*Fe2_Con.   1    6250414    6250414    6250414  29.84  0.000
  Interaction           2    2150886    2150886    1075443   5.13  0.010
    Fe2_Con.*Temp.      1     884450     884450     884450   4.22  0.046
    Fe2_Con.*Pres.      1    1266436    1266436    1266436   6.05  0.018
Residual Error         40    8378017    8378017     209450
  Lack-of-Fit          17    2932945    2932945     172526   0.73  0.746
  Pure Error           23    5445073    5445073     236742
Total                  49   75164866
```

$$CS(psi) = 1892.94 - 1261.70 * Fe2\_Con + 25.72 * Temp - 2.08 * Pres + 213.38 * Time + 60.94 * Fe2\_Con^{**2} - 3.90 * Fe2\_Con * Temp + 0.47 * Fe2\_Con * Pres \qquad \ldots 4.3$$

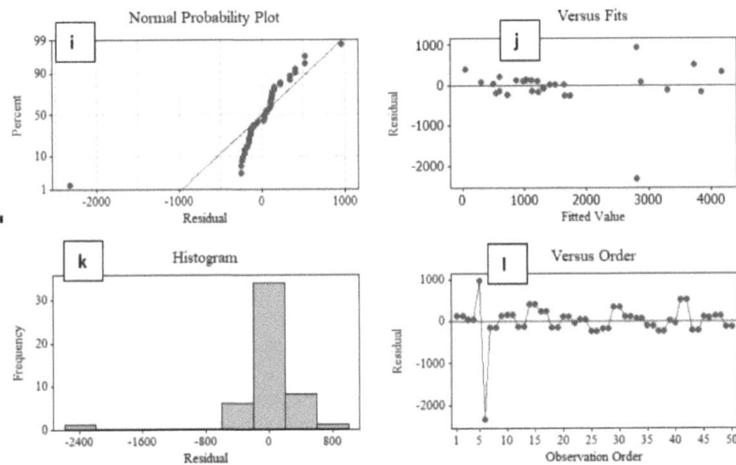

Figura 4.36.(i) Lote Residual de CS versus Probabilidade Normal; (j) Modelo Verdadeiro de CS versus Modelo Aproximado; (k) Histograma de CS; (l) Ordem de Observação de CS versus Superfície de Resposta Triada Quadrática Total (Linear + Quadrados + Interacções) Regressão Múltipla.

Quadro 4.7. Análise da adequação dos Modelos de CS desenvolvidos.

Model o No.	Modelo de superfície de resposta	R^2 %	R^2 (adj.) %	R^2 (Pred) %	IMPRENSA	Desvio padrão σ	Modelo de P-valor P-Lack-of-Fit	Observações sobre os Modelos de CS propostos
4.1	Superfície de resposta Modelo Linear + Interacções CS	81.14	75.03	64.78	26,472,053	618.96	0.02	Modelo Inadequado
4.2	Superfície de Resposta Quadrática Completa (Linear + Quadrado + Interacção) Modelo CS	90.04	85.22	77.55	16,877,487	476.21	0.58	Modelo mais provável para rastreio
4.3	Modelo de Resposta Rastreada Quadrática Total (Linear + Quadrado + Interacção)	88.85	86.35	78.82	15,921,428	457.66	0.75	Adequado Modelo

Para maior clareza, o Modelo 4.3 foi desenvolvido a partir do Modelo 4.2 utilizando o método de eliminação retrógrada (screening) sobre os preditores com *valor p* superior a 0,05, como especificado na hipótese acima mencionada. No entanto, o preditor Fe2_Con nos resultados da ANOVA (Tabela 4.6) foi isento, porque é uma variável independente importante nesta investigação e o seu *valor de p* não é superior a 0,1. O factor Fe2_Con mostra o comportamento antagónico mais elevado em relação à resposta da CS, apesar do seu *valor p* (0,071) ser superior a 0,05. Embora, isto só pode ser interpretado ou declarado que, o preditor, Fe2_Con não é estatisticamente significativo para o modelo de desempenho de CS preditivo desenvolvido; na maioria dos casos, se o *valor p* de Fe2_Con ou qualquer variável ou termo independente for superior a 0,1 (Ye *et al.*, 2017).

Portanto, o preditor, Fe2_Con, é estatisticamente significativo para o modelo de desempenho preditivo de CS desenvolvido; visto que, o seu *valor p* (0,071) é inferior a 0,1. Por outro lado, dos resultados da ANOVA na Tabela 4.6, o preditor, temperatura (*p-valor* = 0,001) é a variável independente mais estatisticamente significativa, para o modelo de desempenho preditivo de CS desenvolvido (Modelo 4.3). Isto é seguido pela pressão (*p-valor* = 0,009); depois, seguido pelo tempo (*p-valor* = 0,028). Como resultado, o preditor, Fe2_Con (*valor p* = 0,071) é o preditor menos significativo estatisticamente, para o modelo de desempenho preditivo de CS desenvolvido.

Mais uma vez, das análises de coeficiente de regressão múltipla estimada (Tabelas 4.1, 4.3, e 4.5); os modelos 4.1 a 4.2 foram desqualificados porque, estes modelos têm a percentagem mais baixa de R^2 (adj) e R^2 (pred) em combinação com a maior PRESS, desvio padrão de erro (Tabela 4.7). Além disso, a partir dos resultados da ANOVA apresentados nas Tabelas 4.2, 4.4, e 4.6; o *valor p do* Modelo 4.1, Lack-of-Fit (0.02), é inferior ao nível significativo (α = 0.05); além disso, os *valores p* dos termos do Modelo

4.1 (factores, e termos interactivos) estão todos acima do nível estatisticamente significativo. Em geral, estes parâmetros explicam, respectivamente, que o Modelo 4.1 não se ajusta adequadamente à superfície de resposta do CS, e existe a necessidade de encaixar um modelo quadrático (segunda ordem); além disso, os termos do Modelo 4.1 foram observados estatisticamente, para serem grosseiramente insignificantes para o modelo CS. Assim, a desqualificação automática do Modelo 4.1.

Além disso, o Modelo 4.2 que é um modelo de segunda ordem também foi desqualificado porque, o seu *valor p de* Lack-of-Fit é o segundo maior *valor p de* Lack-of-Fit (0,58) em comparação com o do modelo quadrático rastreado 4.3 (0,73). Por conseguinte, a selecção do Modelo 4.3 como o modelo CS adequado. Além disso, os resultados gráficos das parcelas residuais do gráfico de probabilidade normal dos Modelos 4.1 e 4.2 do CS nas Figuras 4.16a e 4.17a respectivamente, mostram a relação entre cada um dos valores ajustados e a percentagem de dados observados no conjunto de dados do CS, que são menores ou iguais a este, ao longo da linha de distribuição ajustada a partir das análises de regressão. Além disso, estes resultados declararam que os dados observados não foram normalmente distribuídos ao longo da linha de distribuição ajustada (a linha azul média) nas Figuras 4.34a e 4.35e para os Modelos 4.1 e 4.2. Contudo, os resultados na Figura 4.36i do Modelo 4.3 mostram que, os dados observados e os valores residuais ajustados foram distribuídos mais normalmente ao longo da linha de distribuição ajustada do que os das Figuras 4.34a e 4.35e.

Consequentemente, as análises normais de probabilidade sobre estes modelos de CS em contenção, também desqualificaram os Modelos 4.1 e 4.2; enquanto que o Modelo 4.3 é declarado como o modelo mais adequado. Em segundo lugar, foi utilizado o resíduo contra o gráfico do valor ajustado, para seleccionar o modelo de CS adequado entre os modelos de CS contendores. As parcelas de valor residual versus valor ajustado nas Figuras 4.34b, 4.35f, e 4.36j mostram o padrão não sistemático ou aleatório de resíduos em ambos os lados do zero (0) da linha ajustada. Além disso, estas figuras descrevem que, qualquer ponto que esteja longe da maior parte dos pontos, pode ser um outlier (R).

Explicitamente, isto significa que, as aparências não guiadas de muitos outliers num gráfico de valores residuais versus encaixados, desqualifica qualquer modelo em particular. Embora, não haja consenso sobre um determinado padrão ou padrão reconhecido utilizado como critério, para a selecção de modelos; mas, quando um padrão aleatório de resíduos em ambos os lados do 0, que tem uma forma de funil vertical ou horizontal numa parcela residual; em conformidade, permite que o modelo associado seja desqualificado ou seja aceite. Também, quando a dispersão dos valores residuais, tem a tendência para aumentar à medida que os valores ajustados aumentam, neste ponto, ocorre uma constante violação da suposição de variância. Com base nestas premissas, cada uma das parcelas de valores residuais versus valores encaixados nas figuras 4.34b, 4.35f, e 4.36j exibe um padrão não sistemático ou aleatório de resíduos em ambos os lados do 0 da linha encaixada dos modelos em contenção.

Mais adiante, a maioria dos pontos de valores residuais versus pontos de valores encaixados em ambos os lados do 0 da linha encaixada nas Figuras 4.34b, e 4.35f foram obviamente caracterizados com aparências de padrão não guiado, e a maioria destes pontos apareceram como outliers, o que desqualificou os Modelos 4.1 e 4.2. Pelo contrário, o Modelo 4.3 qualificou-se porque, a maioria dos seus pontos de valor residual versus pontos de valor encaixados estão estreitamente distribuídos em ambos os lados do 0 da linha encaixada; e os outliers estão posicionados de forma única em ambos os lados do 0 da linha encaixada. Em terceiro lugar, o histograma da parcela de resíduos é expresso nas figuras 4.34c, 4.35g, e 4.21k, trata-se de um instrumento estatístico exploratório, que se caracteriza por uma forma em forma de sino. Isto é evidenciado com uma distribuição de frequência normal com grupos de barras residuais com média ou centro da barra mais alta a zero (0). Além disso, quanto mais grupos de barras são distribuídos de ambos os lados da média a 0 igualmente, mais os factores se tornam influentes para a previsão do modelo.

Pelo contrário, se as barras do histograma plotado de resíduos estiverem muito afastadas ou distorcidas, então isto explica que, estas barras representam outliers e o modelo precisa de mais termos. Por estes motivos, os resultados nas figuras 4.34c revelam que, as barras não estão igualmente distribuídas de ambos os lados da média a 0, e a barra mais alta não está na média a 0. Estas deficiências encontradas na figura 4.34c desqualificaram o Modelo 4.1. Além disso, ambas as figuras 4.35g, e 4.36k ilustram que, a barra mais alta encontrada em cada uma das figuras está no zero médio; embora, a figura 4.35g seja constituída por dois outliers; enquanto, a figura 4.36k tem apenas um outliers. Em relação a estas análises, o Modelo 4.3 é o modelo mais notável; por conseguinte, a sua selecção entre o trio.

Em quarto lugar, a parcela de resíduos versus parcela de ordem de observação, é uma parcela estatística de todos os resíduos na ordem em que os dados foram recolhidos experimentalmente, e é utilizada para encontrar o erro não aleatório associado aos seus efeitos relacionados com o tempo. Isto mede as relações não correlacionadas entre os resíduos. Neste contexto, as figuras 4.34d, 4.35h, e 4.36l mostram as parcelas de resíduos contra a ordem de superfície de resposta, não tendo os seus efeitos relacionados com o tempo. Os resultados destas figuras mostram que, os resíduos são melhor distribuídos uniformemente em ambos os lados do 0 da Figura 4.36i. Em relação a estas análises gráficas, o Modelo 4.3 é ainda o modelo mais notável. Por esta razão, o Modelo 4.3 é o modelo mais adequado para prever os efeitos da concentração de Fe^{2+} presente na água de mistura na CS do sistema de bainha de cimento investigado.

Além disso, a partir dos resultados apresentados no Quadro 4.7, observa-se que o Modelo 4.3, tem o erro padrão mais baixo (s ou σ = 457.66), e a soma dos erros de previsão dos quadrados (PRESS = 15,921,428); e o coeficiente mínimo de determinação múltipla, (R^2 = 88.85%), o maior coeficiente de determinação múltipla previsto, [R^2 (pred) = 78,82%], e o maior coeficiente ajustado de determinação múltipla, [R^2 (adj) = 86,35%].

Explicitamente, o valor de R^2 a 88,85%, R^2 (pred) a 78,82%, e R^2 (adj) a 86,35% do Modelo 4.3, respectivamente, explica que, a *relação linear correlativa* entre os preditores e a resposta é cerca de 88,85% forte; que o modelo desenvolvido *prevê* cerca de 78,82% das observações experimentais do CS; e, finalmente, que o modelo adequado do CS é responsável por aproximadamente 86,35% de *variância* nos preditores (Fe2_Con, Temp., Pres., e Time). Além disso, Nair *et al.* (2014), num estudo, afirmaram que para um modelo ser aceite, a diferença absoluta entre o R^2 (pred) e o R^2 (adj.) não deve ser superior a 20%. Relativamente a esta premissa, a diferença positiva entre R^2 (pred) a 78,82%, e R^2 (adj) a 86,35% do desempenho da CS Modelo 4.3 é de 7,53%. Portanto, isto fortificou ainda mais a selecção do Modelo 4.3. Além disso, o Modelo 4.3 foi ainda mais simplificado e expresso em forma codificada (ver Modelo 4.4).

$$CS(psi) = 1892.94 - 1261.70A + 25.72B - 2.08C + 213.38D + 60.94A^{**2} - 3.90AB + 0.47AC \quad\quad \dots \quad 4.4$$

onde:

CS = CS, psi,

A = Fe2_Con., mg/L,

B = Temp., F,^{0}

C = Pres., psi,

D = Tempo, hrs.

A^{**2} = termo quadrado de Fe2_Con..,

AB = Termos de interacção de Fe2_Con. e Temp..,

AC = Termos de Interacção de Fe2_Con. e Pres..,

^{**2} = elevado ao poder 2

A bondade da adequação dos dados da observação preditiva adequada do modelo CS à observação experimental é apresentada no Quadro 4.8; enquanto que, o Quadro 4.9 mostra o intervalo de previsão (PI): o intervalo em que uma única nova observação, é provável que caia em algumas definições especificadas das variáveis independentes, e o intervalo de confiança (IC) da previsão: que representa o intervalo em que, a resposta média é provável que caia em algumas definições especificadas das variáveis independentes.

Quadro 4.8. A resposta experimental CS e o modelo CS ajustaram-se à resposta.

```
Obs  StdOrder        CS        Fit    SE Fit    Residual   St Resid
  1        43  1005.000    878.519   186.747     126.481      0.30
  2        40   515.000    731.633   186.489    -216.633     -0.52
  3        39  4250.000   3733.716   186.489     516.284      1.24
  4        15  1485.000   1742.853   186.747    -257.853     -0.62
  5        50   820.000    596.342   183.226     223.658      0.53
  6         2   360.000    546.906   248.016    -186.906     -0.49
  7        24  1330.000   1217.389   185.191     112.611      0.27
  8        52  1170.000   1023.092   183.226     146.908      0.35
  9         4   552.000    502.954   246.369      49.046      0.13
 10        22   468.000    604.044   246.369    -136.044     -0.35
 11        48  3770.000   2810.378   246.369     959.622      2.49 R
 12        32  1060.000   1225.627   183.226    -165.627     -0.39
 13         7  1410.000   1652.377   183.226    -242.377     -0.58
 14         3  4505.000   4170.037   246.369     334.963      0.87
 15        35  1435.000   1409.090   185.191      25.910      0.06
 16        37  3200.000   3306.966   186.489    -106.966     -0.26
 17        54  1250.000   1120.241   126.676     129.759      0.30
 18        19  3695.000   3849.414   248.016    -154.414     -0.40
 19        53  1675.000   1644.139   185.191      30.861      0.07
 20        47   450.000     51.580   248.016     398.420      1.04
 21        28  2985.000   2883.990   248.016     101.010      0.26
 22        33  1090.000    982.340   185.191     107.660      0.26
 23        11   395.000    304.883   186.489      90.117      0.22
 24        14   985.000   1121.805   182.860    -136.805     -0.33
 25         9  1255.000   1317.358   126.676     -62.358     -0.14
 26        18  1260.000   1310.686   131.986     -50.686     -0.12
 27        24  1335.000   1217.389   185.191     117.611      0.28
 28        53  1673.000   1644.139   185.191      28.861      0.07
 29        48   470.000   2810.378   246.369   -2340.378     -6.07 R
 30        19  3693.000   3849.414   248.016    -156.414     -0.41
 31         2   365.000    546.906   248.016    -181.906     -0.47
 32        32  1065.000   1225.627   183.226    -160.627     -0.38
 33        28  2986.000   2883.990   248.016     102.010      0.27
 34         7  1414.000   1652.377   183.226    -238.377     -0.57
 35        40   516.000    731.633   186.489    -215.633     -0.52
 36        11   392.000    304.883   186.489      87.117      0.21
 37        43  1008.000    878.519   186.747     129.481      0.31
 38        17  1520.000   1499.566   199.430      20.434      0.05
 39        52  1175.000   1023.092   183.226     151.908      0.36
 40        47   451.000     51.580   248.016     399.420      1.04
 41        50   820.000    596.342   183.226     223.658      0.53
 42        22   468.000    604.044   246.369    -136.044     -0.35
 43         3  4505.000   4170.037   246.369     334.963      0.87
 44        35  1435.000   1409.090   185.191      25.910      0.06
 45        33  1090.000    982.340   185.191     107.660      0.26
 46         4   552.000    502.954   246.369      49.046      0.13
 47        37  3200.000   3306.966   186.489    -106.966     -0.26
 48        15  1485.000   1742.853   186.747    -257.853     -0.62
 49        39  4250.000   3733.716   186.489     516.284      1.24
 50        14   985.000   1121.805   182.860    -136.805     -0.33

R denotes an observation with a large standardized residual.
```

Quadro 4.9.   Resposta prevista para os novos pontos de desenho usando modelo para CS

```
Point      Fit   SE Fit        95% CI                95% PI
    1   688.07  183.033  ( 318.15, 1058.00)  ( -308.12, 1684.26)
    2   541.19  185.717  ( 165.84,  916.54)  ( -457.03, 1539.40)
    3  3543.27  185.717  (3167.92, 3918.62)  ( 2545.05, 4541.49)
    4  1552.41  183.033  (1182.48, 1922.33)  (  556.22, 2548.60)
    5   596.34  183.226  ( 226.03,  966.66)  ( -399.99, 1592.68)
    6   349.79  248.016  (-151.47,  851.05)  ( -702.26, 1401.84)
    7  1217.39  185.191  ( 843.10, 1591.67)  (  219.57, 2215.21)
    8  1023.09  183.226  ( 652.78, 1393.41)  (   26.76, 2019.43)
    9   305.84  246.369  (-192.09,  803.77)  ( -744.63, 1356.31)
   10   604.04  246.369  ( 106.11, 1101.97)  ( -446.43, 1654.51)
   11  2810.38  246.369  (2312.45, 3308.31)  ( 1759.91, 3860.85)
   12  1028.51  183.226  ( 658.20, 1398.82)  (   32.17, 2024.84)
   13  1455.26  183.226  (1084.95, 1825.57)  (  458.92, 2451.59)
   14  3972.92  246.369  (3474.99, 4470.85)  ( 2922.45, 5023.39)
   15  1211.97  185.191  ( 837.69, 1586.26)  (  214.15, 2209.79)
   16  3116.52  185.717  (2741.17, 3491.87)  ( 2118.30, 4114.74)
   17  1120.24  126.676  ( 864.22, 1376.26)  (  160.50, 2079.98)
   18  3849.41  248.016  (3348.15, 4350.67)  ( 2797.36, 4901.47)
   19  1644.14  185.191  (1269.85, 2018.42)  (  646.32, 2641.96)
   20    51.58  248.016  (-449.68,  552.84)  (-1000.47, 1103.63)
   21  2686.87  248.016  (2185.61, 3188.13)  ( 1634.82, 3738.92)
   22   785.22  185.191  ( 410.94, 1159.51)  ( -212.60, 1783.04)
   23   114.44  185.717  (-260.91,  489.79)  ( -883.78, 1112.65)
   24   931.36  185.763  ( 555.92, 1306.80)  (  -66.89, 1929.61)
   25  1120.24  126.676  ( 864.22, 1376.26)  (  160.50, 2079.98)
   26  1120.24  126.676  ( 864.22, 1376.26)  (  160.50, 2079.98)
   27  1217.39  185.191  ( 843.10, 1591.67)  (  219.57, 2215.21)
   28  1644.14  185.191  (1269.85, 2018.42)  (  646.32, 2641.96)
   29  2810.38  246.369  (2312.45, 3308.31)  ( 1759.91, 3860.85)
   30  3849.41  248.016  (3348.15, 4350.67)  ( 2797.36, 4901.47)
   31   349.79  248.016  (-151.47,  851.05)  ( -702.26, 1401.84)
   32  1028.51  183.226  ( 658.20, 1398.82)  (   32.17, 2024.84)
   33  2686.87  248.016  (2185.61, 3188.13)  ( 1634.82, 3738.92)
   34  1455.26  183.226  (1084.95, 1825.57)  (  458.92, 2451.59)
   35   541.19  185.717  ( 165.84,  916.54)  ( -457.03, 1539.40)
   36   114.44  185.717  (-260.91,  489.79)  ( -883.78, 1112.65)
   37   688.07  183.033  ( 318.15, 1058.00)  ( -308.12, 1684.26)
   38  1309.12  189.620  ( 925.88, 1692.36)  (  307.91, 2310.33)
   39  1023.09  183.226  ( 652.78, 1393.41)  (   26.76, 2019.43)
   40    51.58  248.016  (-449.68,  552.84)  (-1000.47, 1103.63)
   41   596.34  183.226  ( 226.03,  966.66)  ( -399.99, 1592.68)
   42   604.04  246.369  ( 106.11, 1101.97)  ( -446.43, 1654.51)
   43  3972.92  246.369  (3474.99, 4470.85)  ( 2922.45, 5023.39)
   44  1211.97  185.191  ( 837.69, 1586.26)  (  214.15, 2209.79)
   45   785.22  185.191  ( 410.94, 1159.51)  ( -212.60, 1783.04)
   46   305.84  246.369  (-192.09,  803.77)  ( -744.63, 1356.31)
   47  3116.52  185.717  (2741.17, 3491.87)  ( 2118.30, 4114.74)
   48  1552.41  183.033  (1182.48, 1922.33)  (  556.22, 2548.60)
   49  3543.27  185.717  (3167.92, 3918.62)  ( 2545.05, 4541.49)
   50   931.36  185.763  ( 555.92, 1306.80)  (  -66.89, 1929.61)
```

CI = intervalo confidencial, e PI = intervalo de predição

4.2.2 Modelo de Superfície de Resposta Desenvolvido para a Resistência à Tensão, versus Concentração de Fe^{2+} , e outras Variáveis Prevalentes Estimuladas, tais como Temperatura, Pressão, e Tempo; e as suas Análises e Discussões.

Neste ponto, os coeficientes de regressão múltiplos estimados, e os resultados da ANOVA para o modelo de superfície de resposta TS provável (Modelo 4.5) são apresentados nas Tabelas 4.10, e 4.11. Estes resultados nas Tabelas 4.10, e 4.11 revelaram que, os detalhes são para o modelo de superfície provável de resposta TS desenvolvido, e é um modelo quadrático completo (linear + quadrados + interacções).

Quadro 4.10. Coeficientes de Regressão Estimados ou Regressores para o Provavelmente Quadrático Completo (Linear + Quadrados + Interacções) Modelo TS.

```
The analysis was done using uncoded units.

Estimated Regression Coefficients for TS

Term                      Coef   SE Coef       T      P
Constant              -1007.62   3730.42  -0.270  0.789
Block 1                   5.83      7.82   0.746  0.461
Block 2                   5.23      7.98   0.654  0.517
Fe2_Con.                -64.70     64.97  -0.996  0.327
Temp.                    -0.60     13.28  -0.045  0.965
Pres.                     1.00      1.47   0.680  0.501
Time                    -38.32    282.83  -0.135  0.893
Fe2_Con.*Fe2_Con.         4.82      1.24   3.876  0.000
Temp.*Temp.               0.01      0.02   0.353  0.727
Pres.*Pres.              -0.00      0.00  -0.888  0.381
Time*Time                 5.71     14.46   0.395  0.695
Fe2_Con.*Temp.           -0.34      0.16  -2.084  0.045
Fe2_Con.*Pres.            0.04      0.02   2.445  0.020
Fe2_Con.*Time            -5.43      4.06  -1.335  0.191
Temp.*Pres.              -0.00      0.00  -0.101  0.920
Temp.*Time               -0.05      0.55  -0.081  0.936
Pres.*Time                0.00      0.06   0.036  0.971


S = 39.1892    PRESS = 114275
R-Sq = 90.22%  R-Sq(pred) = 77.95%  R-Sq(adj) = 85.48%
```

Tabela 4.11.   ANOVA para o provável modelo TS quadrático completo (Linear + Quadrados + Interacções).

```
Analysis of Variance for TS

Source                   DF   Seq SS   Adj SS    Adj MS      F      P
Blocks                    2     3340     3080    1540.2   1.00  0.378
Regression               14   464246   464246   33160.5  21.59  0.000
  Linear                  4   402779     3068     767.1   0.50  0.736
    Fe2_Con.              1   377003     1523    1523.1   0.99  0.327
    Temp.                 1    15623        3       3.1   0.00  0.965
    Pres.                 1     1902      711     710.6   0.46  0.501
    Time                  1     8251       28      28.2   0.02  0.893
  Square                  4    42852    42751   10687.7   6.96  0.000
    Fe2_Con.*Fe2_Con.     1    39327    23069   23069.0  15.02  0.000
    Temp.*Temp.           1      770      191     191.1   0.12  0.727
    Pres.*Pres.           1     2519     1211    1210.8   0.79  0.381
    Time*Time             1      237      240     239.9   0.16  0.695
  Interaction             6    18616    18616    3102.7   2.02  0.091
    Fe2_Con.*Temp.        1     6670     6670    6670.1   4.34  0.045
    Fe2_Con.*Pres.        1     9180     9180    9180.1   5.98  0.020
    Fe2_Con.*Time         1     2738     2738    2738.0   1.78  0.191
    Temp.*Pres.           1       16       16      15.8   0.01  0.920
    Temp.*Time            1       10       10      10.1   0.01  0.936
    Pres.*Time            1        2        2       2.0   0.00  0.971
Residual Error           33    50681    50681    1535.8
  Lack-of-Fit            10    13918    13918    1391.8   0.87  0.572
  Pure Error             23    36763    36763    1598.4
Total                    49   518268
```

Do mesmo modo, os coeficientes de regressão múltiplos estimados, e os resultados da ANOVA respectivamente, apresentados nas Tabelas 4.12, e 4.13 são para o modelo de superfície de resposta TS rastreado, e o modelo aceite (Modelo 4.6), respectivamente. Além disso, os resultados apresentados nas Tabelas 4.12, e 4.13, respectivamente, ilustram que o modelo TS de superfície de resposta adequado estabelecido, é um modelo TS quadrático completo rastreado e aceitável (linear + quadrados + interacções).

$$TS = -1007.62 - 64.70 * Fe2\_Con - 0.60 * Temp + 1.00 * Pres - 38.32 * Time +$$
$$4.82 * Fe2\_Con^{**2} + 0.01 * Temp^{**2} - 0.00 * Pres^{**2} + 5.71 * Time^{**2} -$$
$$0.34 * Fe2\_Con * Temp + 0.04 * Fe2\_Con * Pres - 5.43 * Fe2\_Con * Time -$$
$$0.00 * Temp * Pres - 0.05 * Temp * Time + 0.00 * Pres * Time$$
$$\dots \quad 4.5$$

Tabela 4.12. Estimativa dos coeficientes de regressão para o modelo TS quadrático completo (Linear + Quadrados + Interacções).

The analysis was done using uncoded units.

Estimated Regression Coefficients for TS

```
Term                      Coef  SE Coef        T      P
Constant               165.178  228.375    0.723  0.474
Block 1                  5.639    7.517    0.750  0.458
Block 2                  5.603    7.646    0.733  0.468
Fe2_Con.              -102.786   56.011   -1.835  0.074
Temp.                    2.131    0.620    3.436  0.001
Pres.                   -0.177    0.062   -2.856  0.007
Time                    18.542    7.704    2.407  0.021
Fe2_Con.*Fe2_Con.        4.834    0.920    5.255  0.000
Fe2_Con.*Temp.          -0.339    0.157   -2.164  0.036
Fe2_Con.*Pres.           0.040    0.016    2.539  0.015


S = 37.7399     PRESS = 108289
R-Sq = 89.01%   R-Sq(pred) = 79.11%   R-Sq(adj) = 86.53%
```

Tabela 4.13. ANOVA para o Quadrático Pleno Triado (Linear + Quadrados + Interacções) Modelo TS.

Analysis of Variance for TS

```
Source              DF  Seq SS  Adj SS  Adj MS      F      P
Blocks               2    3340    3188    1594   1.12  0.337
Regression           7  457955  457955   65422  45.93  0.000
  Linear             4  402779   53819   13455   9.45  0.000
    Fe2_Con.         1  377003    4796    4796   3.37  0.074
    Temp.            1   15623   16815   16815  11.81  0.001
    Pres.            1    1902   11618   11618   8.16  0.007
    Time             1    8251    8251    8251   5.79  0.021
  Square             1   39327   39327   39327  27.61  0.000
    Fe2_Con.*Fe2_Con. 1  39327   39327   39327  27.61  0.000
  Interaction        2   15850   15850    7925   5.56  0.007
    Fe2_Con.*Temp.   1    6670    6670    6670   4.68  0.036
    Fe2_Con.*Pres.   1    9180    9180    9180   6.45  0.015
Residual Error      40   56972   56972    1424
  Lack-of-Fit       17   20209   20209    1189   0.74  0.732
  Pure Error        23   36763   36763    1598
Total               49  518268
```

Como resultado, o Modelo 4.6 representa o quadrático completo adequado (linear + quadrados + interacções) modelo TS. A tabela 4.14 foi utilizada para extrair, e resume alguns parâmetros estatísticos salientes das tabelas 4.12 e 4.13. Estes parâmetros estatísticos foram utilizados para a selecção e justificação do modelo adequado, Modelo 4.6.

TS (psi) = 165.18 − 102.786 ∗ Fe2_Con + 2.131 ∗ Temp − 0.177 ∗ Pres + 18.542 ∗
Time + 4.834 ∗ Fe2_Con^{**2} − 0.339 ∗ Fe2_Con ∗ Temp + 0.040 ∗ Fe2_Con ∗
Pres   … 4.6

O modelo 4.6 em forma codificada torna-se,

TS = 165.18 − 102.786A + 2.131B − 0.177C + 18.542D + 4.834A^{**2} − 0.339AB +
0.040AC   … 4.7

onde:

TS = resistência à tracção, psi,

A = Fe2_Con., mg/L,

B = Temp., F,^{0}

C = Pres., psi,

D = Tempo, hrs.

A^{**2} = termo quadrado de Fe2_Con..,

AB = Termos de interacção de Fe2_Con. e Temp..,

AC = Termos de Interacção de Fe2_Con. e Pres..,

^{**2} = elevado ao poder 2

Quadro 4.14.   Análises sobre a adequação dos Modelos TS desenvolvidos.

Modelo No.	Modelo de superfície de resposta	R^2 %	R^2 (adj.) %	R^2 (Pred) %	IMPRE NSA	Desvio padrão σ	Falta de valor p de ajuste	Observações
4.5	Superfície de Resposta Quadrática Completa (Linear + Quadrado + Interacção) Modelo CS	90.22	85.48	77.95	114275	39.19	0.572	Modelo provável para rastreio
4.6	Modelo de Resposta Rastreada Quadrática Total (Linear + Quadrado + Interacção)	89.01	86.53	79.11	108289	37.74	0.732	Adequado Modelo

A adequação é a adequação do modelo aos dados observados. Os parâmetros estatísticos subjacentes ou métricas utilizadas para testar a adequação do Modelo 4.6 foram R^2, R^2 (adj), R^2 (Pred), PRESS, σ, *o valor p* dos termos e preditores, e o *valor* p *do* modelo sem *valor de* ajuste. Outro instrumento utilizado para testar a adequação do Modelo 4.6 são os testes de hipóteses.   No final das aplicações destes testes de adequação, foi desenvolvido o melhor modelo empírico para a superfície de resposta TS, para encaixar e prever as observações experimentais (ou seja, o verdadeiro modelo).

Neste contexto, o modelo provável, Modelo 4.5 foi tecnicamente desqualificado após a aplicação de um método de rastreio de eliminação retrógrado; que qualquer termo com *valor p* acima de 0,05 foi expulso do modelo proposto. Além disso, quando o modelo rastreado, Modelo 4.6 foi comparado com o Modelo 4.5, resultou na desqualificação do Modelo 4.5 devido, aos valores mais baixos observados de R^2 ; R^2 (adj); R^2 (Pred); falta de *valor p*, e os valores mais altos de PRESS; σ (Tabela 4.7).

Para maior clareza, os resultados dos coeficientes de regressão múltiplos estimados pelo Minitab 16, apresentados na Tabela 4.10, destinam-se ao Modelo de desempenho TS 4.5. As análises destes resultados são baseadas nas hipóteses, que se lêem: "Rejeitar o modelo se H_0 *: o valor p do* modelo < 0,05, e aceitar o modelo TS se H_1 : o *valor p do* modelo > 0,05". Por outro lado, a relevância estatística de cada um dos termos do modelo foi testada, ao nível de significância,α = 0,05. Da mesma forma, a leitura é a seguinte: "Rejeitar o termo do modelo, se H_0 *: valor p do* termo > 0,05, e aceitar o termo do modelo TS, se H_1 *: valor p* do termo < 0,05".

Consequentemente, os resultados na Tabela 4.10 revelam que, quase todos os termos quadrados e os seus *valores p* associados são todos acima de 0,05, com excepção do termo quadrado, Fe2_Con*Fe2_Con, que é medido como 0,00; e o termo interactivo Fe2_Con*Pres, que é calculado como 0,02. Além disso, os resultados da Tabela 4.10 identificam que, os *valores p* dos termos lineares e interactivos estão todos acima de 0,05. Portanto, estes termos que instituíram o modelo de desempenho TS do Modelo 4.5 não são estatisticamente significativos na previsão da resposta do TS, com a melhor adequação.

Além disso, estas análises sobre os resultados do Quadro 4.10 sugerem que, no ponto de rastreio, todos os termos quadrados e interactivos, com *valores p* superiores a 0,1, devem ser expurgados do Modelo 4.5. Isto foi realizado com base na declaração de Ye *et al.* (2017). Esta declaração optou que, num determinado modelo, um termo só pode ser completamente declarado estatisticamente não significativo e ser eliminado de um modelo de previsão desenvolvido proposto, se o *valor p* do termo for superior a 0,1. Contudo, a falta de ajuste do *valor p* do Modelo 4.5 (0,572) apresentado nos resultados da ANOVA da Tabela 4.11; mostra que o *valor p de* falta de ajuste (0,572) é superior a 0,05.

Portanto, o Modelo 4.5, como entidade, ainda é relevante na previsão do desempenho TS dos sistemas de bainha de cimento investigados; mas, necessitou da triagem de alguns dos seus termos deficientes. Os resultados do rastreio são apresentados nas Tabelas 4.12, e 4.13. A tabela 4.12 contém os coeficientes de regressão múltiplos estimados para o modelo quadrático completo rastreado. Nestes resultados, os *valores p* gerados dos termos são inferiores a 0,05, excepto o de Fe2_Con, que é superior a 0,05; mas, inferior a 0,1. Mais uma vez, os resultados da Tabela 4.12 explicaram que, o modelo rastreado é estatisticamente significativo e adequado para prever a observação experimental de desempenhos ou respostas de TS ou modelo verdadeiro.

Além disso, os resultados no Quadro 4.12 elucidam que, a *relação linear correlata (*R^2 = 89,01%) entre os preditores e a resposta TS é cerca de 89,01% forte; que o coeficiente previsto de determinação múltipla [R^2 (pred) = 79,11%] para o modelo desenvolvido; ou seja, o modelo *prevê* cerca de 79,11% das observações experimentais TS. Ao mesmo tempo, o coeficiente ajustado de determinação múltipla, [R^2 (adj) = 86,53%] do modelo

TS adequado representa aproximadamente 86,53% de *variância* nos preditores (Fe2_Con, Temp., Pres., e Time).

Mais adiante, foi observado que, o erro padrão mais baixo (s ou $\sigma = 37,74$), e a soma de erros de previsão de quadrados (PRESS = 108289) registados nas Tabelas 4.12 e 4.14. Além disso, na Tabela 4.14, a diferença absoluta calculada entre o R^2 (pred) de 79,11% e o R^2 (adj) de 86,53 (ou seja 7,42%) é inferior a 20% (Nair *et al.*, 2014). De facto, a falta de ajuste do *valor p de* 0,732 nos resultados da ANOVA da Tabela 4.13, fortificou a adequação do Modelo 4.6.

Em relação a estas premissas, foram extraídos os coeficientes de regressão múltiplos estimados no Quadro 4.12 para desenvolver o modelo empírico preditivo da MSE para respostas TS, tal como expresso no Modelo 4.6. A resposta experimental TS e a resposta ajustada ao modelo TS, e a resposta prevista para os novos pontos de concepção utilizando o modelo adequado para TS, são apresentadas a seguir nas Tabelas 4.15, e 4.16, respectivamente.

Tabela 4.15. A resposta experimental TS e o modelo TS de resposta ajustada.

```
Obs  StdOrder       TS       Fit  SE Fit  Residual  St Resid
  1        43   85.000   76.604  15.400     8.396      0.24
  2        40   45.000   60.812  15.379   -15.812     -0.46
  3        39  355.000  311.478  15.379    43.522      1.26
  4        15  125.000  146.187  15.400   -21.187     -0.61
  5        50   70.000   51.616  15.109    18.384      0.53
  6         2   30.000   46.790  20.452   -16.790     -0.53
  7        24  110.000  100.399  15.271     9.601      0.28
  8        52  100.000   88.700  15.109    11.300      0.33
  9         4   40.000   37.822  20.316     2.178      0.07
 10        22   40.000   48.898  20.316    -8.898     -0.28
 11        48  310.000  231.815  20.316    78.185      2.46 R
 12        32   90.000  103.290  15.109   -13.290     -0.38
 13         7  120.000  140.374  15.109   -20.374     -0.59
 14         3  375.000  346.239  20.316    28.761      0.90
 15        35  120.000  119.573  15.271     0.427      0.01
 16        37  265.000  274.395  15.379    -9.395     -0.27
 17        54  105.000   94.549  10.446    10.451      0.29
 18        19  305.000  320.366  20.452   -15.366     -0.48
 19        53  140.000  137.482  15.271     2.518      0.07
 20        47   35.000    1.949  20.452    33.051      1.04
 21        28  250.000  239.707  20.452    10.293      0.32
 22        33   90.000   82.489  15.271     7.511      0.22
 23        11   30.000   23.728  15.379     6.272      0.18
 24        14   85.000   97.405  15.079   -12.405     -0.36
 25         9  105.000  111.432  10.446    -6.432     -0.18
 26        18  110.000  111.395  10.884    -1.395     -0.04
 27        24  115.000  100.399  15.271    14.601      0.42
 28        53  139.000  137.482  15.271     1.518      0.04
 29        48   39.000  231.815  20.316  -192.815     -6.06 R
 30        19  303.000  320.366  20.452   -17.366     -0.55
 31         2   32.000   46.790  20.452   -14.790     -0.47
 32        32   95.000  103.290  15.109    -8.290     -0.24
```

Tabela 4.16. Resposta prevista para os novos pontos de desenho usando modelo para TS

```
Predicted Response for New Design Points Using Model for TS

Point     Fit    SE Fit        95% CI              95% PI
    1   59.758  15.0935  ( 29.252,   90.263)  (-22.392, 141.907)
    2   43.965  15.3148  ( 13.013,   74.918)  (-38.351, 126.282)
    3  294.632  15.3148  (263.680,  325.585)  (212.316, 376.948)
    4  129.341  15.0935  ( 98.836,  159.846)  ( 47.192, 211.490)
    5   51.616  15.1094  ( 21.079,   82.154)  (-30.545, 133.778)
    6   29.908  20.4522  (-11.428,   71.243)  (-56.848, 116.663)
    7  100.399  15.2715  ( 69.534,  131.263)  ( 18.115, 182.682)
    8   88.700  15.1094  ( 58.163,  119.237)  (  6.539, 170.861)
    9   20.940  20.3164  (-20.121,   62.001)  (-65.685, 107.565)
   10   48.898  20.3164  (  7.837,   89.959)  (-37.727, 135.523)
   11  231.815  20.3164  (190.754,  272.876)  (145.190, 318.440)
   12   86.408  15.1094  ( 55.871,  116.945)  (  4.247, 168.569)
   13  123.491  15.1094  ( 92.954,  154.029)  ( 41.330, 205.653)
   14  329.357  20.3164  (288.296,  370.417)  (242.731, 415.982)
   15  102.690  15.2715  ( 71.826,  133.555)  ( 20.407, 184.974)
   16  257.549  15.3148  (226.596,  288.501)  (175.233, 339.865)
   17   94.549  10.4461  ( 73.437,  115.662)  ( 15.406, 173.692)
   18  320.366  20.4522  (279.031,  361.702)  (233.610, 407.122)
   19  137.482  15.2715  (106.617,  168.347)  ( 55.199, 219.765)
   20    1.949  20.4522  (-39.386,   43.285)  (-84.806,  88.705)
   21  222.824  20.4522  (181.489,  264.160)  (136.069, 309.580)
   22   65.607  15.2715  ( 34.742,   96.472)  (-16.676, 147.890)
   23    6.882  15.3148  (-24.070,   37.835)  (-75.434,  89.198)
   24   80.559  15.3186  ( 49.599,  111.519)  ( -1.760, 162.878)
   25   94.549  10.4461  ( 73.437,  115.662)  ( 15.406, 173.692)
   26   94.549  10.4461  ( 73.437,  115.662)  ( 15.406, 173.692)
   27  100.399  15.2715  ( 69.534,  131.263)  ( 18.115, 182.682)
   28  137.482  15.2715  (106.617,  168.347)  ( 55.199, 219.765)
   29  231.815  20.3164  (190.754,  272.876)  (145.190, 318.440)
   30  320.366  20.4522  (279.031,  361.702)  (233.610, 407.122)
```

4.2.3 Resultados sobre os Modelos de Superfície de Resposta desenvolvidos para Porosidade, e Permeabilidade, Versus Concentração de Águas Mistas Ferrosas, e outras Variáveis Prevalentes Estimuladas, tais como Temperatura, Pressão, e Tempo de Cura; e as suas Análises e Discussões.

As tabelas 4.17, e 4.18 apresentam os resultados da análise de regressão múltipla da superfície de resposta realizada no conjunto de dados de PR. Estes resultados nas Tabelas 4.17, e 4.18 foram gerados no pacote de software estatístico Minitab 16, na secção da RSM. Precisamente, a Tabela 4.17 revela os coeficientes de regressão múltipla estimados do modelo provável da superfície de resposta de PR; enquanto a Tabela 4.18 revela os resultados da ANOVA do modelo provável da superfície de resposta de PR. Isto explica que, o modelo provável é um modelo de superfície de resposta de RP quadrática completa (linear + quadrados + interacções) (Modelo 4.8). Apesar destes resultados favoráveis, a adequação deste modelo foi interpretada utilizando as métricas padrão estatísticas de R^2 , R^2 (adj), R^2 (Pred), PRESS, e σ incluindo o *valor p* dos termos, e o *valor p do* modelo provável, com base nas hipóteses subjacentes declaradas na metodologia desta investigação.

Consequentemente, os resultados na Tabela 4.17 mostram que, a relação linear correlata $(R^2 = 91,17\%)$ entre os preditores (Fe^{2+} concentração em água misturada, temperatura, pressão, e tempo usado para curar a bainha de cimento), e a superfície de resposta do desempenho de PR é cerca de 91,17% forte; que o coeficiente previsto de determinação múltipla [R^2 (pred) = 79,97%] para o modelo desenvolvido é 79,97%; o que significa que o modelo prevê cerca de 79,97% das observações experimentais de PR. Além disso, o coeficiente ajustado de determinação múltipla, [R^2 (adj) = 86,89%] do modelo de PR provável representa aproximadamente 86,89% de variância nos preditores (Fe2_Con, Temp., Pres., e Time) no Modelo 4.8. Além disso, observou-se que, o erro padrão (s ou σ) é tão baixo quanto 4.141, e a soma de erros de previsão de quadrados (PRESS) é tão baixo quanto 1284.

Tabela 4.   17Cueficientes de Regressão Estimados   para o Provável Modelo PR Quadrático Completo (Linear + Quadrados + Interacções).

```
Estimated Regression Coefficients for PR

Term                    Coef   SE Coef       T      P
Constant             285.947   394.275   0.725  0.473
Block 1               -1.014     0.826  -1.227  0.228
Block 2               -0.552     0.844  -0.654  0.518
Fe2_Con.               7.077     6.867   1.031  0.310
Temp.                  0.147     1.404   0.105  0.917
Pres.                 -0.210     0.155  -1.350  0.186
Time                  -4.754    29.893  -0.159  0.875
Fe2_Con.*Fe2_Con.      0.768     0.131   5.844  0.000
Temp.*Temp.           -0.001     0.002  -0.305  0.762
Pres.*Pres.            0.000     0.000   1.329  0.193
Time*Time             -0.639     1.528  -0.418  0.678
Fe2_Con.*Temp.         0.030     0.017   1.724  0.094
Fe2_Con.*Pres.        -0.004     0.002  -2.457  0.019
Fe2_Con.*Time         -0.488     0.429  -1.137  0.264
Temp.*Pres.            0.000     0.000   0.244  0.809
Temp.*Time             0.002     0.059   0.030  0.976
Pres.*Time             0.005     0.006   0.842  0.406


S = 4.14198    PRESS = 1284.01
R-Sq = 91.17%  R-Sq(pred) = 79.97%  R-Sq(adj) = 86.89%
```

Quando estas métricas foram analisadas mais aprofundadamente, revelou-se que, a diferença absoluta calculada entre o R^2 (pred) de 79,97% e o R^2 (adj) de 86,89% (ou seja 6,92%) é inferior a 20%, o que está de acordo com o limiar declarado por Nair *et al.* (2014); também, o *valor p de* falta de ajuste do modelo é medido como 0,855 no Quadro 4.18, ou seja, o *valor p de* falta de ajuste do modelo > 0,05, o que está de acordo com a hipótese. De facto, estes resultados analíticos são muito satisfatórios, para aceitar o Modelo 4.8 como o modelo adequado; mas, o *valor de p* dos termos do modelo em ambas as Tabelas (4.17, e 4.18) estão fora do intervalo de 0,05 a 0,1 (Ye *et al.*, 2017); excepto, os termos do modelo Fe2_Con*Fe2_Con (A*A), e Fe2_Con*Pres. (A*C). Daí, a desqualificação do Modelo 4.8 como o modelo adequado.

Tabela 4.18. ANOVA para o provável modelo PR de quadrática completa (Linear + Quadrados + Interacções).

```
Analysis of Variance for PR

Source                DF   Seq SS    Adj SS    Adj MS       F      P
Blocks                 2    64.93     63.92    31.959    1.86   0.171
Regression            14  5780.77   5780.77   412.912   24.07   0.000
  Linear               4  4567.19     75.91    18.977    1.11   0.370
    Fe2_Con.           1  4350.79     18.22    18.222    1.06   0.310
    Temp.              1   133.56      0.19     0.188    0.01   0.917
    Pres.              1    34.92     31.25    31.250    1.82   0.186
    Time               1    47.92      0.43     0.434    0.03   0.875
  Square               4  1023.65   1018.98   254.746   14.85   0.000
    Fe2_Con.*Fe2_Con.  1   952.47    585.84   585.840   34.15   0.000
    Temp.*Temp.        1    12.51      1.59     1.594    0.09   0.762
    Pres.*Pres.        1    55.76     30.31    30.312    1.77   0.193
    Time*Time          1     2.91      3.00     3.005    0.18   0.678
  Interaction          6   189.94    189.94    31.657    1.85   0.120
    Fe2_Con.*Temp.     1    50.97     50.97    50.967    2.97   0.094
    Fe2_Con.*Pres.     1   103.59    103.59   103.589    6.04   0.019
    Fe2_Con.*Time      1    22.19     22.19    22.193    1.29   0.264
    Temp.*Pres.        1     1.02      1.02     1.019    0.06   0.809
    Temp.*Time         1     0.02      0.02     0.016    0.00   0.976
    Pres.*Time         1    12.16     12.16    12.157    0.71   0.406
Residual Error        33   566.15    566.15    17.156
  Lack-of-Fit         10   105.21    105.21    10.521    0.52   0.855
  Pure Error          23   460.94    460.94    20.041
Total                 49  6411.85
```

$$PR = 285.947 + 7.077 * Fe2\_Con + 0.147 * Temp - 0.210 * Pres - 4.754 * Time +$$
$$0.768 * Fe2\_Con^{**2} - 0.001 * Temp^{**2} + 0.000 * Pres^{**2} - 0.639 * Time^{**2} +$$
$$0.030 * Fe2\_Con * Temp - 0.004 * Fe2\_Con * Pres - 0.488 * Fe2\_Con *$$
$$Time + 0.000 * Temp * Pres + 0.002 * Temp * Time + 0.005 * Pres * Time$$
$$\dots \ 4.8$$

Neste ponto, os termos do Modelo 4.8, com *valor* p fora do intervalo de 0,05 a 0,1, foram

declarados estatisticamente não significativos para o Modelo 4.8; e tais termos foram

eliminados ou analisados do Modelo 4.8, utilizando o método de eliminação retrógrado.

Além disso, a existência de tais termos no modelo provocará um sobreajustamento ou

subajustamento dos dados observados. Após a eliminação dos termos que não eram

estatisticamente significativos para o Modelo 4.8, outros conjuntos de coeficientes de

regressão múltiplos estimados, e resultados de ANOVA para o modelo adequado de

superfície de resposta de RP, foram apresentados respectivamente na Tabela 4.19 e 4.20.

Ao mesmo tempo, o modelo adequado da superfície de resposta de RP é apresentado no

Modelo 4.9. As respostas adequadas deste modelo em relação às observações

experimentais, e as respostas previstas para os novos pontos de concepção são

apresentadas nas Tabelas 4.21, e 4.22, respectivamente.

Por exemplo, o Modelo 4.9 demonstra que, na observação experimental 4, o PR observado é medido como 30,650% enquanto o PR ajustado ou previsto é registado como 29,093% com um ajuste de erro quadrático (SE) de cerca de 1,714 (Tabela 4.21). Da mesma forma, o Modelo 4.9 evidenciou que, no ponto de concepção 4, o novo PR ajustado é 31,3101% com um SE de 1,68023. O novo PR de 31,3101% encaixado cai perfeitamente no intervalo de confiança (IC) de 95% de 24,8207 a 34,7034%, e o intervalo previsto (PI) de 22,1720 a 40,4481% (Tabela 4.22). Com base nas métricas utilizadas para avaliar a adequação do Modelo 4.9, os resultados apresentados nas Tabelas 4.21, e 4.22 demonstraram que, todos os termos são estatisticamente significativos para o modelo adequado de desempenho de RP do Modelo 4.9.

Além disso, os resultados mostram que, o termo quadrado de Fe2_Con*Fe2_Con (A*A) na curvatura, é o termo estatisticamente mais significativo ou influente no sistema de bainha de cimento investigado para o desempenho de RP. Além disso, o Fe^{2+} interage fortemente com a pressão na presença de temperatura, e o tempo para desestabilizar o PR dos sistemas de bainha de cimento investigados. Portanto, as métricas acima mencionadas utilizadas para a análise e selecção do Modelo de RP adequado 4.9; revelaram a justiça, responsabilidade e transparência dos procedimentos utilizados para a selecção do Modelo de RP adequado 4.9.

Tabela 4. 19Cueficientes de Regressão Estimados para o Modelo PR de Quadrática Plena Triada (Linear + Quadrados + Interacções).

The analysis was done using uncoded units.

Estimated Regression Coefficients for PR

```
Term                      Coef    SE Coef        T      P
Constant              -37.7522    21.6245   -1.746  0.088
Block 1                -0.9810     0.8368   -1.172  0.248
Block 2                -0.6179     0.8512   -0.726  0.472
Fe2_Con.               10.4258     4.8487    2.150  0.037
Temp.                   0.0908     0.0351    2.584  0.013
Pres.                   0.0185     0.0069    2.685  0.010
Time                   -1.4130     0.8576   -1.648  0.107
Fe2_Con.*Fe2_Con.       0.7523     0.1024    7.346  0.000
Fe2_Con.*Pres.         -0.0042     0.0017   -2.423  0.020
```

```
S = 4.20127    PRESS = 1331.27
R-Sq = 88.71%  R-Sq(pred) = 79.24%  R-Sq(adj) = 86.51%
```

Tabela 4.20 ANOVA para o Modelo PR de Quadrática Plena Triada (Linear + Quadrados + Interacções).

Analysis of Variance for PR

```
Source               DF    Seq SS    Adj SS    Adj MS       F      P
Blocks                2     64.93     65.88     32.94    1.87  0.168
Regression            6   5623.24   5623.24    937.21   53.10  0.000
  Linear              4   4567.19    287.91     71.98    4.08  0.007
    Fe2_Con.          1   4350.79     81.61     81.61    4.62  0.037
    Temp.             1    133.56    117.86    117.86    6.68  0.013
    Pres.             1     34.92    127.24    127.24    7.21  0.010
    Time              1     47.92     47.92     47.92    2.71  0.107
  Square              1    952.47    952.47    952.47   53.96  0.000
    Fe2_Con.*Fe2_Con. 1    952.47    952.47    952.47   53.96  0.000
  Interaction         1    103.59    103.59    103.59    5.87  0.020
    Fe2_Con.*Pres.    1    103.59    103.59    103.59    5.87  0.020
Residual Error       41    723.68    723.68     17.65
  Lack-of-Fit        18    262.74    262.74     14.60    0.73  0.752
  Pure Error         23    460.94    460.94     20.04
Total                49   6411.85
```

$$PR = -37.7522 + 10.4258 * Fe2\_Con + 0.0908 * Temp + 0.0185 * Pres - 1.4130 * Time + 0.7523 * Fe2\_Con^{**2} - 0.0042 * Fe2\_Con * Pres \quad \dots 4.9$$

Tabela 4.21 A resposta experimental de PR e a resposta ajustada ao modelo de PR.

```
Obs  StdOrder      PR      Fit   SE Fit   Residual   St Resid
  1        43   26.258   26.623   1.714     -0.366     -0.10
  2        40   47.249   48.657   1.712     -1.407     -0.37
  3        39   20.603   21.728   1.712     -1.125     -0.29
  4        15   30.650   29.093   1.714      1.556      0.41
  5        50   27.811   29.218   1.682     -1.406     -0.37
  6         2   44.003   47.436   1.726     -3.433     -0.90
  7        24   31.730   33.758   1.700     -2.029     -0.53
  8        52   25.650   26.392   1.682     -0.742     -0.19
  9         4   54.863   51.977   1.706      2.886      0.75
 10        22   51.543   49.723   2.262      1.819      0.51
 11        48   20.355   29.992   2.262     -9.636     -2.72 R
 12        32   31.108   27.873   1.682      3.236      0.84
 13         7   26.745   25.047   1.682      1.698      0.44
 14         3   22.198   25.049   1.706     -2.851     -0.74
 15        35   28.500   27.117   1.700      1.383      0.36
 16        37   21.129   24.554   1.712     -3.426     -0.89
 17        54   30.054   30.075   1.163     -0.021     -0.01
 18        19   21.742   20.725   2.277      1.018      0.29
 19        53   29.595   30.932   1.700     -1.337     -0.35
 20        47   52.380   54.850   2.277     -2.470     -0.70
 21        28   20.939   20.508   1.726      0.432      0.11
 22        33   28.433   29.943   1.700     -1.511     -0.39
 23        11   54.288   51.483   1.712      2.805      0.73
 24        14   27.204   24.553   1.679      2.651      0.69
 25         9   27.825   27.495   1.163      0.330      0.08
 26        18   26.070   27.858   1.212     -1.788     -0.44
 27        24   30.730   33.758   1.700     -3.029     -0.79
 28        53   28.595   30.932   1.700     -2.337     -0.61
 29        48   50.542   29.992   2.262     20.551      5.80 R
 30        19   22.742   20.725   2.277      2.018      0.57
 31         2   43.003   47.436   1.726     -4.433     -1.16
 32        32   30.108   27.873   1.682      2.236      0.58
 33        28   20.929   20.508   1.726      0.422      0.11
 34         7   24.745   25.047   1.682     -0.302     -0.08
 35        40   47.050   48.657   1.712     -1.607     -0.42
 36        11   54.388   51.483   1.712      2.905      0.76
 37        43   27.258   26.623   1.714      0.634      0.17
 38        17   30.675   31.164   1.831     -0.489     -0.13
 39        52   25.350   26.392   1.682     -1.042     -0.27
 40        47   53.080   54.850   2.277     -1.770     -0.50
 41        50   27.811   29.218   1.682     -1.406     -0.37
 42        22   51.543   49.723   2.262      1.819      0.51
 43         3   22.198   25.049   1.706     -2.851     -0.74
 44        35   28.500   27.117   1.700      1.383      0.36
 45        33   28.433   29.943   1.700     -1.511     -0.39
 46         4   54.863   51.977   1.706      2.886      0.75
 47        37   21.129   24.554   1.712     -3.426     -0.89
 48        15   30.650   29.093   1.714      1.556      0.41
 49        39   20.603   21.728   1.712     -1.125     -0.29
 50        14   27.204   24.553   1.679      2.651      0.69

R denotes an observation with a large standardized residual.
```

Tabela 4. 22Resposta prevista   para os novos pontos de desenho usando o modelo

PR

Predicted Response for New Design Points Using Model for PR

Point	Fit	SE Fit	95% CI	95% PI
1	28.8398	1.68023	(25.4465, 32.2331)	(19.7017, 37.9778)
2	50.8735	1.70487	(47.4304, 54.3166)	(41.7169, 60.0301)
3	23.9452	1.70487	(20.5022, 27.3883)	(14.7886, 33.1018)
4	31.3101	1.68023	(27.9168, 34.7034)	(22.1720, 40.4481)
5	29.2176	1.68201	(25.8207, 32.6144)	(20.0782, 38.3569)
6	50.0161	1.72551	(46.5314, 53.5009)	(40.8438, 59.1885)
7	33.7582	1.70004	(30.3249, 37.1915)	(24.6052, 42.9112)
8	26.3916	1.68201	(22.9947, 29.7885)	(17.2523, 35.5310)
9	54.5568	1.70550	(51.1125, 58.0011)	(45.3997, 63.7139)
10	49.7232	2.26165	(45.1557, 54.2907)	(40.0873, 59.3592)
11	29.9918	2.26165	(25.4243, 34.5593)	(20.3558, 39.6277)
12	30.4527	1.68201	(27.0558, 33.8496)	(21.3134, 39.5921)
13	27.6268	1.68201	(24.2299, 31.0237)	(18.4874, 36.7661)
14	27.6285	1.70550	(24.1842, 31.0728)	(18.4714, 36.7856)
15	29.6971	1.70004	(26.2638, 33.1304)	(20.5441, 38.8501)
16	26.7712	1.70487	(23.3281, 30.2142)	(17.6145, 35.9278)
17	30.0749	1.16288	(27.7264, 32.4234)	(21.2712, 38.8786)
18	20.7246	2.27678	(16.1266, 25.3227)	(11.0742, 30.3751)
19	30.9323	1.70004	(27.4990, 34.3656)	(21.7793, 40.0852)
20	54.8497	2.27678	(50.2517, 59.4478)	(45.1993, 64.5002)
21	23.0879	1.72551	(19.6031, 26.5726)	(13.9155, 32.2602)
22	32.5230	1.70004	(29.0897, 35.9564)	(23.3701, 41.6760)
23	53.6994	1.70487	(50.2564, 57.1425)	(44.5428, 62.8561)
24	26.7694	1.70529	(23.3255, 30.2133)	(17.6125, 35.9264)
25	30.0749	1.16288	(27.7264, 32.4234)	(21.2712, 38.8786)
26	30.0749	1.16288	(27.7264, 32.4234)	(21.2712, 38.8786)
27	33.7582	1.70004	(30.3249, 37.1915)	(24.6052, 42.9112)
28	30.9323	1.70004	(27.4990, 34.3656)	(21.7793, 40.0852)
29	29.9918	2.26165	(25.4243, 34.5593)	(20.3558, 39.6277)
30	20.7246	2.27678	(16.1266, 25.3227)	(11.0742, 30.3751)
31	50.0161	1.72551	(46.5314, 53.5009)	(40.8438, 59.1885)
32	30.4527	1.68201	(27.0558, 33.8496)	(21.3134, 39.5921)
33	23.0879	1.72551	(19.6031, 26.5726)	(13.9155, 32.2602)
34	27.6268	1.68201	(24.2299, 31.0237)	(18.4874, 36.7661)
35	50.8735	1.70487	(47.4304, 54.3166)	(41.7169, 60.0301)
36	53.6994	1.70487	(50.2564, 57.1425)	(44.5428, 62.8561)
37	28.8398	1.68023	(25.4465, 32.2331)	(19.7017, 37.9778)
38	33.3804	1.74070	(29.8650, 36.8958)	(24.1963, 42.5645)
39	26.3916	1.68201	(22.9947, 29.7885)	(17.2523, 35.5310)
40	54.8497	2.27678	(50.2517, 59.4478)	(45.1993, 64.5002)
41	29.2176	1.68201	(25.8207, 32.6144)	(20.0782, 38.3569)
42	49.7232	2.26165	(45.1557, 54.2907)	(40.0873, 59.3592)
43	27.6285	1.70550	(24.1842, 31.0728)	(18.4714, 36.7856)
44	29.6971	1.70004	(26.2638, 33.1304)	(20.5441, 38.8501)
45	32.5230	1.70004	(29.0897, 35.9564)	(23.3701, 41.6760)
46	54.5568	1.70550	(51.1125, 58.0011)	(45.3997, 63.7139)
47	26.7712	1.70487	(23.3281, 30.2142)	(17.6145, 35.9278)
48	31.3101	1.68023	(27.9168, 34.7034)	(22.1720, 40.4481)
49	23.9452	1.70487	(20.5022, 27.3883)	(14.7886, 33.1018)
50	26.7694	1.70529	(23.3255, 30.2133)	(17.6125, 35.9264)

Tabela 4. 23Coeficientes de Regressão Estimados   para   o   Provavelmente Quadrático Completo (Linear + Quadrados + Interacções) Modelo PM.

```
The analysis was done using uncoded units.

Estimated Regression Coefficients for PM

Term                      Coef  SE Coef        T       P
Constant               2.25205  5.63045    0.400   0.692
Block 1               -0.01370  0.01180   -1.161   0.254
Block 2               -0.00256  0.01205   -0.213   0.833
Fe2_Con.               0.14332  0.09806    1.461   0.153
Temp.                  0.00408  0.02005    0.204   0.840
Pres.                 -0.00206  0.00222   -0.928   0.360
Time                  -0.03493  0.42688   -0.082   0.935
Fe2_Con.*Fe2_Con.      0.00586  0.00188    3.125   0.004
Temp.*Temp.           -0.00001  0.00004   -0.271   0.788
Pres.*Pres.            0.00000  0.00000    0.984   0.332
Time*Time             -0.00712  0.02182   -0.326   0.746
Fe2_Con.*Temp.         0.00031  0.00025    1.259   0.217
Fe2_Con.*Pres.        -0.00005  0.00002   -2.169   0.037
Fe2_Con.*Time         -0.00732  0.00613   -1.194   0.241
Temp.*Pres.            0.00000  0.00000    0.054   0.957
Temp.*Time            -0.00004  0.00084   -0.048   0.962
Pres.*Time             0.00006  0.00008    0.662   0.513


S = 0.0591496  PRESS = 0.261819
R-Sq = 89.55%  R-Sq(pred) = 76.30%  R-Sq(adj) = 84.48%
```

$$PM = 2.25205 + 0.14332 * Fe2\_Con + 0.00408 * Temp - 0.00206 * Pres - 0.03493 * Time + 0.00586 * Fe2\_Con^{**2} - 0.00001 * Temp^{**2} + 0.00000 * Pres^{**2} - 0.00712 * Time^{**2} + 0.00031 * Fe2\_Con * Temp - 0.00005 * Fe2\_Con * Pres - 0.00732 * Fe2\_Con * Time + 0.00000 * Temp * Pres - 0.00004 * Temp * Time + 0.00006 * Pres * Time$$

$$\ldots \quad 4.10$$

O Quadro 4.23 revela os coeficientes de regressão múltiplos estimados do modelo provável da superfície de resposta PM; enquanto que, o Modelo 4.10 mostra o modelo provável da superfície de resposta PM e os seus coeficientes derivados do Quadro 4.23. Além disso, as métricas padrão estatísticas do Quadro 4.23 confirmam que, o R^2 , R^2 (adj), R^2 (Pred), PRESS, e σ são estatisticamente significativos para o modelo proposto; excepto, o *p-valor* dos termos. Os termos com *valor p* inferior a 0,05 que podem ser retidos são o Fe2_Con*Fe2_Con (A*A), e Fe2_Con*Pres. (A*C). Isto sugere que, o Modelo 4.10 é inadequado para prever as verdadeiras respostas do PM para os sistemas de bainha de cimento investigados.

Não obstante, a falta de ajuste do *valor p* (0,736) do modelo provável foi superior a 0,05

(na ANOVA da Tabela 4.24). Como resultado, os termos estatisticamente não

significativos no Modelo 4.10 foram eliminados, e os resultados resultantes do modelo

PM adequado são apresentados nas Tabelas 4.25 e 4.26.

Tabela 4.24ANOVA para o provável Quadrático Completo (Linear + Quadrados + Interacções) Modelo PM.

```
Analysis of Variance for PM

Source                  DF   Seq SS    Adj SS    Adj MS      F      P
Blocks                   2   0.00800   0.007788  0.003894   1.11   0.341
Regression              14   0.98148   0.981477  0.070106  20.04   0.000
  Linear                 4   0.88950   0.014271  0.003568   1.02   0.411
    Fe2_Con.             1   0.85198   0.007473  0.007473   2.14   0.153
    Temp.                1   0.01750   0.000145  0.000145   0.04   0.840
    Pres.                1   0.01360   0.003013  0.003013   0.86   0.360
    Time                 1   0.00642   0.000023  0.000023   0.01   0.935
  Square                 4   0.06343   0.063291  0.015823   4.52   0.005
    Fe2_Con.*Fe2_Con.    1   0.05505   0.034176  0.034176   9.77   0.004
    Temp.*Temp.          1   0.00160   0.000257  0.000257   0.07   0.788
    Pres.*Pres.          1   0.00642   0.003385  0.003385   0.97   0.332
    Time*Time            1   0.00037   0.000372  0.000372   0.11   0.746
  Interaction            6   0.02855   0.028547  0.004758   1.36   0.260
    Fe2_Con.*Temp.       1   0.00555   0.005550  0.005550   1.59   0.217
    Fe2_Con.*Pres.       1   0.01646   0.016463  0.016463   4.71   0.037
    Fe2_Con.*Time        1   0.00498   0.004984  0.004984   1.42   0.241
    Temp.*Pres.          1   0.00001   0.000010  0.000010   0.00   0.957
    Temp.*Time           1   0.00001   0.000008  0.000008   0.00   0.962
    Pres.*Time           1   0.00153   0.001532  0.001532   0.44   0.513
Residual Error          33   0.11546   0.115456  0.003499
  Lack-of-Fit           10   0.02618   0.026184  0.002618   0.67   0.736
  Pure Error            23   0.08927   0.089273  0.003881
Total                   49   1.10494
```

Tabela 4. 25Cueficientes de Regressão Estimados para o Quadrático Pleno Triado (Linear + Quadrados + Interacções) Modelo PM.

```
The analysis was done using uncoded units.

Estimated Regression Coefficients for PM

Term                    Coef    SE Coef       T       P
Constant            -0.704468  0.296364   -2.377   0.022
Block 1             -0.013422  0.011469   -1.170   0.249
Block 2             -0.003116  0.011665   -0.267   0.791
Fe2_Con.             0.162586  0.066451    2.447   0.019
Temp.                0.001089  0.000482    2.262   0.029
Pres.                0.000273  0.000095    2.884   0.006
Time                -0.016351  0.011753   -1.391   0.172
Fe2_Con.*Fe2_Con.    0.005719  0.001403    4.075   0.000
Fe2_Con.*Pres.      -0.000053  0.000024   -2.228   0.031


S = 0.0575784  PRESS = 0.249760
R-Sq = 87.70%  R-Sq(pred) = 77.40%  R-Sq(adj) = 85.30%
```

$$PM = -0.704468 + 0.162586 * Fe2\_Con + 0.001089 * Temp + 0.000273 * Pres -$$
$$0.016351 * Time + 0.005719 * Fe2\_Con^{**2} - 0.000053 * Fe2\_Con * Pres$$
$$\dots \quad 4.11$$

Como resultado, à eliminação de termos que eram estatisticamente não significativos para o Modelo 4.10; isto deu os resultados apresentados nas Tabelas 4.25 e 4.26. Os resultados da Tabela 4.25 são os coeficientes de regressão múltiplos estimados para o modelo adequado de superfície de resposta a PM; enquanto que os resultados da Tabela 4.26 são os resultados de ANOVA avaliados para o modelo adequado de superfície de resposta a PM. O modelo adequado da superfície de resposta a PM resultante é apresentado no Modelo 4.11. Além disso, os resultados no Quadro 4.25 mostram que, a relação linear correlata, R^2 entre os preditores e a superfície de resposta do desempenho de impermeabilidade é robustamente cerca de 87,70%; e o coeficiente previsto de determinação múltipla, R^2 (pred) para o modelo desenvolvido é de 77,40%; o que significa que o modelo PM prevê cerca de 77,40%; das observações experimentais de PM. O coeficiente ajustado de determinação múltipla, R^2 (adj.) do modelo de PM rastreado, bem como interpreta cerca de 85,30% de variância nos preditores do modelo adequado, Modelo 4.11. Da mesma forma, foi observado que, o erro padrão (s ou σ) é tão baixo quanto 0,0575784, e a soma dos erros de previsão dos quadrados (PRESS) é tão baixo quanto 0,249760.

Após a análise destas métricas suplementares, descobriu-se que, a diferença absoluta calculada entre o R^2 (pred) de 77,40% e o R^2 (adj) de 85,30% é de aproximadamente 7,9%, o que é inferior a 20%. Isto está em linha com o limiar recomendado por Nair *et al.* (2014). Do mesmo modo, no Quadro 4.26, a falta de ajuste do *valor p* do modelo é medida como 0,807. Em comparação, esta falta de ajuste do *valor de p* deste modelo é superior a 0,05, e está em conformidade com a hipótese, para a selecção deste modelo. Ao mesmo tempo, o *p-valor* do termo Tempo foi observado estatisticamente não significativo para o Modelo 4.11. Isto explica que, o PM investigado foi insignificantemente influenciado pelo tempo de cura; mas, fortemente influenciado pelas interacções de Fe^{2+} presentes na mistura-água. No entanto, o tempo preditor ainda foi adoptado, devido à importância do tempo de cura numa situação ideal.

Tabela 4.26ANOVA para o Quadrático Pleno Triado (Linear + Quadrados + Interacções) Modelo PM.

```
Analysis of Variance for PM

Source                DF   Seq SS    Adj SS    Adj MS      F      P
Blocks                 2   0.00800   0.007866  0.003933   1.19   0.316
Regression             6   0.96101   0.961008  0.160168  48.31   0.000
  Linear               4   0.88950   0.049945  0.012486   3.77   0.011
    Fe2_Con.           1   0.85198   0.019846  0.019846   5.99   0.019
    Temp.              1   0.01750   0.016959  0.016959   5.12   0.029
    Pres.              1   0.01360   0.027579  0.027579   8.32   0.006
    Time               1   0.00642   0.006416  0.006416   1.94   0.172
  Square               1   0.05505   0.055048  0.055048  16.60   0.000
    Fe2_Con.*Fe2_Con.  1   0.05505   0.055048  0.055048  16.60   0.000
  Interaction          1   0.01646   0.016463  0.016463   4.97   0.031
    Fe2_Con.*Pres.     1   0.01646   0.016463  0.016463   4.97   0.031
Residual Error        41   0.13593   0.135926  0.003315
  Lack-of-Fit         18   0.04665   0.046654  0.002592   0.67   0.807
  Pure Error          23   0.08927   0.089273  0.003881
Total                 49   1.10494
```

No que diz respeito à eficácia do Modelo 4.11, os resultados do Modelo 4.11 são apresentados nas Tabelas 4.27, e 4.28. Vividamente, a Tabela 4.27 mostra os resultados da resposta experimental de PM e as respostas do modelo de PM; enquanto que a Tabela 4.28 mostra os resultados da resposta prevista de PM para os novos pontos de concepção. Por exemplo, o Modelo 4.11 valida que, na observação experimental 10, a PM experimentalmente observada é medida como 0,564, enquanto que o modelo montado ou

previsto de PM é estimado em 0,547, com um ajuste de erro quadrado (SE) de 0,031

(Tabela 4.27). Do mesmo modo, o Modelo 4.11 evidenciou que, no ponto de concepção

10, a nova PM instalada é 0,547399 com um SE de 0,0309960. A nova PM de 0,547399

encaixada cai impecavelmente nos 95% CI de 0,484801 a 0,609997, e o PI de 0,415339

a 0,679459 (Tabela 4.28).

Tabela 4.27A resposta experimental PM e a resposta ajustada ao modelo PM.

Obs	StdOrder	PM	Fit	SE Fit	Residual	St Resid	
1	43	0.281	0.291	0.023	-0.010	-0.18	
2	40	0.517	0.534	0.023	-0.017	-0.33	
3	39	0.140	0.157	0.023	-0.017	-0.32	
4	15	0.327	0.300	0.023	0.027	0.51	
5	50	0.282	0.304	0.023	-0.022	-0.41	
6	2	0.484	0.513	0.024	-0.029	-0.55	
7	24	0.338	0.359	0.023	-0.020	-0.39	
8	52	0.274	0.271	0.023	0.002	0.04	
9	4	0.600	0.567	0.023	0.033	0.62	
10	22	0.564	0.547	0.031	0.017	0.34	
11	48	0.139	0.261	0.031	-0.122	-2.51	R
12	32	0.316	0.279	0.023	0.038	0.71	
13	7	0.285	0.246	0.023	0.039	0.74	
14	3	0.151	0.190	0.023	-0.039	-0.74	
15	35	0.304	0.292	0.023	0.012	0.24	
16	37	0.145	0.190	0.023	-0.045	-0.86	
17	54	0.305	0.315	0.016	-0.010	-0.18	
18	19	0.141	0.125	0.031	0.016	0.33	
19	53	0.316	0.326	0.023	-0.010	-0.20	
20	47	0.545	0.592	0.031	-0.048	-0.99	
21	28	0.135	0.136	0.024	-0.000	-0.01	
22	33	0.305	0.324	0.023	-0.020	-0.37	
23	11	0.566	0.567	0.023	-0.001	-0.02	
24	14	0.275	0.245	0.023	0.029	0.56	
25	9	0.297	0.285	0.016	0.012	0.21	
26	18	0.280	0.295	0.017	-0.015	-0.28	
27	24	0.318	0.359	0.023	-0.040	-0.77	
28	53	0.306	0.326	0.023	-0.020	-0.39	
29	48	0.544	0.261	0.031	0.283	5.83	R
30	19	0.151	0.125	0.031	0.026	0.54	
31	2	0.474	0.513	0.024	-0.039	-0.74	

Quadro 4.   28Resposta prevista   para os novos pontos de desenho utilizando o
            modelo PM

Predicted Response for New Design Points Using Model for PM

Point	Fit	SE Fit	95% CI	95% PI
1	0.310617	0.0230276	(0.264112, 0.357122)	(0.185380, 0.435854)
2	0.553561	0.0233653	(0.506373, 0.600748)	(0.428069, 0.679052)
3	0.176736	0.0233653	(0.129549, 0.223923)	(0.051244, 0.302228)
4	0.319380	0.0230276	(0.272875, 0.365885)	(0.194143, 0.444617)
5	0.304116	0.0230519	(0.257562, 0.350670)	(0.178861, 0.429371)
6	0.542678	0.0236481	(0.494920, 0.590437)	(0.416971, 0.668386)
7	0.358583	0.0232991	(0.311529, 0.405636)	(0.233141, 0.484024)
8	0.271414	0.0230519	(0.224860, 0.317969)	(0.146159, 0.396669)
9	0.597145	0.0233739	(0.549940, 0.644349)	(0.471647, 0.722643)
10	0.547399	0.0309960	(0.484801, 0.609997)	(0.415339, 0.679459)
11	0.261303	0.0309960	(0.198705, 0.323900)	(0.129242, 0.393363)
12	0.308498	0.0230519	(0.261944, 0.355052)	(0.183243, 0.433753)
13	0.275796	0.0230519	(0.229242, 0.322350)	(0.150541, 0.401051)
14	0.220320	0.0233739	(0.173116, 0.267525)	(0.094822, 0.345818)
15	0.321499	0.0232991	(0.274446, 0.368553)	(0.196058, 0.446941)
16	0.209438	0.0233653	(0.162251, 0.256625)	(0.083946, 0.334929)
17	0.314999	0.0159373	(0.282813, 0.347185)	(0.194344, 0.435653)
18	0.124871	0.0312032	(0.061855, 0.187887)	(-0.007388, 0.257130)
19	0.325881	0.0232991	(0.278827, 0.372934)	(0.200440, 0.451322)
20	0.592424	0.0312032	(0.529408, 0.655440)	(0.460165, 0.724683)
21	0.165854	0.0236481	(0.118095, 0.213612)	(0.040146, 0.291561)
22	0.354201	0.0232991	(0.307148, 0.401255)	(0.228760, 0.479643)
23	0.586262	0.0233653	(0.539075, 0.633450)	(0.460771, 0.711754)
24	0.264914	0.0233710	(0.217715, 0.312112)	(0.139418, 0.390410)
25	0.314999	0.0159373	(0.282813, 0.347185)	(0.194344, 0.435653)
26	0.314999	0.0159373	(0.282813, 0.347185)	(0.194344, 0.435653)
27	0.358583	0.0232991	(0.311529, 0.405636)	(0.233141, 0.484024)
28	0.325881	0.0232991	(0.278827, 0.372934)	(0.200440, 0.451322)
29	0.261303	0.0309960	(0.198705, 0.323900)	(0.129242, 0.393363)
30	0.124871	0.0312032	(0.061855, 0.187887)	(-0.007388, 0.257130)
31	0.542678	0.0236481	(0.494920, 0.590437)	(0.416971, 0.668386)

4.3 OPTIMIZAÇÃO

4.3.1 Optimização das respostas de força compressiva

Com base nos resultados do Modelo de desempenho CS 4.3, o Fe2_Con influencia

significativamente o desenvolvimento CS de sistemas de bainhas de cimento, o que ilustra

que o Fe2_Con elevado em água misturada diminui o desenvolvimento CS de sistemas

de bainhas de cimento. Além disso, as respostas previstas para os novos pontos de

concepção usando o modelo CS indicam que a definição dos preditores deu a resposta CS

máxima de 3972,92psi (Tabela 4.9, ponto 14). Como resultado, o Modelo 4.3 optimizado

para atingir o objectivo máximo de resposta CS entre 1500 e 6000psi no peso 1 e

importância 1, de acordo com a configuração na Figura 4.37.

O processo de optimização foi iterado utilizando a configuração dos preditores Fe2_Con

(0,00 a 6,82mg/L), Temp. (200 a 250^0 F), Pres. (2500 a 3000psi), e Time (6 a 8hrs) no

Minitab 16 arrastando as linhas verticais avermelhadas para a frente ou para trás sob cada

um dos painéis do preditor (Figura 4.38). A tabela 4.29 ilustra o resultado optimizado do

Modelo 4.3.

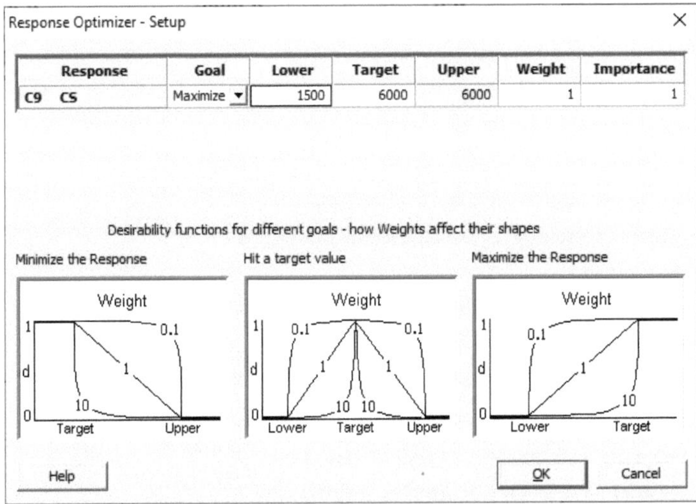

Figura 4.37. Minitab 16 optimizador para a resposta da CS.

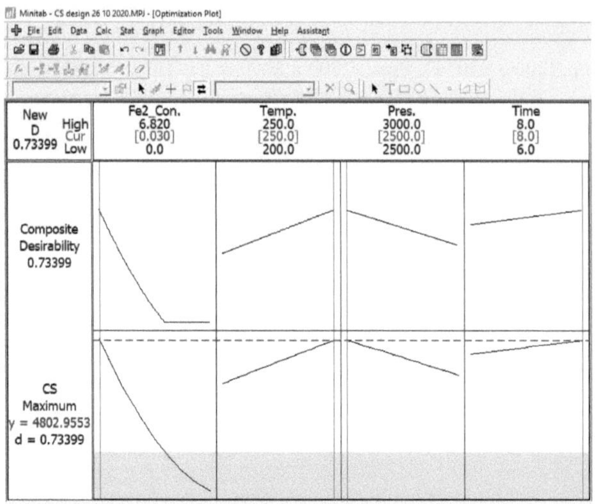

Figura 4.38. Minitab 16 solução global da resposta prevista da CS.

Quadro 4.29. Os preditores optimizados, e a resposta CS do Modelo 4.3

S/Não.	Previsor Optimizado				Resposta Optimizada	Desejável (d = 100%) %
	Fe2_Con (mg/L)	Temp. (^{0} F)	Pres. (psi)	Hora (hrs.)	CS Max. Resposta (psi)	
1	0.00	250	3000	8	3796	51
2	0.00	200	2500	6	3122	36
3	0.03	250	2500	8	4803	73
4	0.00	250	2500	8	4835	74
5	0.02	250	2500	8	4813	74
6	0.02	200	2500	6	3104	36
7	0.02	250	3000	8	3779	51

Em suma, os resultados da Tabela 4.29 demonstram que as soluções globais para o modelo CS estão dentro da área sombreada e esverdeada. As soluções globais demonstram que o CS obtido desejado se situa entre 73 a 74% (cerca de 4617psi de CS). Os preditores configurados são os seguintes: Fe2_Con deve estar entre 0,00 a 0,03mg/L,

Temp. (250^0 F), Pres. (2500psi), e Time (8hrs.). Os resultados optimizados confirmados estão na Tabela 4.29. Portanto, uma maior concentração de Fe^{2+} existente em água misturada acima de 0,03mg/L é prejudicial para o desenvolvimento de sistemas de bainha de cimento para poços de petróleo em ambientes HPHT.

4.3.2 Optimização das respostas de resistência à tracção

A Figura 4.39 mostra que os valores locais foram mantidos respectivamente a 0,00mg/L, 200^0 F, 2500psi, e 6hrs para Fe2_Con, Temp, Pres, e Time, respectivamente. Isto explicou que, o modelo de previsão da resposta TS foi optimizado nos pontos originais de 0,00mg/L, 200^0 F, 2500psi, e 6hrs, para alcançar uma resposta TS máxima, que deverá situar-se entre a gama TS prevista de 125 a 750psi, e no máximo com o objectivo de 500psi. Além disso, os resultados da Figura 4.40 demonstram que, a optimização foi orientada, para alcançar a desejabilidade ou importância de (1) 100%.

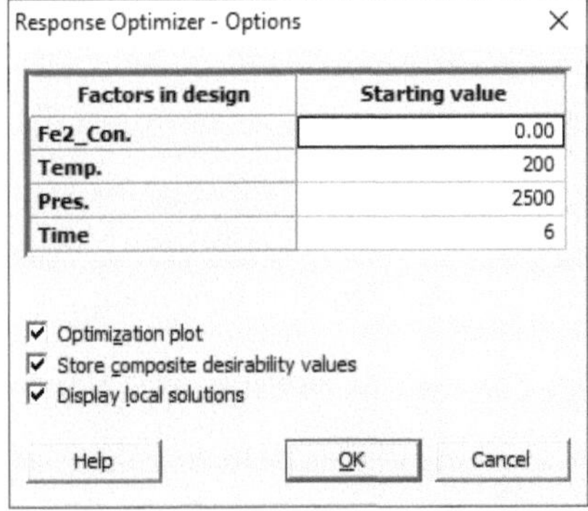

Figura 4.39. O TS optimizou os valores de partida para os preditores

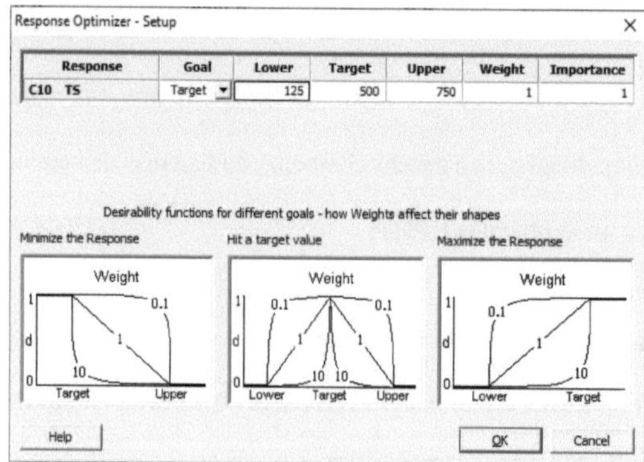

Figura 4.40. O TS optimizado na gama de 125 a 750psi, com o objectivo de 500psi

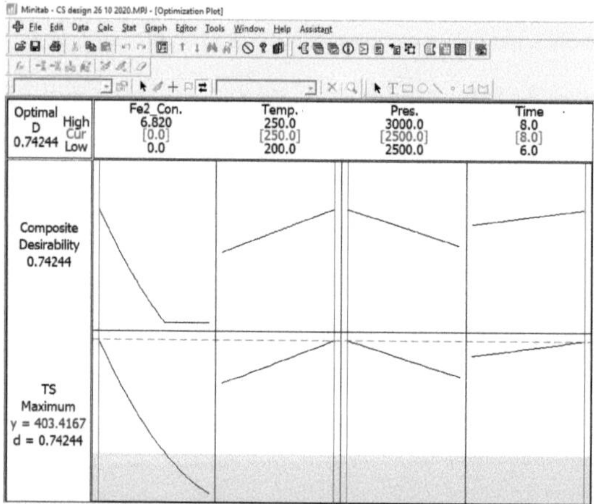

Figura 4.41. A solução global para o modelo de resposta TS preditiva optimizada.

Assim, a Figura 4.41 e a Tabela 4.30 indicam o resultado da simulação optimizada do modelo TS da MSE no Minitab 16, que previa que, nos sistemas de bainha de cimento investigados, um TS de aproximadamente 403psi, pode ser alcançado, com os valores globais ou valores preditores optimizados de 0,00mg/L, 250^0 F, 2500psi, e 8hrs, para as variáveis independentes de Fe2_Con, Temp, Pres, e Time, respectivamente; ao nível desejável de cerca de 0,73399 ou 73%. Como ilustrado na Tabela 4.30, os preditores favoráveis são indicados com os tons esverdeados, para expressar os factores e respostas

206

ideais para o modelo TS optimizado; enquanto os tons amarelados mostram os factores e

respostas confortáveis para o modelo TS optimizado.

Tabela 4.30. O preditor optimizado e a resposta TS do Modelo 4.7

S/Não.	Previsor Optimizado				Resposta Optimizada	Desejável (d = 100%) %
	Fe2_Con (mg/L)	Temp. (^{0} F)	Pres. (psi)	Hora (hrs.)	TS Max. Resposta (psi)	
1	0.00	250	2500	8	403	74
2	0.03	250	2500	8	401	74
3	0.30	250	2500	8	377	67
4	0.00	250	3000	8	314	51
5	0.00	200	2500	6	300	36
6	3.41	250	2500	8	138	3
7	6.82	250	2500	8	74	0

4.3.3 Optimização das respostas de Porosidade

A figura 4.42. mostra o optimizador da resposta de RP dos sistemas de bainha de cimento

investigados. Consequentemente, a resposta de RP optimizada estava no objectivo

mínimo. O optimizador da resposta de RP visava produzir um PR mínimo óptimo de

20% no objectivo de 25% e um PR máximo de cerca de 30%, tendo o peso e a importância

de 100%. Este desejo final era ordenado, partindo da baixa definição das condições

experimentais, como indicado na Figura 4.43. Esta baixa definição das condições

experimentais é o ponto de partida que a investigação fez por defeito.

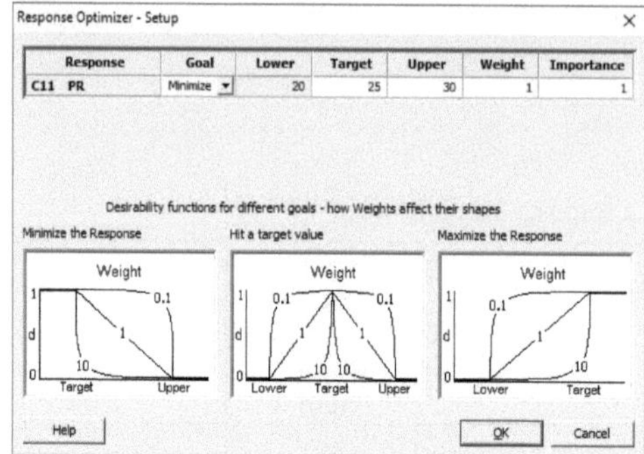

Figura 4.42. O PR optimizado de 30% a 20%, com o objectivo de 25%.

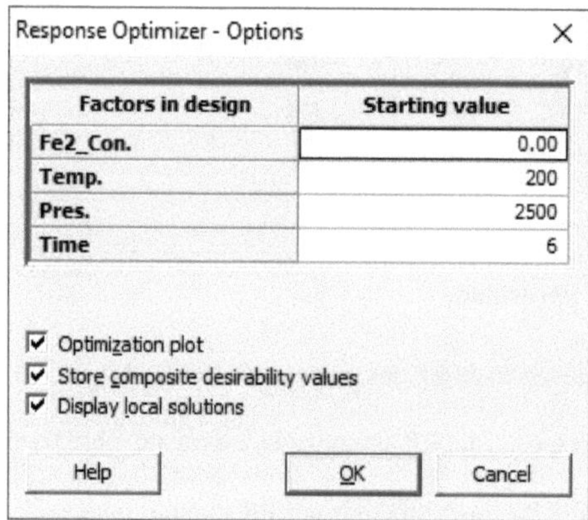

Figura 4.43. Os valores iniciais de PR optimizados para os prognosticadores

Em resposta, o Minitab 16 na Figura 4.44, e a Tabela 4.31 revela que, tanto as soluções locais, como globais para prever a resposta de RP optimizada em cerca de 15,4373%, com a desejabilidade de 1 (100%) para os sistemas de bainha de cimento investigados. Estes valores dos preditores devem ser dados como concentração de Fe^{2+} (0,0688889mg/L), Temperatura (200^0 F), Pressão (2500psi), e Tempo (8hrs).

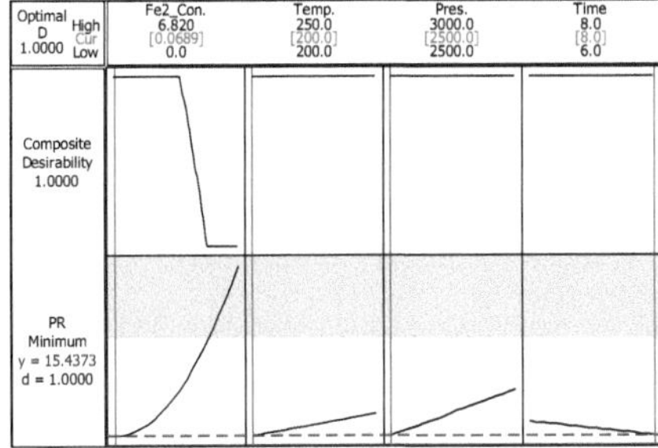

Figura 4.44. A solução global para o modelo de relações públicas preditivo optimizado.

Quadro 4.31.Optimização da resposta porosidade

Parâmetros

Objectivo Alvo inferior Importação de peso superior
PR Mínimo 25% 25% 35% 1 1 1

Ponto de partida

Fe2_Con. = 0.00mg/L
Temp. = 200 F^0
Pres. = 2500psi
Tempo = 6hrs.

Solução local

Fe2_Con. = 0.0688889mg/L
Temp. = 200 F^0
Pres. = 2500psi
Tempo = 8hrs.

Respostas Previstas

PR = 15,4373, desejabilidade = 1,000000

Desejabilidade composta = 1.000000

Solução Global

Fe2_Con. = 0.0688889mg/L
Temp. = 200 F^0
Pres. = 2500psi
Tempo = 8hrs.

Respostas Previstas

PR = 15,4373%, desejabilidade = 1,000000

Desejabilidade composta = 1.000000

4.3.4 Optimização das respostas de Permeabilidade

A figura 4.45. ilustra o optimizador de resposta PM dos sistemas de bainha de cimento investigados. Consequentemente, a resposta optimizada de PM estava no objectivo pretendido. O optimizador de resposta PM visava revelar uma PM mais baixa óptima de 0,1mD no alvo de 0,2mD e uma PM máxima de cerca de 0,3mD, tendo tanto o peso como a importância fixados em 100%. Este desejo final foi ordenado, partindo da baixa definição das condições experimentais, como indicado na Figura 4.46. Esta condição experimental de baixa definição foi o ponto de partida que a investigação fez por defeito.

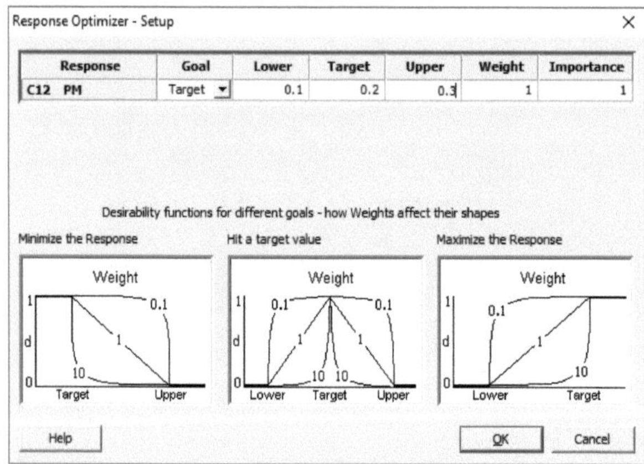

Figura 4.45. A PM optimizada de 30% a 20%, com o objectivo de 25%.

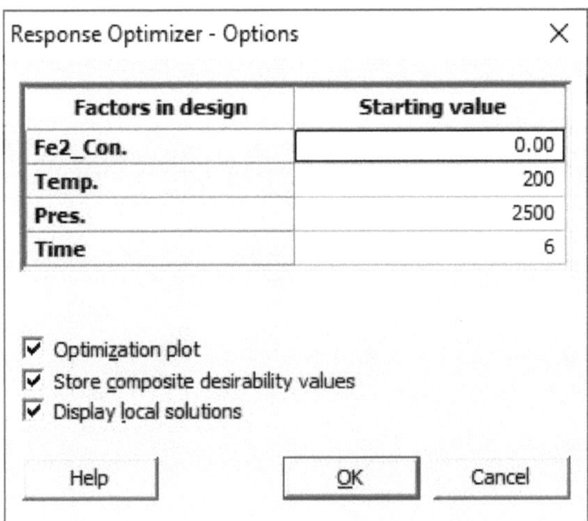

Figura 4.46. O PM optimizou os valores de partida para os preditores

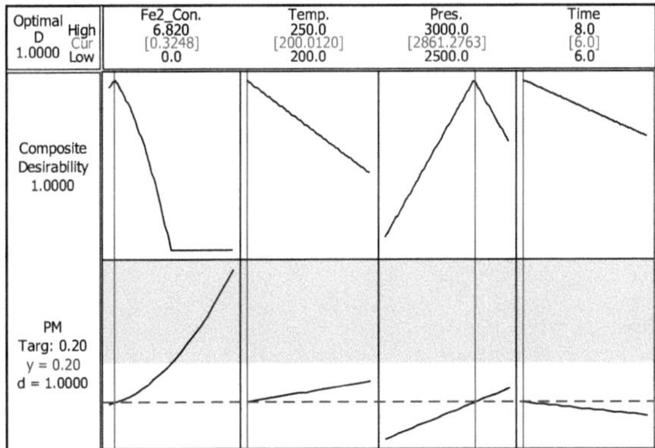

Figura 4.47. A solução global para o modelo PM optimizado preditivo.

Em resposta a isto, o Minitab 16 na Figura 4.47 e a Tabela 4.32 revela que as soluções locais e globais para prever a resposta optimizada de 0,2mD à PM, na conveniência de 1 (100%) para os sistemas de bainha de cimento investigados, devem ser avaliadas com os preditores de concentração de Fe^{2+} (0,324760mg/L), Temperatura (200,0120F), Pressão (2861,28psi), e Tempo (6hrs).

Tabela 4.32. Optimização da Permeabilidade da Resposta

Parâmetros

Objectivo Alvo inferior Importação de peso superior
PM Alvo 0.1mD 0.2mD 0.3mD 1 1

Ponto de partida

Fe2_Con. = 0.00mg/L
Temp. = 200 F^0
Pres. = 2500psi
Tempo = 6hrs.

Solução local

Fe2_Con. = 0,324760mg/L
Temp. = 200.012 F^0
Pres. = 2861.28psi
Tempo = 6hrs.

Respostas Previstas

PM = 0.2mD, desejabilidade = 1.000000

Desejabilidade composta = 1.000000

Solução Global

Fe2_Con. = 0,324760mg/L
Temp. = 200.012 F^0
Pres. = 2861.28psi
Tempo = 6hrs.

Respostas Previstas

PM = 0.2mD, desejabilidade = 1.000000

Desejabilidade composta = 1.000000

CAPÍTULO V

RESUMO/RESUMO, CONCLUSÃO, CONTRIBUIÇÕES PARA O CONHECIMENTO E RECOMENDAÇÕES

As experiências realizadas foram realizadas em condições de poços de petróleo com diferentes simulações. Além disso, os conjuntos de dados gerados a partir destas experiências foram organizados e analisados na tecnologia Minitab 16. Os resultados resultantes ajudaram ao desenvolvimento de modelos de previsão adequados para as respostas de desempenho dos sistemas de revestimento de cimento. Em geral, os resultados da investigação sugeriram que à medida que a concentração de Fe^{2+} aumentava, as CS e TS da bainha de cimento diminuíam; enquanto que as PR e PM da bainha de cimento aumentavam. Esta premissa é apresentada abaixo em detalhe.

5.1 Sumário/Findings

Por conseguinte, esta investigação resumiu as suas conclusões da seguinte forma:

- **O Resumo/Relações sobre as Respostas de Força Compressiva.**

5.1.1 esta investigação de estudos anteriores reconheceu que o CS da bainha de cimento é a capacidade da pasta de cimento de ligar o anel entre o diâmetro exterior do cordão de revestimento e a parede de formação, nas condições predominantes do poço de petróleo. Além disso, para suportar cargas ou força de compressão tendentes a reduzir o tamanho da bainha de cimento. Além disso, a Especificação API 10A fixou o CS mínimo da bainha de cimento de poço de petróleo em 1500psi.

5.1.2 que tecnicamente o CS de um sistema de bainha de cimento é significativo para a cimentação de poços de petróleo, uma vez que normalmente representa a totalidade das qualidades das propriedades da bainha de cimento. Isto inclui a viabilidade global dos sistemas de bainha de cimento, para fornecer isolamento zonal completo de poços e integridade de poços.

5.1.3 que, no alto ajuste das corridas experimentais, os sistemas de bainha de cimento produziram nos valores de pressão (3000psi), tempo (8hrs), e Fe^{2+} concentração variou entre 0,00 a 6,82mg/L temperatura variou entre 200 a 250^0 F tiveram os seus sistemas de CS investigados . Consequentemente, os resultados da zona óptima sugeriram que quando a concentração de Fe^{2+} aumentou de 0,00 para 0,37mg/L, à temperatura de 250^0 F, as respostas de CS correspondentes diminuíram de 3790 para 3508psi. Além disso, os resultados da zona óptima sugeriram também que quando a temperatura aumentou de 239 para 250^0 F, à concentração de Fe^{2+} de 0,00mg/L, as respostas do CS correspondente aumentaram de 3508 para 3790psi .

Do mesmo modo, na zona de conforto, como as concentrações de Fe^{2+} aumentaram de 0,00 para 1,94mg/L à temperatura de 200^0 F, os resultados mostram que o CS correspondente diminuiu de 2514 para 1500psi . Além disso, quando a temperatura aumentou de 200 para 238^0 F, à dada concentração de Fe^{2+} de 0,00mg/L, o CS resultante aumentou de 2514 para 3500psi. Além disso, na zona adversa, o CS reduziu de 1499 para 925psi, quando a concentração de Fe^{2+} aumentou de 3,79 para 6,82mg/L, à temperatura de 250^0 F. Do mesmo modo, quando a temperatura aumentou de 200 para 250^0 F, na concentração de Fe^{2+} de 6,82mg/L, o CS diminuiu de 963 para 925psi.

Como resultado, tanto na zona ideal como na zona de conforto, esta investigação descobriu que, a uma pressão e tempo de cura constantemente elevados, à medida que a concentração de Fe^{2+} aumenta a uma dada temperatura, o CS diminui. Além disso, tanto na zona óptima como na zona de conforto, o CS é superior à especificação API de 1500psi. Em contraste, à medida que a temperatura aumenta a uma dada concentração inferior de um Fe^{2+} na zona adversa, o CS aumenta; contudo, o CS diminui a concentrações excepcionalmente superiores de Fe^{2+} , e inferiores à especificação API de 1500psi.

5.1.4 Além disso, no alto ajuste das corridas experimentais, os sistemas de bainha de cimento preparados nos valores de temperatura (250^0 F), tempo (8hrs), Fe^{2+} concentração variou entre 0,00 a 6,82mg/L, e pressão variou entre 2500 a 3000psi tiveram os seus sistemas CS examinados. Consequentemente, as conclusões dos resultados da zona óptima sugeriram que na concentração de Fe^{2+} de 0,00mg/L, à medida que a pressão aumentava de 2880 para 2890psi. O CS correspondente diminuiu de 4830 para 4025psi.

Além disso, as conclusões dos resultados da zona de conforto ilustraram que, como a concentração de Fe^{2+} aumentou de 0,00 para 3,78mg/L, à pressão de 3000psi, o CS correspondente diminuiu de 3785 para 1500psi. Do mesmo modo, como a concentração de Fe^{2+} aumentou de 0,82 para 4,06mg/L, à pressão de 2500psi, o CS correspondente declinou de 4000 para 1500psi. Além disso, quando a pressão aumentou de 2890 para 3000psi, com a concentração constante de Fe^{2+} de 0,00mg/L, o CS resultante diminuiu de 4000 para 3785psi.

Além disso, os resultados da zona adversa revelaram que o CS da bainha de cimento investigada diminuiu de 1499 para 925psi, quando a concentração de Fe^{2+}

aumentou de 3,79 para 6,82mg/L à pressão de 3000psi. Além disso, quando a pressão aumentou de 2500 para 3000psi, à concentração de Fe^{2+} de 6,82mg/L. O CS melhorou de 385 para 925psi.

na prática, estas descobertas demonstraram que à temperatura elevada e ao tempo de cura elevado, à medida que a concentração de Fe^{2+} aumenta a uma dada pressão, o CS diminui. Por outro lado, à medida que a pressão aumenta a uma dada concentração de Fe^{2+} , o CS também reduz, excepto na zona adversa. Estes resultados também evidenciaram que os CS associados nas zonas óptimas e de conforto são superiores à especificação API de 1500psi, excepto os da zona adversa.

5.1.5 Além disso, no alto ajuste das corridas experimentais, os sistemas de bainha de cimento foram fundidos nos valores de temperatura (250^0 F) e pressão (3000psi), depois as concentrações de Fe^{2+} variaram entre 0,00 a 6,82mg/L, e o tempo variou entre 6 a 8hrs tiveram os seus sistemas de CS estudados. Os resultados deste conjunto de investigações são os seguintes.

Assim, os resultados na zona adversa exemplificaram que, como a concentração de Fe^{2+} aumentou de 3,79 para 6,82mg/L no tempo de cura de 8hrs. O CS diminuiu de 1499 para 925psi.

Do mesmo modo, na zona de conforto, os resultados mostram que à medida que a concentração de Fe^{2+} aumentou de 0,36 para 3,79mg/L no tempo de cura de 8hrs. O CS resultante diminuiu de 3500 para 1500psi. Também, quando o tempo de cura aumentou de 6 para 6,66hrs, na concentração de Fe^{2+} de 0,00mg/L. O CS registado foi de 3500psi.

Do mesmo modo, na zona óptima, uma vez que o CS reduziu de 3785 para 3514psi, uma vez que a concentração de Fe^{2+} aumentou de 0,00 para 0,34mg/L no tempo de cura contínua de 8hrs. Além disso, quando o tempo de cura aumentou de 6,70 para 8hrs, com a concentração constante de Fe^{2+} de 0,00mg/L. O CS melhorou de 3514 para 3785psi.

Categoricamente, estas descobertas estabeleceram que à temperatura e pressão elevadas, à medida que a concentração de Fe^{2+} aumenta num dado tempo de cura, o CS diminui. Por outro lado, à medida que o tempo de cura aumenta a uma dada concentração de Fe^{2+}. O CS aumenta apenas na zona óptima. Além disso, estes resultados também evidenciaram que o CS associado nas zonas óptimas e de conforto são superiores à especificação API de 1500psi, sem os que se encontram na zona adversa.

5.1.6 Além disso, na baixa regulação das pistas experimentais, os sistemas de bainha de cimento produzidos nos valores de pressão (2500psi), tempo (6hrs), e Fe^{2+} as concentrações variaram entre 0,00 a 6,82mg/L, a temperatura variou entre 200 a 250^0 F tiveram os seus sistemas CS examinados. Os resultados destas investigações são os seguintes:

Consequentemente, na zona óptima, os resultados mostram que o desempenho da CS diminuiu de 4404 para 4004psi quando a concentração de Fe^{2+} aumentou de 0,00 para 0,38mg/L à temperatura de 250^0 F. Além disso, os resultados ilustram que o desempenho do CS diminuiu de 3127 para 1500psi na zona de conforto quando a concentração de Fe^{2+} aumentou de 0,00 para 2,18mg/L à temperatura de 200^0 F. Do mesmo modo, os resultados demonstraram que na zona adversa, quando a concentração de Fe^{2+} aumentou de 2,19 para 6,46mg/L, à temperatura de 200^0 F, o desempenho CS diminuiu de 1499 para 13psi.

Os resultados estabelecidos revelaram que a baixa pressão (2500psi) e a baixa duração (6hrs.), à medida que a concentração de Fe^{2+} aumenta a uma dada temperatura, o CS diminui. Além disso, estes resultados também evidenciaram que os CS associados nas zonas óptimas e de conforto são superiores à especificação API de 1500psi, excepto os que se encontram na zona adversa.

5.1.7 Além disso, na configuração baixa das pistas experimentais, os sistemas de bainha de cimento preparados nos valores de temperatura (200^0 F), tempo (6hrs), Fe^{2+} concentrações variaram entre 0,00 a 6,82mg/L, e a pressão variou entre 2500 a 3000psi tiveram os seus sistemas CS estudados. Os resultados são os seguintes:

Assim, os resultados na zona óptima explicaram que o desempenho da CS diminuiu de 3120 para 3012psi quando a concentração de Fe^{2+} aumentou de 0,00 para 0,13mg/L, à pressão de 2500psi. Do mesmo modo, quando a concentração de Fe^{2+} aumentou de 0,14 para 2,18mg/L, na zona de conforto; à pressão medida de 2500psi, a resposta de desempenho CS observada diminuiu de 3000 para 1500psi. Da mesma forma, o desempenho de CS diminuiu de 1499 para 486psi na zona adversa; quando a concentração de Fe^{2+} aumentou de 1,03 para 6,49mg/L, à pressão de 3000psi.

Estes resultados confirmados inferem que à baixa temperatura (200^0 F) e ao baixo tempo (6hrs.), à medida que as concentrações de Fe^{2+} aumentam a uma dada pressão, o CS diminui. Além disso, estes resultados também afirmaram que os

CS associados nas zonas óptimas e de conforto são mais elevados do que a especificação API de 1500psi, em oposição aos da zona adversa.

5.1.8 Além disso, os sistemas de bainha de cimento moldam-se nos valores de baixa temperatura (200^0 F), baixa pressão (2500psi), Fe^{2+} as concentrações variavam entre 0,00 a 6,82mg/L, e o tempo variava entre 6 e 8hrs, na regulação elevada das corridas experimentais tiveram os seus sistemas de CS estudados. As conclusões deste conjunto de investigações são as que surgem.

Como consequência, os resultados na zona adversa ilustraram que à medida que a concentração de Fe^{2+} aumentava de 2,95 para 6,38mg/L no tempo de cura de 8hrs. O CS diminuiu de 1499 para 446psi. Além disso, quando o tempo de cura aumentou de 6 para 8hrs na concentração de Fe^{2+} de 6,38mg/L, o CS aumentou de 22 para 446psi. No entanto, na zona de conforto, os resultados mostraram que o CS diminuiu. O CS diminuiu de 3000 para 1500psi como resultado de um aumento da concentração de Fe^{2+} de 0,66 para 2,93mg/L, no tempo de cura de 8hrs.

Além disso, na zona óptima, como o CS reduziu de 3542 para 3018psi, a concentração de Fe^{2+} aumentou de 0,00 para 6,33mg/L no tempo de cura contínua de 8hrs. Por outro lado, quando o tempo de cura aumentou de 6hrs para 8hrs, com a concentração constante de Fe^{2+} de 0,00mg/L. O CS ganhou de 3117 a 3542psi.

Criticamente, estas descobertas confirmaram que a baixa temperatura e baixa pressão, à medida que a concentração de Fe^{2+} aumenta num determinado tempo de cura, o CS diminui. Por outro lado, à medida que o tempo de cura aumenta a uma dada concentração de Fe^{2+} . O CS aumenta apenas na zona óptima. Além disso, estas resoluções também evidenciaram que os CS associados nas zonas óptimas e de conforto são superiores à especificação API de 1500psi, excluindo os que se encontram na zona adversa.

* **O Resumo/Reuniões sobre as Respostas à Resistência à Tensão.**

5.1.9 Esta investigação identificou a partir de estudos anteriores que, o TS da bainha de cimento, é a força que resiste, à fractura por retracção, flexão, congelação e descongelação, ou expansão diferencial. Também, que o padrão API mínimo para o TS de bainha de cimento é fixado em 125psi.

5.1.10 Que a perda do TS foi de 99psi. O 99psi registado foi devido ao aumento da concentração de Fe^{2+} de 1,21 para 5,60mg/L quando a temperatura era de 225^0 F e à pressão constante de 3000psi e tempo de 8hrs. Da mesma forma, à pressão constante (2750psi) e ao tempo (7hrs), a quantidade de perda de TS foi calculada como 161psi. Da mesma forma, à pressão constante (2500psi) e ao tempo (6hrs), o grau de perda de TS foi avaliado como 206psi. Consequentemente, esta investigação confirma que os efeitos da elevada concentração de Fe^{2+} no desenvolvimento do TS eram mais prejudiciais, uma vez que tanto o tempo de cura como a pressão reduzem simultaneamente.

5.1.11 Que à medida que a concentração de Fe^{2+} aumenta de 1,21 para 5,60mg/L, à pressão de cerca de 2750psi, a temperatura constante de 250^0 F, e o tempo de 8hrs. A perda TS estimada foi de 199psi; enquanto que, à temperatura constante de 225^0 F e tempo de 7hrs, a perda TS calculada foi de 161psi; depois, à temperatura constante de 200^0 F e tempo de 6hrs, a perda TS avaliada foi de 124psi. Como resultado, estas descobertas inferem que os efeitos adversos da alta concentração de Fe^{2+} na água misturada para o desenvolvimento da TS são mais activos em tempo e temperatura de cura elevados.

5.1.12 Que à medida que a concentração de Fe^{2+} aumenta de 1,21 para 5,60mg/L, na altura aproximadamente às 7hrs, à temperatura constante de 250^0 F e à pressão de 3000psi. como consequência, a perda de TS valorizada foi de 156psi. Do mesmo modo, à temperatura constante de 225^0 F e à pressão de 2750psi, a perda de TS calculada foi de 161psi. Da mesma forma, à temperatura constante de 200^0 F e pressão de 2500psi, a perda de TS calculada foi de 169psi. Assim, estes resultados pressupõem que os efeitos contrários de uma concentração elevada de Fe^{2+} na água misturada para o desenvolvimento do TS são mais activos em temperaturas e pressões mais baixas.

- **O Resumo/Reuniões sobre as Respostas de Porosidade.**

5.1.13 A investigação de estudos anteriores reconheceu que o desempenho das relações públicas determina a capacidade da bainha de cimento, impedindo as inter-comunicações entre diferentes zonas de fluidos no poços e evitando que as cordas do invólucro sejam corroídas por gases corrosivos. Além disso, a investigação sugere que a disponibilidade de estrutura de poros na matriz rígida de cimento fornece algumas áreas de superfície consideráveis para promover a adsorção dos iões metálicos pesados, Fe^{2+} para enfraquecer os sistemas de matriz de cimento.

5.1.14 O PR investigado dos sistemas de bainha de cimento preparado à pressão constante (3000psi), tempo (8hrs), e temperatura variou entre 200 a 250^0 F, mostra que à medida que a concentração de Fe^{2+} aumenta de 1,21 para 5,58mg/L, o PR dos sistemas de bainha de cimento aumenta de 25,38 para 37,92% (+Δ 12,54%); à temperatura observada de 225^0 F, com algumas respostas de PR óptimas uniformes de menos de 30%, à medida que a concentração de Fe^{2+} aumenta de 0,00 para 3,26mg/L.

5.1.15 Para sistemas de bainha de cimento produzidos, no valor de pressão constante (2750psi) e tempo (7hrs); e a temperatura variou entre 200 a 250^0 F. Os resultados mostram que o PR dos sistemas de bainha de cimento aumentou de 23,43 para 40,55% (+Δ 17,12%). Na sua maioria, como a concentração de Fe^{2+} aumentou de 1,21 para 5,58mg/L, à temperatura de 225^0 F. Embora, algumas respostas uniformes de PR óptima foram inferiores a 30% quando a concentração de Fe^{2+} aumentou de 0,00 para 3,22mg/L. Estas conclusões concluem que à medida que a concentração de Fe^{2+} aumenta, o PR dos sistemas de bainha de cimento aumenta.

5.1.16 Para sistemas de bainha de cimento preparados a pressão constante (2500psi) e tempo (6hrs), a temperatura variou entre 200 a 250^0 F, quando a concentração de Fe^{2+} aumenta de 1,21 a 5,58mg/L, à temperatura de 225^0 F. Também os resultados revelaram que o PR da bainha de cimento investigada aumentou de 21,49 para 43,37% (+Δ 21,88%), à temperatura de 225^0 F. Algumas respostas uniformes de RP óptimas registadas menos de 30% foram como a concentração de Fe^{2+} aumentou de 0,00 para 3,16mg/L. Além disso, estas conclusões concluem que à medida que a concentração de Fe^{2+} aumenta, o PR dos sistemas de bainha de cimento aumenta.

5.1.17 Para sistemas de bainha de cimento concebidos, à temperatura constante de 250^0 F e tempo de 8hrs, a pressão variou entre 2500 a 3000psi. Os resultados descrevem que em alguns pontos, como a concentração de Fe^{2+} aumentou de 1,21 para 5,58mg/L, o PR da bainha de cimento aumentou de 24,28 para 41,43% (+Δ 17,15%); à pressão observada de 2750psi, com algumas respostas óptimas uniformes de PR, como Fe^{2+} a concentração aumenta de 0,00 para 3,28mg/L. Além disso, estas conclusões concluem que à medida que a concentração de Fe^{2+} aumenta, o PR dos sistemas de bainha de cimento aumenta.

5.1.18 Para sistemas de bainha de cimento produzidos, à temperatura constante de 225^{0} F e tempo de 7hrs, a pressão variou entre 2500 a 3000psi. Os resultados ilustram que em alguns pontos, à medida que a concentração de Fe^{2+} aumenta de 1,21 para 5,58mg/L, o PR da bainha de cimento aumenta de 23,43 para 40,63% (+Δ 17,18%); à pressão observada de 2750psi, com algumas respostas óptimas uniformes de PR inferiores a 30%, à medida que a concentração de Fe^{2+} aumenta de 0,00 para 3,58mg/L. Da mesma forma, estas conclusões concluem que à medida que aumenta a concentração de Fe^{2+} , aumenta o PR dos sistemas de bainha de cimento. Da mesma forma, estas conclusões concluem que à medida que aumenta a concentração de Fe^{2+} , aumenta o PR dos sistemas de bainha de cimento.

5.1.19 Para sistemas de bainha de cimento preparados, à temperatura constante de 200^{0} F e tempo de 6hrs, e pressão variando entre 2500 a 3000psi. Os resultados em alguns pontos revelaram que à medida que a concentração de Fe^{2+} aumentava de 1,21 para 5,58mg/L, o PR da bainha de cimento aumentava de 22,59 para 39,72% (+Δ 17,13%); à pressão observada de 2750psi, com algumas respostas óptimas uniformes de PR inferiores a 30%, à medida que a concentração de Fe^{2+} aumenta de 0,00 para 3,78mg/L. Da mesma forma, estas conclusões concluem que à medida que a concentração de Fe^{2+} aumenta, o PR dos sistemas de bainha de cimento aumenta.

5.1.20 Para sistemas de bainha de cimento preparados, à temperatura constante de 250^0 F e pressão de 3000psi, o tempo variou entre 6 a 8hrs, o PR foi investigado. Os resultados mostram que, como a concentração de Fe^{2+} aumentou de 1,21 para 5,58mg/L, o PR aumentou de 29,06 para 41,63% ($+\Delta$ 12,57%). Principalmente, às 7hrs, e com algumas respostas uniformes de RP óptimas inferiores a 30%, quando a concentração de Fe^{2+} aumenta de 0,00 para 2,98mg/L. Assim, estas conclusões concluem que à medida que a concentração de Fe^{2+} aumenta, o PR dos sistemas de bainha de cimento aumenta.

5.1.21 O PR medido foi para sistemas de bainha de cimento preparados à temperatura constante de 225^0 F e pressão de 2750psi, e o tempo variou entre 6 a 8hrs. Os resultados revelaram que o PR da bainha de cimento investigada aumentou de 23,42 para 40,55% ($+\Delta$ 17,13%). Quando as condições experimentais indicaram que a concentração de Fe^{2+} aumentou de 1,21 para 5,58mg/L, no período de 7hrs. Também foram registadas algumas respostas uniformes de PR óptimas inferiores a 30%, quando a concentração de Fe^{2+} subiu de 0,00 para 3,38mg/L. Além disso, estas conclusões concluem que à medida que a concentração de Fe^{2+} aumenta, o PR dos sistemas de bainha de cimento aumenta.

5.1.22 Para sistemas de bainha de cimento produzidos à temperatura constante de 200^0 F; a pressão de 2500psi; o tempo variou entre 6 a 8hrs; a concentração de Fe^{2+} aumenta de 1,21 a 5,58mg/L. O PR medido aumentou de 17,81 para 39,62% ($+\Delta$ 21,81%); no tempo observado de 7hrs. Além disso, os sistemas de bainha de cimento produzidos foram associados a respostas uniformes de PR ópticas inferiores a 30%, uma vez que a concentração de Fe^{2+} aumenta de 0,00 para 4,00mg/L. Estas conclusões concluem que à medida que a concentração de Fe^{2+} aumenta, o PR dos sistemas de bainha de cimento aumenta.

5.1.23 Tipicamente, os resultados da investigação sobre as respostas de RP dos sistemas de bainha de cimento investigados revelam que quanto maior for a concentração de Fe^{2+} na água misturada, maior será a RP dos sistemas de bainha de cimento. Além disso, esta investigação revela que o comportamento antagónico de alta concentração de Fe^{2+} é mais prejudicial ao PR dos sistemas de bainhas de cimento, tanto no conjunto de valores de baixa temperatura (200^0 F) como de baixa pressão (2500psi) na época variou (6 a 8hrs.), e a baixa pressão (2500psi) e o baixo tempo (6hrs.) à temperatura variou (200 a 250^0 F). Ambos tiveram um incremento de PR de $+\Delta$ 21,81% e $+\Delta$ 21,88%, respectivamente.

- **O Resumo/Reuniões sobre as Respostas de Permeabilidade.**

5.1.24 Que de estudos anteriores esta investigação identificou o desempenho PM de um sistema de bainha de cimento, como a conectividade dos poros no sistema de bainha de cimento; e quanto mais os poros estão ligados no sistema de bainha de cimento, mais a bainha de cimento se torna permeável. Portanto, a bainha de cimento é um material impermeável de vedação no anel entre os cordões de revestimento, e a parede de formação de um poço de petróleo, que visa impedir o fluxo de fluido para o poço, as inter-comunicações entre diferentes zonas de fluido no poço, e impedir os cordões de revestimento de gases corrosivos.

5.1.25 Este estudo reconheceu que, não existe uma norma API clara sobre a PM de bainha de cimento. Embora, estudos anteriores tenham relatado que, 0,1 a 100mD é adequado para o desenho da bainha de cimento de poço de petróleo PM. Mas este estudo tentou classificar o PM da bainha de cimento como zona óptima (< 0,3mD), zona de conforto (0,3 a 0,4mD), e adversa (> 0,4mD).

✓ **Permeabilidade dos sistemas de bainha de cimento desenvolvidos a pressão e tempo de cura constantes, enquanto que a temperatura e concentração de Fe^{2+} variavam.**

5.1.26 Os testes PM para bainhas de cimento preparadas, com valores constantes de pressão (3000psi) e tempo (8hrs) - experiências de alta regulação, já que a temperatura variou entre 200 a 250^0 F, para misturas de água com várias concentrações de Fe^{2+} entre 0,00 a 6,82mg/L; a investigação conclui que as bainhas de cimento mantiveram uma impermeabilidade óptima uniforme de menos de 0,3mD, já que a concentração de Fe^{2+} aumentou de 0,00 a 2,56mg/L. Contudo, as bainhas de cimento tornaram-se mais permeáveis (0,3 a > 4,0mD), à medida que a concentração de Fe^{2+} aumentava continuamente de 3,90 a 6,82mg/L. Além disso, a investigação conclui ainda que quando a concentração de Fe^{2+} aumentou de 1,21 para 5,58mg/L, a bainha de cimento tornou-se mais permeável de 0,24 para 0,42mD, a 225^0 F. Esta PM explica que o incremento deferencial da PM é de 0,18mD, o que evidenciou que a concentração elevada de Fe^{2+} afecta a PM dos sistemas de bainha de cimento.

5.1.27 Além disso, os testes PM para cubos de sistemas de bainha de cimento forneceram, nos valores constantes de pressão (2750psi) e tempo (7hrs) - experiências de ajuste intermédio, uma vez que a temperatura variou entre 200 a 250^0 F, e Fe^{2+} as concentrações variaram entre 0,00 a 6.82mg/L; a investigação deduz que as bainhas de cimento suportaram uma impermeabilidade óptima uniforme inferior a 0,3mD e tornaram-se mais permeáveis (0,3 a > 4,0mD), uma vez que a concentração de Fe^{2+} aumentou de 0,00 a 2,90mg/L e de 3,90 a 6,82mg/L, individualmente.

Além disso, a investigação infere que como a concentração de Fe^{2+} aumentou de 1,21 para 5,58mg/L, a bainha de cimento permeou de 0,20 para 0,44mD, à mesma temperatura de 225^0 F com um incremento deferencial de 0,24mD, o que deduz que a alta concentração de Fe^{2+} influencia negativamente a PM dos sistemas de bainhas de cimento.

5.1.28 Além disso, os testes PM para cubos de sistemas de bainha de cimento concebidos e produzidos, com valores constantes de pressão (2500psi) e tempo de cura (6hrs) - experiências de baixa regulação, uma vez que a temperatura variou entre 200 a 250^0 F, para água de mistura com várias concentrações de Fe^{2+} entre 0.00 a 6,82mg/L; a investigação deduziu que à medida que a concentração de Fe^{2+} aumentava de 0,00 a 3,12mg/L e 3,90 a 6,82mg/L, as bainhas de cimento, respectivamente, mantinham uma impermeabilidade uniforme de menos 0,3mD e mais permeável de 0,3 a > 4,0mD.

Além disso, a investigação deduz que à medida que a concentração de Fe^{2+} aumenta de 1,21 para 5,58mg/L, a bainha de cimento permeia mais de 0,17 para 0,47mD, à temperatura de 225^0 F. Estas conclusões expõem que o incremento deferencial de PM é de 0,30mD, o que deduz que a elevada concentração de Fe^{2+} influencia negativamente a PM dos sistemas de bainha de cimento.

5.1.29 Geralmente, as deduções acima mencionadas, à pressão constante e tempo de cura de 3000psi e 8hrs; 2750psi e 7hrs; 2500psi e 6hrs, mostram os respectivos incrementos deferenciais de PM de 0,18mD; 0,24mD; 0,30mD à medida que a concentração de Fe^{2+} aumenta. Por conseguinte, esta investigação alargou a sua conclusão e declarou que o comportamento hostil da elevada concentração de Fe^{2+} na PM dos sistemas de bainha de cimento é favoravelmente eficaz a uma pressão e tempo de cura constantes mais baixos, uma vez que a temperatura varia para valores mais elevados.

✓ **Permeabilidade dos sistemas de bainha de cimento preparados a temperatura e tempo de cura constantes, enquanto que a pressão e concentração de Fe^{2+} variavam.**

5.1.30 Além disso, os testes de PM para bainhas de cimento preparadas, nos valores constantes de temperatura (250^0 F) e tempo (8hrs) - experiências de alta regulação, já que a pressão variou entre 3000 a 2500psi, para misturas de água com várias concentrações de Fe^{2+} entre 0,00 a 6,82mg/L; a investigação conclui que as bainhas de cimento mantiveram uma impermeabilidade óptima uniforme inferior a 0,3mD, já que a concentração de Fe^{2+} aumentou de 0,00 a 2,52mg/L. Contudo, as bainhas de cimento tornaram-se mais permeáveis (0,3 a > 4,0mD), à medida que a concentração de Fe^{2+} aumentava continuamente de 3,60 a 6,82mg/L. Além disso, a investigação conclui ainda que quando a concentração de Fe^{2+} aumentou de 1,21 para 5,58mg/L, a bainha de cimento tornou-se mais permeável de 0,22 para 0,46mD, à pressão de 2750psi. Esta PM explica que o incremento deferencial da PM é de 0,24mD, o que evidenciou que a concentração elevada de Fe^{2+} afecta a PM dos sistemas de bainha de cimento.

5.1.31 Mais adiante, as análises de PM para cubos de bainhas de cimento desenvolveram-se, nos valores constantes de temperatura (225^0 F) e tempo (7hrs) - experiências de ajuste intermédio, já que a pressão variou entre 3000 a 2500psi e as concentrações de Fe^{2+} variaram entre 0,00 a 6,82mg/L; a investigação infere que as bainhas de cimento mantiveram uma impermeabilidade óptima uniforme inferior a 0,3mD, já que a concentração de Fe^{2+} aumentou de 0,00 a 2,52mg/L. Contudo, as bainhas de cimento tornaram-se mais permeáveis (0,3 a > 4,0mD), à medida que a concentração de Fe^{2+} aumentava continuamente de 3,79 a 6,82mg/L. Além disso, a investigação conclui ainda que quando a concentração de Fe^{2+} aumentou de 1,21 para 5,58mg/L, a bainha de cimento tornou-se mais permeável de 0,20 para 0,45mD, à pressão de 2750psi. Esta PM explica que o incremento deferencial de PM registado é de 0,25mD, o que demonstrou que a concentração elevada de Fe^{2+} afecta a PM dos sistemas de bainha de cimento.

5.1.32 Ainda à frente, desenvolveram-se as análises PM para cubos de bainhas de cimento, nos valores constantes de temperatura (200^0 F) e tempo (6hrs) - experiências de baixa regulação, uma vez que a pressão variou entre 3000 a 2500psi e as concentrações de Fe^{2+} variaram entre 0,00 a 6,82mg/L; a investigação infere que as bainhas de cimento mantiveram em reserva uma impermeabilidade óptima uniforme inferior a 0,3mD, uma vez que a concentração de Fe^{2+} aumentou de 0,00 a 3,12mg/L. No entanto, as bainhas de cimento tornaram-se mais permeáveis (0,3 a > 4,0mD), à medida que a concentração de Fe^{2+} aumentava continuamente de 3,90 a 6,82mg/L.

Além disso, a investigação conclui ainda que quando a concentração de Fe^{2+} aumentou de 1,21 para 5,58mg/L, a bainha de cimento tornou-se mais permeável de 0,19 para 0,44mD, à pressão de 2750psi. Esta PM descreve que o incremento deferencial de PM medido é de 0,25mD, o que confirma que a elevada concentração de Fe^{2+} afecta a PM dos sistemas de bainha de cimento.

5.1.33 Em grande parte, as conclusões acima mencionadas, à temperatura constante e tempo de cura de 250^0 F e 8hrs; 225^0 F e 7hrs; 200^0 F e 6hrs, com os respectivos aumentos deferenciais de PM de 0,24mD; 0,25mD; 0,25mD à medida que aumentava a concentração de Fe^{2+}. Consequentemente, esta investigação conclui ainda que o comportamento antagónico da elevada concentração de Fe^{2+} na PM dos sistemas de bainha de cimento é favoravelmente eficaz a uma temperatura e tempo de cura constantes mais baixos, uma vez que a pressão varia para valores mais elevados.

✓ **Permeabilidade dos sistemas de bainha de cimento produzidos a temperatura e pressão constantes, enquanto o tempo de cura e a concentração de Fe^{2+} variavam.**

5.1.34 Neste ponto, os testes de PM para bainhas de cimento desenvolveram-se, nos valores fixos de temperatura (250^0 F) e pressão (3000psi) - experiências de alta definição, uma vez que o tempo de cura variou entre 6 a 8hrs., a concentração de Fe^{2+} variou entre 0,00 a 6,82mg/L; esta investigação conclui que as bainhas de cimento mantiveram uma impermeabilidade óptima uniforme de menos de 0,3mD, uma vez que a concentração de Fe^{2+} aumentou de 0,00 a 1,21mg/L. No entanto, as bainhas de cimento tornaram-se mais permeáveis (0,3 a > 4,0mD), à medida que a concentração de Fe^{2+} aumentava continuamente de 2,40 a 6,82mg/L. Além disso, a investigação conclui ainda que quando a concentração de Fe^{2+} aumentou de 1,21 para 5,58mg/L, a bainha de cimento tornou-se mais permeável de 0,28 para 0,47mD, no tempo de cura de 7hrs. Esta PM explica que o incremento deferencial de PM é de 0,19mD, o que demonstrou que a concentração elevada de Fe^{2+} afecta a PM dos sistemas de bainha de cimento.

5.1.35 Do mesmo modo, os testes de PM para bainhas de cimento concebidas e produzidas, nos valores fixos de temperatura (225^0 F) e pressão (2750psi) - ensaios de ajuste médio, uma vez que o tempo de cura variou entre 6 a 8hrs., Fe^{2+} concentração variou entre 0,00 a 6,82mg/L; esta investigação estabeleceu que as bainhas de cimento mantiveram uma impermeabilidade óptima uniforme inferior a 0,30mD, uma vez que a concentração de Fe^{2+} aumentou de 0,00 para 3,09mg/L. Mas as bainhas de cimento tornaram-se mais permeáveis (0,3 a > 4,0mD), à medida que a concentração de Fe^{2+} aumentava continuamente de 3,60 a 6,82mg/L. Além disso, esta investigação conclui que quando a concentração de Fe^{2+} aumentou de 1,21 para 5,58mg/L, a bainha de cimento tornou-se mais permeável de 0,20 para 0,45mD, no tempo de cura de 7hrs. Esta PM elucida que o incremento deferencial de PM é de 0,25mD, o que confirma que a concentração elevada de Fe^{2+} afecta a PM dos sistemas de bainha de cimento.

5.1.36 Do mesmo modo, os testes de PM para bainhas de cimento concebidas e produzidas, nos valores fixos de temperatura (200^0 F) e pressão (2500psi) - testes de baixa regulação, uma vez que o tempo de cura variou entre 6 a 8hrs., a concentração de Fe^{2+} variou entre 0,00 a 6,82mg/L; esta investigação ilustra que as bainhas de cimento mantiveram uma impermeabilidade óptima uniforme inferior a 0,3mD, uma vez que a concentração de Fe^{2+} aumentou de 0,00 a 3,88mg/L. Mas as bainhas de cimento tornaram-se mais permeáveis (0,3 a > 4,0mD), à medida que a concentração de Fe^{2+} aumentava continuamente de 4,20 a 6,82mg/L. Também, esta investigação conclui que quando a concentração de

Fe^{2+} aumentou de 1,21 para 5,58mg/L, a bainha de cimento tornou-se mais permeável de 0,12 para 0,42mD, no tempo de cura de 7hrs. Esta PM elucida que o incremento deferencial de PM é de 0,30mD, o que estabeleceu que uma concentração elevada de Fe^{2+} afecta a PM dos sistemas de bainha de cimento.

5.1.37 Basicamente, as conclusões acima mencionadas, à temperatura e pressão constantes de 250^0 F e 3000psi; 225^0 F e 2750psi; 200^0 F e 2500psi, com os incrementos diferenciais individuais de PM de 0,19mD; 0,25mD; 0,30mD à medida que aumenta a concentração de Fe^{2+} ; conclui que o comportamento antagónico de alta concentração de Fe^{2+} na PM dos sistemas de bainha de cimento é favoravelmente eficaz a uma temperatura e pressão mais baixas constantes, uma vez que o tempo de cura varia para valores mais baixos.

- **O Resumo/Findings sobre os Modelos Adequados de CS, TS, PR, e PM.**

5.1.38 que o modelo desenvolvido de CS é um modelo quadrático adequado. O *valor de p* do modelo (0,75) é superior a 0,05, sendo todos os factores e termos e os respectivos *valores de p* associados inferiores a 0,05. Também, quando as métricas estatísticas foram conduzidas no modelo de CS desenvolvido adequado, os resultados afirmaram que, a relação linear correlata entre os preditores e a resposta é de cerca de 88,85%. Além disso, o modelo desenvolvido prevê cerca de 78,82% do modelo verdadeiro de CS. O modelo de CS adequado é responsável por aproximadamente 86,35% da variação nos preditores (temperatura, pressão, tempo, e concentração de Fe^{2+}). Além disso, o modelo foi aceite, porque a diferença absoluta entre o R^2 (pred) e R^2 (adj) é inferior a 20%; que a diferença positiva entre o R^2 (pred) a 78,82%, e o R^2 (adj) a 86,35% do desempenho do CS é de cerca de 7,53%. Mais adiante, o estudo também observou que, as respostas optimizadas de CS previstas de 4835, 4813, e 4803psi podem ser alcançadas pelos respectivos factores combinados de Fe^{2+} concentração de 0,00mg/L, temperatura de 250^0 F, pressão de 2500psi, e tempo de 8hrs; Fe^{2+} concentração de 0.02mg/L, temperatura de 250^0 F, pressão de 2500psi, e tempo de 8hrs; Fe^{2+} concentração de 0,03mg/L, temperatura de 250^0 F pressão de 2500psi, e tempo de 8hrs, com a correspondente conveniência de 74%; 74%; 73%.

5.1.39 que a relação linear correlata (R^2 = 89,01%) entre os preditores (Fe^{2+} concentração, temperatura, pressão e tempo) e a Resposta do TS é de cerca de 89,01%; que o coeficiente previsto de determinação múltipla [R^2 (pred) = 79,11%] para o modelo TS desenvolvido; ou seja, o modelo prevê cerca de 79,11% das observações experimentais do TS. Ao mesmo tempo, o coeficiente ajustado de determinação múltipla, [R^2 (adj) = 86,53%] do modelo TS adequado representa aproximadamente 86,53% de variância nos preditores (Fe^{2+} concentração, temperatura, pressão, e tempo). Além disso, a diferença absoluta calculada entre o R^2 (pred) de 79,11% e R^2 (adj) de 86,53 (ou seja 7,42%) é inferior a 20%. E o valor p do modelo TS desenvolvido é de 0,732, o que fortificou a adequação do modelo TS desenvolvido.

5.1.40 que a relação linear correlata (R^2 = 88,71%) entre os preditores (Fe^{2+} concentração em água misturada, temperatura, pressão e tempo usado para curar a bainha de cimento), e a superfície de resposta do desempenho de PR é cerca de 88,71% forte; que o coeficiente previsto de determinação múltipla [R^2 (pred) = 79,24%] para o modelo desenvolvido é 79,24%; o que significa que o modelo prevê cerca de 79,24% das observações experimentais de PR. Além disso, o coeficiente ajustado de determinação múltipla, [R^2 (adj) = 86,51%] do modelo PR representa aproximadamente 86,51% de variância nos preditores (Fe2_Con, Temp., Pres., e Time) do modelo desenvolvido 4.10. Além disso, observou-se que, o erro padrão (s ou σ) é tão baixo quanto 4,20, e a soma dos erros de previsão dos quadrados (PRESS) é tão baixo quanto 1331,27. Quando estas métricas foram analisadas mais aprofundadamente, foi revelado que, a diferença absoluta calculada entre o R^2 (pred) de 79,24% e R^2 (adj) de 86,51% (ou seja 7,27%) é inferior a 20%, o que está de acordo com o limiar indicado. Além disso, a falta de ajuste do *valor p* do modelo é medida como 0,752; ou seja, a falta de ajuste do *valor p* do modelo > 0,05, o que está de acordo com a hipótese. De facto, estes resultados analíticos estabeleceram que, o modelo de relações públicas desenvolvido é muito satisfatório, estatisticamente viável, e adequado.

5.1.41 que a relação linear correlata, R^2 entre os preditores e a superfície de resposta do desempenho PM é robustamente cerca de 87,70%; e o coeficiente de determinação múltipla previsto, R^2 (pred) para o modelo desenvolvido é 77,40%; o que significa que o modelo PM prevê cerca de 77,40%; das observações experimentais de PM. O coeficiente ajustado de determinação múltipla, R^2 (adj) do modelo PM, também interpreta cerca de 85,30% de variância nos preditores do modelo adequado da resposta PM. Mais adiante, estas métricas foram analisadas complementarmente, e descobriu-se que, a diferença absoluta calculada entre o R^2 (pred) de 77,40% e R^2 (adj) de 85,30% é de aproximadamente 7,9%, o que é inferior a 20%. Isto está em linha com o limiar recomendado para um modelo adequado. Do mesmo modo, o *valor p* do modelo não ajustado é medido como 0,807. Em comparação, esta falta de ajuste do *valor de p* deste modelo é superior a 0,05, e está em conformidade com a hipótese. Ao mesmo tempo, o *p-valor* do termo, tempo foi observado estatisticamente não significativo para o Modelo. Isto explica que, o PM investigado foi insignificantemente influenciado pelo tempo de cura; mas, fortemente influenciado pelas interacções de Fe^{2+} s presentes na mistura-água. No entanto, o tempo preditor ainda foi adoptado, devido à importância do tempo de cura numa situação ideal.

- **O Resumo/Findings on the Optimised Adequate of CS, TS, PR, and PM Models.**

5.1.42 que os resultados da optimização da CS demonstraram que as soluções globais para um modelo de CS optimizado são possíveis. As soluções globais revelaram que a CS desejada existe entre 73 a 74% (cerca de 4617psi de CS). Por conseguinte, os preditores optimizados configuraram-se da seguinte forma: Fe^{2+} concentração deve ser entre 0,00 a 0,03mg/L, Temp. (250^0 F), Pres. (2500psi), e Time (8hrs.). Por conseguinte, esta investigação conclui que uma concentração mais elevada de Fe^{2+} existente em água misturada acima de 0,03mg/L é prejudicial ao desenvolvimento de sistemas de bainha de cimento para poços de petróleo em ambientes HPHT.

5.1.43 que um TS optimizado de 403, 401, e 377psi foi atingido pelos respectivos factores combinados de Fe^{2+} concentração de 0,00mg/L, temperatura de 250^0 F, pressão de 2500psi, e tempo de 8hrs; Fe^{2+} concentração de 0.03mg/L, temperatura de 250^0 F, pressão de 2500psi, e tempo de 8hrs; Fe^{2+} concentração de 0,03mg/L, temperatura de 250^0 F, pressão de 2500psi, e tempo de 8hrs, com a correspondente conveniência de 74%; 74%; 67%.

5.1.44 que tanto as soluções locais como globais para prever a resposta de RP optimizada em cerca de 15,4373%, com a conveniência de 1 (100%) para os sistemas de bainha de cimento investigados. Estes valores dos preditores devem valer como concentração de Fe^{2+} (0,0688889mg/L), Temperatura (200^0 F), Pressão (2500psi), e Tempo (8hrs).

5.1.45 que a resposta PM foi optimizada para o objectivo, para que os sistemas de bainha de cimento fossem caracterizados com a impermeabilidade mais baixa óptima de 0,1mD, com um objectivo de 0,2mD e não superior a 0,3mD, com o peso e a importância de 100%. Este desejo final foi ordenado e alcançado tanto para soluções locais como globais com os preditores de concentração de Fe^{2+} (0,324760mg/L), temperatura ($200,012^0$ F), pressão (2861,28psi), e tempo (6hrs), o que resultou na resposta PM optimizada de 0,2mD, à conveniência de 1 (100%).

Praticamente, a investigação conclui que a perda de CS e TS dos sistemas de bainha de cimento ferroso aumenta o PR e PM dos sistemas de bainha de cimento ferroso, como resultado, para os processos de dissociação e descalcificação. Principalmente, a dissociação do hidróxido de cálcio e a descalcificação do hidrato de tobermorite ou Silicato de Cálcio (C-S-H) por concentração elevada de Fe^{2+} em Hidrato de Silicato Ferroso; devido a isso, o Silicato de Cálcio Hidratado (C-S-H) tem uma superfície interna elevada com um mecanismo de adsorção adequado e robusto, para adsorver iões estrangeiros. Além disso, esta investigação sugere que a elevada concentração de Fe^{2+} na água de mistura induziu a reacção exotérmica de C_3 A, e C_3 S clinker, durante a hidratação do cimento. Do mesmo modo, esta investigação demonstrou que os modelos adequados para as respostas de desempenho mecânico do cimento desenvolvidos utilizaram a regressão de superfície de resposta múltipla do RSM, uma ferramenta disponível na tecnologia Minitab 16. Além disso, a seguir é a conclusão desta investigação.

5.2   Conclusão

Após uma análise crítica sobre o resumo e os resultados, esta investigação conclui conforme apresentado a seguir:

5.2.1   que as CS e TS associadas nas zonas óptimas e de conforto são sempre superiores à especificação API de 1500 e 125psi, respectivamente, excepto as que se encontram na zona adversa.

5.2.2   que tanto nas zonas óptimas como nas zonas de conforto, esta investigação conclui que, a uma pressão e tempo de cura constantes e elevados, à medida que a concentração de Fe^{2+} aumenta a uma dada temperatura, o CS e o TS diminuem, enquanto que o PR e o PM aumentam. Em contraste, à medida que a temperatura aumenta a uma dada concentração inferior de um Fe^{2+} na zona adversa, o CS e o TS aumentam; no entanto, o CS e o TS diminuem a concentrações excepcionalmente superiores de Fe^{2+}.

5.2.3   que à temperatura elevada e ao tempo de cura elevado, à medida que a concentração de Fe^{2+} aumenta a uma dada pressão, o CS e o TS diminuem, enquanto o PR e o PM aumentam. Por outro lado, à medida que a pressão aumenta a uma dada concentração de Fe^{2+}, o CS e o TS também diminuem, excepto na zona adversa.

5.2.4   que a alta temperatura e a alta pressão, à medida que a concentração de Fe^{2+} aumenta num dado tempo de cura, o CS e o TS diminuem, enquanto que o PR e o PM aumentam. Inversamente, à medida que o tempo de cura aumenta a uma dada concentração de Fe^{2+}. O CS e o TS aumentam apenas na zona óptima.

5.2.5 que à baixa temperatura e ao baixo tempo, à medida que as concentrações de Fe^{2+} aumentam a uma dada pressão, o CS e o TS diminuem, enquanto o PR e o PM aumentam.

5.2.6 que a baixa temperatura e baixa pressão, à medida que a concentração de Fe^{2+} aumenta num dado tempo de cura, o CS e TS diminui, enquanto o PR e PM aumenta. Por outro lado, à medida que o tempo de cura aumenta a uma dada concentração de Fe^{2+}. O CS e o TS aumentam apenas na zona óptima.

5.2.7 que à baixa temperatura e ao baixo tempo, à medida que as concentrações de Fe^{2+} aumentam a uma dada pressão, o CS e o TS diminuem, mas o PR e o PM aumentam. Além disso, estes resultados também afirmaram que as CS e TS associadas nas zonas óptimas e de conforto são mais elevadas do que as especificações API, ao contrário das que se encontram na zona adversa.

5.2.8 que a CS e TS; PR e PM, respectivamente, diminuem e aumentam em resultado dos processos de dissociação e descalcificação. A dissociação do hidróxido de cálcio e a descalcificação do hidrato de tobermorite ou Silicato de Cálcio (C-S-H) por concentração elevada de Fe^{2+} em Hidrato de Silicato Ferroso.

5.2.9 que qualquer aumento das respostas CS e TS; PR e PM na zona adversa, é devido a um *conjunto de flash* ou *pseudo-conjunto*.

5.2.10 que os modelos desenvolvidos de CS e TS são modelos quadráticos adequados. Além disso, que cada um dos modelos CS e TS não tem um *valor* p *de* 0,75 e 0,73, respectivamente, e que ambos estão acima de 0,05. Mais adiante, os termos em cada um destes modelos têm os seus *valores de p* associados inferiores a 0,05. Portanto, de facto, estas conclusões analíticas concluem ainda que, os modelos desenvolvidos de CS e TS são muito satisfatórios, estatisticamente viáveis, e adequados.

5.2.11 que os modelos de CS adequados desenvolvidos prevêem cerca de 78,82% do seu modelo verdadeiro correspondente. O modelo de CS adequado é responsável por aproximadamente 86,35% de variação nos preditores (temperatura, pressão, tempo, e concentração de Fe^{2+}). Também, a diferença absoluta do modelo entre o R^2 (pred) e R^2 (adj) é inferior a 20%; que a diferença positiva entre o R^2 (pred) a 78,82%, e o R^2 (adj) a 86,35% do desempenho do CS é de cerca de 7,53%.

5.2.12 a investigação conclui que, as respostas optimizadas de CS previstas de 4835, 4813, e 4803psi foram alcançadas pelos respectivos factores combinados de Fe^{2+} concentração de 0,00mg/L, temperatura de 250^0 F, pressão de 2500psi, e tempo de 8hrs; Fe^{2+} concentração de 0.02mg/L, temperatura de 250^0 F, pressão de 2500psi, e tempo de 8hrs; Fe^{2+} concentração de 0,03mg/L, temperatura de 250^0 F pressão de 2500psi, e tempo de 8hrs, com a correspondente conveniência de 74%; 74%; 73%.

5.2.13 que a relação linear correlata (R^2 = 89,01%) entre os preditores (Fe^{2+} concentração, temperatura, pressão e tempo) e a Resposta do TS é de cerca de 89,01%; que o coeficiente previsto de determinação múltipla [R^2 (pred) = 79,11%] para o modelo TS desenvolvido; ou seja, o modelo prevê cerca de 79,11% das observações experimentais do TS ou modelo verdadeiro. Ao mesmo tempo, o coeficiente ajustado de determinação múltipla, [R^2 (adj) = 86,53%] do modelo TS adequado representa aproximadamente 86,53% de variância nos preditores (Fe^{2+} concentração, temperatura, pressão., e tempo). Além disso, a diferença absoluta calculada entre o R^2 (pred) de 79,11% e R^2 (adj) de 86,53 (ou seja 7,42%) é inferior a 20%.

5.2.14 que um TS optimizado de 403, 401, e 377psi foi alcançado pelos respectivos factores combinados de Fe^{2+} concentração de 0,00mg/L, temperatura de 250^0 F, pressão de 2500psi, e tempo de 8hrs; Fe^{2+} concentração de 0.03mg/L, temperatura de 250^0 F, pressão de 2500psi, e tempo de 8hrs; Fe^{2+} concentração de 0,03mg/L, temperatura de 250^0 F, pressão de 2500psi, e tempo de 8hrs, com a correspondente conveniência de 74%; 74%; 67%.

5.2.15 que a relação linear correlata (R^2 = 88,71%) entre os preditores (Fe^{2+} concentração em água misturada, temperatura, pressão e tempo usado para curar a bainha de cimento), e a superfície de resposta do desempenho de PR é cerca de 88,71% forte; que o coeficiente previsto de determinação múltipla [R^2 (pred) = 79,24%] para o modelo desenvolvido é 79,24%; o que significa que o modelo prevê cerca de 79,24% das observações experimentais de PR. Além disso, o coeficiente ajustado de determinação múltipla, [R^2 (adj) = 86,51%] do modelo PR representa aproximadamente 86,51% de variância nos preditores (Fe2_Con, Temp., Pres., e Time) do modelo desenvolvido 4.10. Além disso, observou-se que, o erro padrão (s ou σ) é tão baixo quanto 4,20, e a soma dos erros de previsão dos quadrados (PRESS) é tão baixo quanto 1331,27. Quando estas métricas foram analisadas mais aprofundadamente, foi revelado que, a diferença absoluta calculada entre o R^2 (pred) de 79,24% e R^2 (adj) de 86,51% (ou seja 7,27%) é inferior a 20%, o que está de acordo com o limiar indicado. Além disso, a falta de ajuste do *valor p* do modelo é medida como 0,752; ou seja, a falta de ajuste do *valor p* do modelo > 0,05, o que está de acordo com a hipótese. De facto, estes resultados analíticos concluem que, o modelo de relações públicas desenvolvido é muito satisfatório, estatisticamente viável, e adequado.

5.2.16 que tanto as soluções locais como globais para prever a resposta de RP optimizada em cerca de 15,4373%, com a conveniência de 1 (100%) para os sistemas de bainha de cimento investigados. Estes valores dos preditores devem valer como concentração de Fe^{2+} (0,0688889mg/L), Temperatura (200^0 F), Pressão (2500psi), e Tempo (8hrs).

5.2.17 que a relação linear correlata, R^2 entre os preditores e a superfície de resposta do desempenho PM é robustamente cerca de 87,70%; e o coeficiente de determinação múltipla previsto, R^2 (pred) para o modelo desenvolvido é 77,40%; o que significa que o modelo PM prevê cerca de 77,40%; das observações experimentais de PM. O coeficiente ajustado de determinação múltipla, R^2 (adj) do modelo PM, também interpreta cerca de 85,30% de variância nos preditores do modelo adequado da resposta PM. Mais adiante, estas métricas foram analisadas complementarmente, e descobriu-se que, a diferença absoluta calculada entre o R^2 (pred) de 77,40% e R^2 (adj) de 85,30% é de aproximadamente 7,9%, o que é inferior a 20%. Isto está em linha com o limiar recomendado para um modelo adequado. Do mesmo modo, o *valor p* do modelo não ajustado é medido como 0,807. Em comparação, esta falta de ajuste do *valor de p* deste modelo é superior a 0,05, e está em conformidade com a hipótese. Ao mesmo tempo, o *p-valor* do termo, tempo foi observado estatisticamente não significativo para o Modelo. Isto explica que, o PM investigado foi insignificantemente influenciado pelo tempo de cura; mas, fortemente influenciado pelas interacções do ião Fe^{2+} presente na água de mistura. No entanto, o tempo preditor ainda foi adoptado, devido à importância do tempo de cura numa situação ideal.

5.2.18 que a resposta PM foi optimizada para o objectivo, para que os sistemas de bainha de cimento fossem caracterizados com a impermeabilidade mais baixa óptima de 0,1mD, com um objectivo de 0,2mD e não superior a 0,3mD, com o peso e a importância de 100%. Este desejo final foi ordenado e alcançado tanto para soluções locais como globais com os preditores de concentração de Fe^{2+} (0,324760mg/L), temperatura (200,012⁰ F), pressão (2861,28psi), e tempo (6hrs), o que resultou na resposta PM optimizada de 0,2mD, à conveniência de 1 (100%).

5.3 Contribuições para o conhecimento

Esta investigação conduziu testes de desempenho sobre os efeitos da presença conhecida de concentrações de Fe^{2+} em águas mistas na resistência à compressão e à tracção, porosidade, e permeabilidade dos sistemas de bainha de cimento de poço de petróleo em ambientes simulados de alta pressão e alta temperatura. Estes testes de desempenho seguiram a metodologia da especificação API 10A baseada no BBDoE do RSM - e as respostas destas experiências submetidas à folha de cálculo da tecnologia Minitab 16 ajudaram a esta investigação na plotagem de representações gráficas, desenvolvimento de modelos adequados, optimização dos modelos, e inferências de desenho. Consequentemente, são as seguintes as contribuições derivadas desta investigação para o conhecimento a partir das inferências desenhadas.

5.3.1 que existe uma força compressiva optimizada de cerca de 4617psi entre a desejabilidade de 73 a 74% com os preditores optimizados configurados como se segue: Fe^{2+} concentração (0,00 a 0,03mg/L), Temp. (250^0 F), Pres. (2500psi), e Time (8hrs.).

5.3.2 que um TS optimizado de 403, 401, e 377psi pode ser atingido pelos respectivos factores combinados de Fe^{2+} concentração de 0,00mg/L, temperatura de 250^0 F, pressão de 2500psi, e tempo de 8hrs; Fe^{2+} concentração de 0.03mg/L, temperatura de 250^0 F, pressão de 2500psi, e tempo de 8hrs; Fe^{2+} concentração de 0,03mg/L, temperatura de 250^0 F, pressão de 2500psi, e tempo de 8hrs, com a correspondente conveniência de 74%; 74%; 67%

5.3.3 que a resposta de porosidade optimizada é de cerca de 15,4373%, com a conveniência de 1 (100%) para um sistema de bainha de cimento. Os preditores devem avaliar como concentração de Fe^{2+} (0,0308889mg/L), Temperatura (200^0 F), Pressão (2500psi), e Tempo (8hrs).

5.3.4 que a resposta de permeabilidade optimizada de 0,2mD na desejabilidade de 1 (100%) na cimentação de poços de petróleo pode ser alcançada utilizando os seguintes parâmetros Fe^{2+} concentração (0,324760mg/L), temperatura ($200,012^0$ F), pressão (2861,28psi), e tempo (6hrs).

5.3.5 que uma maior concentração de Fe^{2+} existente em água misturada acima de 0,03mg/L é prejudicial para o desenvolvimento de sistemas de bainha de cimento para poços de petróleo em ambientes de alta pressão e alta temperatura.

5.3.6 que à medida que a bainha de cimento ferroso diminui a sua resistência à compressão e à tracção, a porosidade e a permeabilidade aumentam devido à dissociação do hidróxido de cálcio e à descalcificação do hidrato de tobermorite ou Silicato de Cálcio (C-S-H) por concentração elevada de Fe^{2+} em Hidrato de Silicato Ferroso.

5.3.7 que os modelos desenvolvidos ajudariam a poupar o tempo e as implicações de custos da repetição de trabalhos laboratoriais tão rigorosos.

5.3.8 que os princípios do BBDoE disponíveis na RSM, podem ser adoptados na investigação de respostas de desempenho de cimentação de poços de petróleo em ambientes de alta pressão e alta temperatura.

5.4 Recomendações

5.4.1 Recomendações desta Investigação

Positivamente, esta investigação pode reduzir os casos frequentemente relatados de incidentes e acidentes associados a operações de E&P à ALARP; e poupar custos, investimento, e anular o tempo para a cimentação de poços de petróleo secundários ou correctivos. Além disso, proteger contra danos ambientais, prevenir acidentes das partes interessadas, e proteger a confiança pública das companhias petrolíferas internacionais, consequências financeiras indesejáveis, e a reputação. Consequentemente, sobre estes antecedentes, estas recomendações de investigação são as seguintes:

5.3.1.1 A água misturada deve ser submetida a análise físico-química da água, para determinar a sua potabilidade antes da sua utilização na cimentação de poços de petróleo.

5.3.1.2 O cimento de poço de petróleo da classe G poderia ser utilizado para a formulação de chorume de cimento ferroso.

5.3.1.3 Os princípios do BBDoE disponíveis na RSM, devem ser adoptados na investigação das respostas de desempenho de cimentação de poços de petróleo.

5.4.2 Recomendações para Estudos Adicionais

5.4.2.1 Uma investigação que envolveria o efeito da mistura de água desionizada apenas com iões ferrosos, poderia ser realizada para determinar os seus efeitos no desempenho da cimentação de poços de petróleo.

5.4.2.2 Um estudo comparativo que investigaria os efeitos de todos os metais pesados divalentes individualmente picos em água misturada no desempenho da cimentação de poços de petróleo.

5.4.2.3 Um estudo sobre os efeitos da recuperação microbiana melhorada do óleo nas propriedades mecânicas dos sistemas de bainhas de cimento.

REFERÊNCIAS

Adesuyi, A.A. (2015). *Estudos de avaliação ambiental das instalações de campo de Kolo Creek*. Folheto não publicado. Ph.D. Research Intern (EIA Team - Corporate Environment).

Ahmed, A., Elkatatny, S., Gajbhiye, R. & Rahman, M.K. (2018). Effect of Polypropylene Fibers on Oil-well Cement Properties at HPHT Condition. in *SPE Kingdom of Saudi Arabia Annual Technical Symposium and Exhibition* held in Dammam, Saudi Arabia, 23-26 April 2018. SPE-192187-MS.

Ahmed, A., Mahmoud, A.A., Elkatatny, S. & Chen, W. (2019). O Efeito da Ponderação de Materiais nas Propriedades do Cimento do Poço Petrolífero durante a Perfuração de Poços Profundos. *Sustentabilidade* 11(23), 6776.

Ahmed, S., Salehi, S. & Ezeakacha, C. (2020). Revisão da migração de gás e fugas de poços no sistema de dupla barreira do cabide: Desafios e implicações para a indústria. *Journal of Natural Gas Science and Engineering 78*.

Akin, E.J., Dove, N.R. & Ruddy, K. (2017). Angola Cameia Development Casing-Settlement Calculation. *SPE Perfuração e Conclusão* 1-9.

Al-Jabri, K.S, Taha, R. & Al-Saidy, A.H. (2010). *Efeito da utilização de água não fresca sobre as propriedades mecânicas das argamassas de cimento e betão. Anais do terceiro congresso internacional de fibras e da convenção e exposição anual PCI.* realizado de 29 de Maio a 2 de Junho de 2010 em Washington D.C., EUA.

Al-Manaseer, A.A., Haung, M.D. & Nasser, K.W. (1998). Compressive strength of concrete containing fly-ash, brine, and admixtures, *The American Concrete Institute Materials Journal* 85 (2), 109-119.

Al-Neshawy, D.S.F. & Punkki, J., (2020). *Palestra 2. Cimento Portland. CIV-E2020 Tecnologia do betão.* Aalto University School of Engineering Department of Civil Engineering 1 - 31.

Alp, B. & Akin, S. (2013). "Utilização de Materiais Cimentícios Suplementares em Cimentação de Poços Geotérmicos" *Actas do Trigésimo Oitavo Workshop de Engenharia de Reservatórios Geotérmicos*, Universidade de Stanford, Stanford, Califórnia, 1 - 7.

Anderson, K.A. (1984). Sistemas de Apoio para Cargas de Cabeça de Poço Alta. *Journal of Canadian Petroleum Technology* 23(3),76-78.

Anon (2018). Propriedade: Permeabilidade, disponível a partir de <http://calculatorproperties/permeability.html> [Acesso: 22 de Julho de 2012].

APHA (1995). Associação Americana de Saúde Pública, *Métodos Padrão: Para o Exame da Água e Águas Residuais, APHA, AWWA, WEF/1995*, Publicação APHA.

Especificação API 10A (2002). Especificação *para Cimentos e Materiais para Cimentação de Poço*. 23ª Edição, American Petroleum Institute, Northwest Washington, DC.

Appleby, S. & Wilson, A. (1996) Permeabilidade e sucção no cimento de fixação. *Chem Eng Sci* 51(2), 251-267.

Aris, R. (1978). *Mathematical Modeling Techniques*, Pitman, Londres,

Arjomand, E., Bennett, T. & Nguyen, G.D., 2018. Avaliação da integridade da bainha de cimento sujeita a maior pressão. *Journal of Petroleum Science and Engineering 170*, 1-13.

Ashraf, M.A., Maah, M.J. & Yusoff, I. (2011). Heavy metals accumulation in plants growing in ex tin mining catchment, *International Journal of Environmental Science and Technology* 8(2), 401-416.

ASTM C109 (1999). American Society for testing and Materials, Standard Test Method for Compressive Strength of Hydraulic Cement Mortars (Using 2-in. or [50- mm] Cube Specimens), ASTM International. ASTM C109/C 109M - 99, West Conshohocken, PA. 19428.

ASTM C496 (2004). Método de teste padrão para a resistência à tracção de Espécimes de Betão Cilíndrico. ASTM International, ASTM C496-96, Philadelphia, PA.

ASTM, C. (2012). 1602/C 1602M-12 Especificação Padrão para Água de Mistura Utilizada no Cimento Hidráulico de Betão. *ASTM Internacional: West Conshohocken*, PA, EUA.

Azar, J.J. & Samuel, G.R. (2007) *Drilling Engineering*. PennWell Corporation, Oklahoma.

Backe, K.R., Skalle, P., Lile, O.B. S.K., Lyomov, H. & Sveen, J.J. (1998). Shrinkage of Oil Well Cement Slurries, *The Journal of Canadian Petroleum Technology* 37 (9), 63-67.

Bahri, S., Mahmud, B.H. & Shafigh, P. (2018). Optimization of Mixture Proportions of High Strength High Performance Concrete Incorporating Rice Husk Ash by Using Response Surface Methodology, *WMA-1 2018, 20-21 de Janeiro, Indonésia*.

Bensted, J. (1991). Retardation of Cement Slurries to 250°F, SPE 23073, *in the Offshore Europe Conference held in Aberdeen*, 3-6 September 1991.

Bensted, J. (2008). *Desenvolvimento com cimentos oilwell. Estrutura e desempenho dos cimentos*, 237-252. Spon Press, Londres, Reino Unido.

Bett, E.K. (2010). *Geothermal well cementing, materiais e técnicas de colocação, Geothermal Training Programme,* United Nation University, Reports 2010 (10), 99-130.

Bois, A.P., Garnier, A., Rodot, F., Saint-Marc, J. & Aimard, N. (2011) Como evitar a perda do isolamento zonal através de uma análise abrangente da formação de microânulos. *Conclusão da broca SPE* 26(1):13-31.

Boniface, A.O. & Appah, D. (2014). Análise do Cimento Local Nigeriano para o Projecto de Cimentação de Poços de Petróleo e Gás. *Academic Research International* 5(4), 176 - 181.

Bourgoyne Jr, A.T., Millheim, K.K., Chenevert, M.E. & Young Jr, F.S. (1986). *Engenharia de Perfuração Aplicada.* SPE 2. Richardson, Texas: Sociedade de Engenheiros Petrolíferos.

Broni-Bediako, E., Joel, O.F. & Ofori-Sarpong, G. (2015). Avaliação do desempenho dos cimentos locais com cimento de classe 'G' importado para operações de cimentação de poços de petróleo no Gana, *Ghana Mining Journal* 15 (1), 78 - 84.

Brooks, J.J., Megat. J. & Mazloom, M. (2000). efeito dos aditivos nos tempos de presa do betão de alta resistência. *Cimento & Compostos de Betão* 22, 293-301.

Campillo, A., Guerrero, J.S., Dolado, A., Porro, J.A. & Goñi, S. (2007). Improvement of Initial Mechanical Strength by Nanoalumina in Belite Cements, *Materials Letters* 61, 1889-1892.

Carley, K.M., Kamneva, N.Y. & Reminga, J. (2004). *Metodologia de superfície de resposta* (No. CMU-ISRI-04-136). Carnegie-Mellon Univ Pittsburgh PA School of Computer Science.

Creek, K. (2004). Shell Petroleum Development Company of Nigeria Limited. [online] disponível a partir de <http://scholar.google.com/scholar_url?url=https%3A%2F%2Fs04.staticshell.c om%2Fcontent%2Fdam%2Fshellnew%2Flocal%2Fcountry%2Fnga%2Fdownl oads%2Fpdf%2Fkolocreekeiareport.pdf&hl=en&sa=T&oi=gga&ct=a&cd=1&e i=GHDNWoSCC83kmAHlqqzoAg&scisig=AAGBfm212moCjMkEuh79cfmy DSgTDQ52iA&nossl=1&ws=1366x657> [Acesso: 11 de Abril, 2018].

Crook, R. (2006) 'Cementing'. in Volume II Drilling Engineering. ed. by Mitchell, F. R. in *Petroleum Engineering Handbook*. ed. by Lake, W.L. Richardson: Society of Petroleum Engineers, II-368-II-432

Crook, R.J., Benge, G., Faul, R. & Jones, R.R. (2001). Eight Steps to Ensure Successful Cement Jobs, *Oil & Gas Journal* 16-17.

Davies, R.J., Almond, S., Ward, R.S., Jackson, R.B., Adams, C., Worrall, F., Herringshaw, L.G., Gluyas, J.G. & Whitehead, M.A. (2014). Poços de petróleo e gás e a sua integridade: implicações para a exploração do xisto e de recursos não convencionais. *Geologia Marinha e Petrolífera* 56, 239 - 254.

De Paula, J.N., Calixto, J.M., Ladeira, L.O., Ludvig, P. & Souza, T.C.C. (2018). Resistência à tracção de pastas de cimento de poços de petróleo produzidas com nanotubos de carbono directamente sintetizados em clinker. *International Journal of Engineering Science* 57-62.

DeBruijn, G., Skeates, C., Greenaway, R., Harrison, D., Parris, M., James, S., Mueller, F., Ray, S., Riding, M., Temple, L., Wutherich, K. & Ed; Nelson (2008). High-Pressure, High-Temperature Technologies Oilfield Review, [Online] disponível a partir de <https://www.slb.com/-/media/files/oilfield-review/high-pressure-high-temperature> [Acesso: 26 de Março, 2020].

Doladoa, J.S., Campillo, I., Erkizia, E., Ibanez, J.A., Porro, A., Guerrero, A. & Goni, S. (2007). Effect of Nanosilica Addition on Belite Cement Paste Held in Sulfate Solutions, *Journal of the American Ceramic Society* 90, 3973-3976.

Dusseault, M.B., Gray, M.N. & Nawrocki, P.A. (2000) Why oilwells leak: cement behavior and long-term consequences. In: Documento SPE 64733 apresentado na *conferência e exposição internacional sobre petróleo e gás da SPE, realizada em Pequim, China*, 7-10 Nov 2000.

Felicetti, R., Lo Monte, F. & Pimienta, P. (2012). A influência da pressão dos poros sobre a aparente resistência à tracção do betão. Em *Structures in Fire-SiF2012*, 589-598.

Fjær, E., Holt, R.M., Horsrud, P., Raaen, A.M., & Risnes, R. (2008). *Petroleum related rock mechanics*, 2nd edn. Elsevier, Amsterdão

Ford, A. (2009). *Modelar o ambiente*. 2ª edição, Island Press, Washington D.C.

Garboczi, E.J. & Bentz, D.P. (1991). Fundamental Computer Simulation Models for Cement-based Materials, in: J. Skalny, S. Mindess (Eds.), Materials Science of Concrete II, *American Ceramic Society*, Westerville, OH, 249-273.

Garg, T. & Gokavarapu, S. (2012). Lições Aprendidas da Análise da Causa Raiz do Derrame de Petróleo do Golfo do México 2010. *SPE 163276*. Cidade do Kuwait: Sociedade de Engenheiros Petrolíferos.

George, W.S., Gary, P.F. & Peethamparan, S. (2010). Efeito da pressão sobre a hidratação precoce da classe H e do cimento branco. *Investigação do cimento e do betão*. 40, pp.845-850.

Glasser, F.P. (1994). Immobilisation potential of cementious materials, *Studies in Environmental Science* 60, 77-86.

Gordon, T.A. & Enyinaya, E. (2012). Avaliação da Qualidade das Águas Subterrâneas do Estado de Yenagoa e arredores de Bayelsa, Nigéria, entre 2010 e 2011. *Recursos e Ambiente*, 2(2), 20-29.

Hair, D. & Narvaez, K. (2011). Causas Raiz/ Falhas que Causaram a Explosão do Poço Macondo (Petróleo BP). Disponível [online] https://www.erm-strategies.com/blog/wp-content/uploads/2011/08/PRIMADeepwaterHorizon-2.pdf [Acedido: 29 de Janeiro de 2018].

Heinold, T., Dilenbeck, R. & Rogers, J. (2002). The Effect of Key Cement Additives on the Mechanical Properties of Normal Density Oil and Gas Well Cement Systems, *Society of Petroleum Engineers Asia Pacific Oil and Gas Conference and Exhibition,* SPE 77867, Melbourne, Austrália, 1 - 12.

Igbani, S., Appah, D. & Ogoni, H.A. (2020a). Efeito da Alta Concentração de Íons Ferrosos em Água Mista no Desenvolvimento da Força Compressiva da Bainha de Cimento Oilwell. *International Journal of Engineering and Modern Technology* 6(2), 33 - 51.

Igbani, S., Appah, D. & Ogoni, H.A. (2020b). A Aplicação da Metodologia de Superfície de Resposta no Minitab 16, para Identificar as Zonas Óptimas, Conforto e Adversas de Respostas de Força Compressiva em Sistemas de Bainha de Cimento de Poços de Petróleo Ferrosos. *International Journal of Engineering and Modern Technology* 6(3), 20 -39.

Igbani, S., Ogoni, H.A. & Appah, D. (2020c). O Tempo de Espessamento do Sistema de Pasta de Cimento Ferroso em Ambiente de Alta Pressão e Alta Temperatura. *Revista Nigeriana de Ciências e Tecnologia Ambiental* 4(2), 351-369.

James, C.W.W. & Las C. (2017). "Geothermal Drilling" Las Cruces, Novo México http://slideplayer.com/slide/4561787/15/images/17/TYPES+OF+CASING+CONDUCTOR+SURFACE+INTERMEDIATE+PRODUCTION.jpg [Acesso: 15 de Abril 2017].

Joel, O.F. & Ademiluyi, F.T. (2011). Modelling of compressive strength of cement slurry at different slurry weights and temperatures, *Research Journal of Chemical Sciences* 1(2), pp. 128-134.

Khan, A.H., Rasul, S.B., Munir, A.K.M., Habibuddowla, M., Alauddin, M., Newaz, S.S. & Hussam, A. (2000). Avaliação de um método simples de remoção de arsénico para as águas subterrâneas do Bangladesh. *Journal of Environmental Science and Health* A35 (7), 1021-1041.

Kincl M, Turk S. & Vrecer F. (2005). Aplicação da metodologia de concepção experimental no desenvolvimento e optimização do método de libertação de fármacos. *International Journal of Pharmacy* 291, .39-49.

Kiran, R., Teodoriu, C., Dadmohammadi, Y., Nygaard, R., Wood, D., Mokhtari, M. & Salehi, S. (2017). Identificação e avaliação da integridade do poço e causas de falha das barreiras de integridade do poço (Uma revisão). *Journal of Natural Gas Science and Engineering* 45, 511-526.

Kreyszig, E., Kreyszig, H. & Norminton, E.J. (2011). *Matemática de Engenharia Avançada*: International Student Version.10 ed., John Wiley & Sons. Ásia, Hoboken.

Kuchee, K.J, Jamkar, S.S. & Sadgir, P.A. (2015). Qualidade da água para o fabrico de betão: A review of Literature, *International Journal of Scientific and Research Publications* 5 (1), 1-9.

Kutchko, B.G., Strazisar, B. R., Dzombak, D. A., Lowry, G. V. & Thaulow, N. (2007). Degradação do Cimento de Poço por CO_2 sob Condições Geológicas de Sequestração. *Environmental Science Technology* 41 (13), 4787-4792.

Labibzadeh, M. (2010). Avaliação da resistência à tracção do Cimento da Classe G do Campo Petrolífero sob os efeitos das mudanças de pressão e temperatura no fundo do poço. *Tendências na Investigação em Ciências Aplicadas* 5, 165-176.

Larosche, C.J., Ed. & Delatte, N. (2009). *3-Tipos e Causas de Rachaduras na Estrutura de Betão, Falha, Angústia e Reparação de Estruturas de Betão*, Série Woodhead Publishing em Engenharia Civil e Estruturas 57-83, [Online] disponível a partir de <https://doi.org/10.1533/9781845697037.1.57> [Acesso: 26 de Março, 2020].

Lavrov, A. & Torsaeter, M. (2016). 'Propriedades do Cimento de Poço'. em *Física e Mecânica do Cimento de Poço Primário*. [Online] disponível de <http://www.springer.com/978-3-319-43164-2> [Acesso: 20 de Março, 2020].

Lecampion, B., Quesada, D., Loizzo, M., Bunger, A., Kear, J., Deremble, L. & Desroches, J. (2011). Descolagem da interface como mecanismo de controlo da perda de integridade do poço: Importância para os poços injectores de CO_2 , *Energy Procedia* 4, 5219-5226.

Li, G. (2004). Propriedades da Mosca de Alto Volume de Betão Fsh em Cooperação Nano-SiO2, *Cimento e Investigação de Betão*. 34, 1043-1094> [10 de Abril 2017].

Li, H., Shi, Y., Jiao, Z. & Chen, J. (2019). Preparação de cimento Portland com alta resistência à compressão e à tracção pelo efeito sinérgico entre o carboneto de silício verde micronizado e a micro fibra de aço. Na *série de conferências da IOP: Ciência da Terra e do Ambiente* 330, 4.

Lile, O.B., Elvebakk, H., Backe, K.R., Skalle, P. & Lyomov, S. (1997). Uma nova técnica para medir a permeabilidade e a resistência à tracção de um cimento de poços de petróleo de cura. *Avanços na Investigação do Cimento* 9(33), 47-54.

Liu, K., Gao, D. & Taleghani, A.D. (2018). Análise da integridade da bainha de cimento na secção vertical dos poços durante a fracturação hidráulica. *Journal of Petroleum Science and Engineering 168*, 370-379.

Liu, Y.S. (2015). Investigação sobre a tecnologia de selagem de resíduos de polpa de cimento de poço. *Avanços na Exploração e Desenvolvimento do Petróleo* 10(2), 152-155.

Madhusudana, R.B., Reddy, B.G. & Ramana, R.I.V. (2011). Efeito da forte presença mental na mistura de água nas propriedades e ataque de sulfato na argamassa de cimento misturado. *International Journal of Civil and Structural Engineering*. 1(4), 804 - 816.

Magdi, M., Norhan, R., El Din, N., Ziada, A., Fady, Z., Maha, M., Sherif, A., Hamza, S.A., Eman, E., Amr, F., Ezzat H.F. & Mohamed, N.A. (2017). O Impacto da temperatura da água de mistura na qualidade do cimento Portland Cement Concrete. *Liderança em Infra-estruturas Sustentáveis, Vancouver, Canadá.* MAT552-1 a MAT552-9.

Maghsoud, A., Amir, A.N. & Komeil, G. (2008). Metodologia de Superfície de Resposta e Algoritmo Genético na Optimização do Processo de Clinkering de Cimento. *Journal of Applied Sciences* 8(15), 2732-2738.

Mamã, C.N., Nnaji, C.C., Onovo, C.J. & Nwosu, I.D. (2019). Efeitos da Qualidade da Água nas Propriedades de Comprimento do Betão. *International Journal of Civil, Mechanical and Energy Science* 5(2), 7-13.

Mayers, R. H., Montgomery, D.C. & Anderson-Cook, C.M. (2009). *Metodologia da Superfície de Resposta: Optimização do processo e do produto utilizando experiências de design.* 3ª ed., Wiley Series in Probability and Statistic. John Wiley & Sons. EUA, Nova Jersey.

McCoy, W.J. (1978) Mixing and Curing Water for Concrete. *ASTM SP. Tech.* 169B, 765-773.

Mehta, P.K. & Monteiro, J.M.P, (2005). *Betão: Microestrutura, Propriedades, e Materiais,* 3ª ed., (2005). McGraw-Hill Professional.

Miličević, I. (2014). Aplicação do desenho Box-Behnken na modelação de propriedades do betão com tijolo triturado e telha.

Minitab 18 (2019). Optimality Metrics for Select Optimal Design, [Online] Disponível a partir de<https://support.minitab.com/en-us/minitab/18/help-and-how-to/modelling-statistics/doe/how-to/factorial/select-optimal-design/interpret-the-results/optimality-metrics/> [Acesso: 16 de Fevereiro, 2019].

Mueller, D.T. & Eid, R.N. (2006). Caracterização do comportamento mecânico precoce dos cimentos de poços empregados em operações de revestimento de superfície. Na *Conferência de Perfuração do IADC/SPE.* Sociedade de Engenheiros Petrolíferos.

Nair, T.A., Makwana, R.A. & Ahammed, M.M. (2014). A utilização da metodologia de superfície de resposta para modelação e análise de processos de tratamento de água e águas residuais: uma revisão, *Ciência e Tecnologia da Água.* 69.3, pp.464-478. [online] disponível em <https://iwaponline.com/wst/article-pdf/69/3/464/471983/464.pdf> [Acesso: 5 de Novembro, 2018].

NAP (2012). Macondo Well Deepwater Horizon Blowout: Lições para melhorar a segurança da perfuração offshore. [online] disponível em <https://www.nap.edu/read/13273/chapter/3> [25 de Janeiro, 2018].

Nelson E. B. (1990). *Well Cementing,* Nova Iorque: Elsevier 9-14

Nelson, E.B. & Guillot, D. (2006), editores, *Well cementing, Segunda Edição*, no capítulo B, 627-657. Schlumberger, Sugar Land, Texas.

Neville, A.M. & Brooks, J.J. (2010). *Tecnologia de Betão*, 2ª ed., A.M. Longman: Inglaterra

Nikhil, T.R, Sushma, R., Gopinath, S.M. & Shanthappa, B.C. (2014). Impact of water quality on strength properties of concrete, *Indian Journal of Applied Research* 4(7), 197-199.

Normann, S. (2018). A migração de gás pode causar um desastre, [Online] disponível em <https://blog.wellcem.com/gas-migration-can-cause-a-disaster> [Acesso: 1 de Agosto, 2018].

NSDWQ (2007). Nigerian Standard for Drinking Water Quality, NIS 554, Organização Padrão da Nigéria, Lagos, Nigéria

Nygaard, R., Salehi, S., Weideman, B. & Lavoie, R.G (2014). Efeito da carga dinâmica sobre fugas de furos para a área de wabamum CO_2 - projecto de sequestração. *Journal of Canadian Petroleum Technology* 53(01), 69-82.

Olugbenga, A.T.A. (2014). Efeitos de diferentes fontes de água na resistência do betão: um estudo de caso da Ile-Ife. *Investigação Civil e Ambiental* 6(3), 39-43.

Omosebi, O., Maheshwari, H., Ahmed, R., Shah, S., Osisanya, S., Hassani, S., DeBruijn, G., C.W. & Simon, D. (2016). Degradação do cimento de poço em ambiente ácido HPHT: Efeitos da concentração e pressão de CO2. *Cimento e Compostos de Betão* 74, 54 - 70.

Oxford Lexico (2021). Significado de força compressiva em inglês: força compressiva. [online] disponível a partir de <https://www.lexico.com/definition/compressive_strength> [Acesso: 29 de Janeiro, 2021].

Oyinkuro, A. & Rowland, E.D. (2017). Spatial Groundwater Quality Assessment by WQI and GIS in Ogbia LGA of Bayelsa State, Nigeria. *Asian Journal of Physical and Chemical Sciences*. 4(4), pp.1-12.

Oyinkuro, A.O. & Rowland, D.E. (2017). Spatial Groundwater Quality Assessment by WQI and GIS in Ogbia LGA of Bayelsa State, Nigeria. *Asian Journal of Physical and Chemical Sciences* 4(4), 1-12.

Pallardy, R. (2018). *Derrame de petróleo da Deepwater Horizon de 2010*. Desastre ambiental, Golfo do México. [Online] disponível a partir de <https://www.britannica.com/event/Deepwater-Horizon-oil-spill-of-2010#> [Acesso: 27 de Janeiro de 2018].

Parsonage, K.D. (2017). Relatório preliminar de investigação sobre a migração de gás. [Online] disponível a partir de <https://www.google.com/search?source=hp&ei=tw9hW93iG4TewAKmhaOQ CA&btnG=Search&q=cases+de+gás+migração+em+poços#> [Acesso: 20 de Agosto, 2018].

Patil, G.K., Jamkar, S.S. & Sadgir, P. A. (2011). Efeitos dos Produtos Químicos como Impurezas na Mistura de Água nas Propriedades do Betão. *International Journal of Research in Chemistry and Environment* 1(1), 35-41.

Patrick, J., Aditya, K., Emmanuel, G., Robert, J.F. & Karen, L.S. (2012). Efeito da mistura sobre a hidratação precoce de sistemas alite e OPC. *Sika Technology Zurique* 2-8.

Pattinasarany, A. & Irawan, S. The Novel (2012). Method to Estimate Effect of Cement Slurry Consistency towards Friction Pressure in Oil/Gas Well Cementing, *Research Journal of Applied Science Engineering and Technology* 4 (22), 4596-4606.

Pelipenko, S. & Frigaard, I.A. (2004). Remoção de lama e colocação de cimento durante a cimentação primária de um poço de petróleoParte 2; deslocamentos em estado estacionário. *Journal of Engineering Mathematics*, 48(1), 1-26.

Petrowiki (2015). Testes de concepção de pasta de cimento. [Online] disponível a partir de <https://petrowiki.org/Cement_slurry_design_testing> Acesso [26 de Março, 2020].

Philippacopoulos, A.J. & Berndt, M.L. (2001). Influência da desbondagem em permutadores de calor no solo utilizados com bombas de calor geotérmicas. *Geotermia 30*(5), 527-545.

Rahmanian, N., Ali, S.H.B., Homayoonfard, Ali, M.N.J., Rehan, M., Sadef, Y. & Nizami, A.S. (2015). Análise de Parâmetros Fisiocquímicos para Avaliar a Qualidade da Água Potável no Estado de Perak, Malásia. *Journal of Chemistry*, Volume 2015, Artigo ID 716125. Disponível [Online] <http://dx.doi.org/10.1155/2015/716125> [Acesso: 3 de Julho, 2020].

Rahmatika, A, Hariyadi, H. & Jauhar F. (2019). The Application of Response Surface Methods (RSM) to Study the Effect of Partial Portland Cement Replacement Using Silica Fume on the Properties of Mortar, *International Journal of Civil Engineering and Technology* 10(4), 2356-2364.

Ravi, K., Bosma, M. & Gastebled, O. (2002). Melhorar a economia dos poços de petróleo e gás, reduzindo o risco de falha do cimento. Na *Conferência de Perfuração do IADC/SPE*. Sociedade de Engenheiros Petrolíferos.

Regulacion, E.R. & Oreta, C.W. (2013). Aplicação da metodologia da superfície de resposta: Projecto óptimo de mistura de betão com escória como agregado grosseiro. *O Congresso Mundial sobre Avanços em Estruturas e Mecânica de 2013. ASEM13* 1457 - 1468.

Saleh, F.K. & Teodoriu, C. (2017a). O mecanismo de misturar e misturar energia para poços de petróleo e gás, chorume de cimento: Uma revisão bibliográfica e uma análise comparativa dos resultados. *Journal of Natural Gas Science and Engineering* 38, 388-401.

Saleh, F.K., Ichim, A., Mbainayel, D. & Teodoriu, C. (2017b). A Quantificação da Energia de Mistura durante todo o Ciclo de Cimentação. *In ASME 2017 36th International Conference on Ocean, Offshore and Arctic Engineering*, American Society of Mechanical Engineers, V008TIIA042-V008TIIA042.

Saleh, F.K., Rivera, R., Saleh, S. & Teodoriu, C. (2018). How Does Mixing Water Quality Affect Cement Properties, *In SPE International Conference and Exhibition on Damage Control* held in Lafayette, Louisiana, USA, 7-9 February, 2018, SPE-189505-MS, 1-10.

Salehi, R. & Paiaman, A.M., 2009. Um novo desenho de pasta de cimento aplicável às condições de poços horizontais. *Petroleum & Coal 51*(4), 270-276.

Sauki B. A. & Irawan, S. (2010). Effects of Pressure and Temperature on Well Cement Degradation by Supercritical CO_2 , *International Journal of Engineering and Technology* 10 (4), 47-55.

Shih, J.Y., Chang, T.P. e Hsiao, T. (2006). Effect of Nanosilica on Characterization of Portland Composite, *Material Science and Engineering.A.* 424, 266-274.

Şimşek, B., Ic, Y.T. & Şimşek, E.H. (2016). Uma aplicação de optimização multi-resposta com base em RSM para determinar as proporções óptimas de mistura de betão padrão pronto. *Jornal Arábico de Ciência e Engenharia.* 41, 1435 – 150.

Smith, D.K. (1987). Cimentação, *Série de Monografias SPE*, Vol. 4.2.

Syarif, M. Sampebulu, V., 'Tjaronge, M.W. & Nasruddin (2018). Característica da resistência à compressão e à tracção utilizando o cimento orgânico comparado com o cimento portland. *Estudos de Caso em Materiais de Construção 9.*

Taha, R., Al-Harthy, A.S. & Al-Jabri, K.S. (2010). Utilização da produção e água salobra em betão. na *Proceedings International Engineering Conference on Hot Arid Regions (IECHAR), Al-Ahsa, Reino da Arábia Saudita* 127-132.

Tennyson, M.E. (1994). *Tables of Subsurface Formation Depths for Exploration Wells in Santa Maria Basin, Santa Barbara and San Luis Obispo Counties, California, Compiled from Publications of the California Division of Oil and Gas.* US Department of the Interior, US Geological Survey, Denver, EUA 1 - 26.

Thirumakal, P., Nasvi, M.C.M. & Sinthulan, K. (2020). Comparação do comportamento mecânico do geopolímero e do cimento de poço à base de OPC curado em água salina. *SN Applied Sciences* 2(8), 1-17.

Vázquez-Gallo, M.J., Cerro-Prada, E., Alonso-Trigueros, J.M. & Romera-Zarza, A.L. (2012). Modelação baseada em agentes para a hidratação do cimento. *Technische Mechanik* 32, 2-5, 587-594.

Velayati, A., Tokhmechi, B., Soltanian, H. & Kazemzadeh, E. (2015). Optimização da lama de cimento e avaliação de aditivos de acordo com um plano proposto. *Journal of Natural Gas Science and Engineering 23*, 165-170.

Vrtine, G.C.Z.N. (1998). Gelação de Cimento Oilwell. *Kovine, Zlitine, Tehnologije* 32, 1-2.

OMS (2011). Organização Mundial de Saúde, 'Guidelines for Drinking-Water Quality', 4ª edição, WHO Press, Genebra, Suíça.

Witek-Krowiak, A., Chojnacka, K., Podstawczyk, D., D., Dawiec, A. & Pokomeda, K. (2014). Aplicação da metodologia de superfície de resposta e métodos de redes neurais artificiais na modelização e optimização do processo de biosorção. *Journal of Bioresource Technology* 160, 150 - 60.

Informação Industrial Mundial (2016). Kolo Creek Oil Field, [Online] disponível a partir de <https://www.industryabout.com/country-territories-3/1888-nigeria/oil-and-gas/39953-kolo-creek-oil-field> [Acesso: 11 de Abril, 2018].

Ye, G., Ma, L., Li, L., Liu, J., Yuan, S. & Huang, G. (2017). Aplicação do desenho Box-Behnken e da metodologia de superfície de resposta para modelação e optimização da flutuação do carvão por lotes. *International Journal of Coal Preparation and Utilization* 40, 1-15.

Yousuo, D., Igbani, S. & Raphael T.S. (2019). Design de um tubo de filtragem tubular portátil para sistemas de purificação de água de furo, *Journal of Physical Science and Innovation* 11(3), 18-47.

Zampori, L., Sora, I.N., Pelosato, R., Dotelli, G. & Stampino, P.G. (2006). Chemistry of cement hydration in polymer-modified pastes containing lead compounds, *Journal of the European Ceramic Society* 26 (4), 809-816.

Zhang, B., Bogush, A., Wei, J., Zhang, T., Xu, G. & Yu, Q. (2018). Influência do enxofre no destino dos metais pesados durante a clínquerização, *construção e materiais de construção* 182, 144-155.

Zhang, H.M., Tam, T.C. & Leow, P.M. (2003). Efeito da relação água/materiais cimentícios e fumos de sílica na retracção autogénea do betão. *Cement and Concrete Research* 33, 1687-1694.

Zhang, J., Weissinger, E.A., Peethamparan, S. & Scherer, G.W. (2010). Hidratação precoce e colocação de cimento de poços de petróleo. *Investigação sobre cimento e betão* 40, 1023-1033.

APÊNDICE

APÊNDICE I

AIThe   Cimento Classe G Especificações do Fabricante

Tabela AI.1. Componente composto e superfície BET da Classe G BOWC (wt.%).

TIPO DE CIMENTO	COMPONENTES %					ÁREA DE SUPERFÍCIE (m^2 /g)
	$C S_3$	$C S_2$	$C A_3$	$C_4 AF$	Gypsum	Método BET
Cimento de classe G-HSR	62.93	14.82	0.57	11.34	1.8	1.00±0.0075

Tabela AI.2. Propriedades Químicas da Classe G-HSR BOWC.

S/Não.	Parâmetro/Unidade	Valor
1.	Perda na ignição, %	0.80
2.	Resíduo insolúvel, %	0.42
3.	MgO, %	2.0
4.	$C_3 S$, %	63
5.	$C_2 S$, %	14.80
6.	$C_3 A$, %	2.2
7.	$C_4 AF + 2C_3 A$, %	18
8.	Gipsita, %	< 1.8
9.	Conteúdo em álcalis expresso em $Na_2 O$, %	0.66
10.	SO_3 , %	1.65
11.	$Al O_{23}$ a $Fe O_{23}$	> 0.64

Tabela AI.3. Propriedades Físicas da Classe G-HSR BOWC.

S/Não.	Parâmetro/Unidade	Valor
1.	Gravidade específica, sem unidade	3.14
2.	Área de superfície, m/g^2	1.00
3.	Peso a granel, lbs./ft ^{3}	3.14
4.	Água de consistência padrão [(Água (g)/Cimento (g)* %]	0.44
5.	Tempo Inicial de Regulação no estado atmosférico, minutos	30
6.	Definição final no estado atmosférico, minutos	600
7.	Tempo mínimo de espessamento, minutos	90
8.	Tempo máximo de espessamento, minutos	120
9.	Espessamento do tempo + Aditivos para permitir a colocação em HT, F ^{0}	550
10.	Consistência máxima Entre 15 - 30 minutos, Bearden (B)$_c$	30
11.	CS mínimo na cura: tempo (8hrs), temperatura (100^0 F), e Atmosfera. pressão, psi	300
12.	CS máximo na cura: tempo (8hrs), temperatura (140^0 F), e Atmosfera. pressão, psi	1,500
13.	Profundidade de Utilização como Cimento Limpo de Cimento, ft.	$\approx 8,000$
14.	Utilização em profundidade quando misturado com Aditivos, ft.	> 8000
15.	Resposta a Retardadores, sem unidade	Excelente
16.	Conteúdo de água livre, mL	4.3
17.	Solidez, , %	0.08

APÊNDICE II

AII   Resultados Preliminares

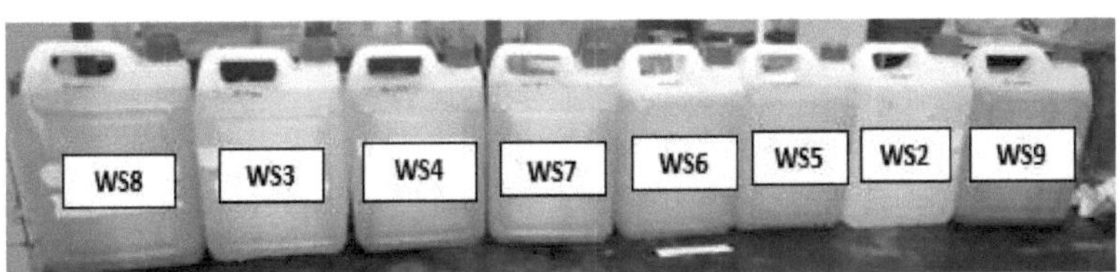

Figura AII.1.   Incolor no primeiro dia de utilização mas colorido após 30 dias autónomo (iões ferrosos, Fe^{2+} virou iões férricos, Fe^{2+}).

Tabela AII.1. As amostras de água misturada propriedades físico-químicas (recolhidas entre Janeiro, 2018 - Março, 2019 de Kolo Creek)

				Fe	Pb	Mg	Hg	Ca	As	Cd	Cr	Cu	Zn	Cl	pH	Conductivity	Turbidity	TDS
			Units						mg/L						Unitles s	µS/cm	NTU	mg/L
WHO (2011) PERMISSIBLE LIMIT				0.3	0.01	-	0.006	75	0.01	0.003	0.05	2	-	250	6.5-8.5	-	5	500
NSDWQ (2007) PERMISSIBLE LIMIT				0.3	0.01	150	0.001	75	0.01	0.003	0.05	1	3	250	6.5-9.0	1000	-	500
S/No	Water Samples	Location at Kolo Creek	GPS Location	This Research Laboratory Results of the Chemical Analyses on the Mix-Water Samples											This Research Onsite Results of the Physical Analyses on the Mix-Water Samples			
1	WS1	Deionised Water	Nil	0.00	0.00	0.00	0.00	0.00	0.00	0.00	0.00	0.00	0.00	0.00	7.00	0.05	0.00	0.00
2	WS2	Kolo 2 Izogbo	4⁰48´20¨N 6⁰22´33¨E	0.52	0.00	4.10	0.00	5.90	0.00	0.00	0.00	0.00	0.00	23.00	7.10	75.00	1.10	91.00
3	WS3	Otuasege Otumisou	4⁰55´2¨N 6⁰23´33¨E	0.73	0.00	7.10	0.00	9.05	0.00	0.00	0.00	0.00	0.00	21.00	7.20	55.50	1.10	92.50
4	WS4	Kolo 2 Otu-ogele	4⁰48´23¨N 6⁰22´32¨E	3.80	0.00	4.10	0.00	6.00	0.00	0.00	0.00	0.00	0.00	25.00	6.95	80.00	1.40	99.00
5	WS5	Otuasege Otuwododo	4⁰55´5¨N 6⁰23´39¨E	5.00	0.00	2.05	0.00	5.70	0.00	0.00	0.00	0.00	0.00	10.00	6.85	175.00	1.50	88.00
6	WS6	Kolo 1 Emelala	4⁰48´23¨N 6⁰22´32¨E	5.20	0.00	4.20	0.00	8.50	0.00	0.00	0.00	0.00	0.00	25.50	6.85	85.00	1.50	100.00
7	WS7	Otuasege winners	4⁰54´51¨N 6⁰23´7¨E	5.53	0.00	3.50	0.00	8.90	0.00	0.00	0.00	0.00	0.00	15.00	6.80	254.00	1.55	128.00
8	WS8	Oruma Ebifro	4⁰55´2¨N 6⁰24´11¨E	6.35	0.00	6.10	0.00	7.50	0.00	0.00	0.00	0.00	0.00	15.00	6.90	76.00	1.60	96.00
9	WS9	Kolo 2 Angala	4⁰48´22¨N 6⁰22´32¨E	6.82	0.00	4.10	0.00	6.50	0.00	0.00	0.00	0.00	0.00	27.50	6.80	90.00	1.60	110.00

APÊNDICE III

AIII   O Resultado do BBDoE Optimizado

Tabela AIII.1.   Caixa-Behnken DoE matriz de dados aleatórios para a concepção óptima dos sistemas de bainha de cimento investigados

A = Fe2_Con. (mg/L); B = Temp. (^{0} F); C = Pres. (psi); D = Tempo (hrs).

Matriz de Dados

Blocos de funcionamento	A	B	C	D
46	2	3.41	200.00	3000.00	7.00
43	2	6.82	225.00	2750.00	8.00
42	2	0.00	225.00	2750.00	8.00
38	2	3.41	250.00	2500.00	7.00
12	3	3.41	200.00	2750.00	6.00
24	1	6.82	200.00	2750.00	7.00
1	3	3.41	250.00	2750.00	6.00
6	3	3.41	200.00	2750.00	8.00
30	1	6.82	250.00	2750.00	7.00
7	3	6.82	225.00	3000.00	7.00
3	3	0.00	225.00	3000.00	7.00
19	1	3.41	225.00	2500.00	6.00
23	1	3.41	225.00	2500.00	8.00
25	1	0.00	250.00	2750.00	7.00
22	1	3.41	225.00	3000.00	8.00
37	2	0.00	225.00	2750.00	6.00
5	3	3.41	225.00	2750.00	7.00
4	3	0.00	225.00	2500.00	7.00
2	3	3.41	250.00	2750.00	8.00
8	3	6.82	225.00	2500.00	7.00
20	1	0.00	200.00	2750.00	7.00
27	1	3.41	225.00	3000.00	6.00
45	2	6.82	225.00	2750.00	6.00
48	2	3.41	200.00	2500.00	7.00
21	1	3.41	225.00	2750.00	7.00
41	2	3.41	225.00	2750.00	7.00
1	3	3.41	250.00	2750.00	6.00
2	3	3.41	250.00	2750.00	8.00
3	3	0.00	225.00	3000.00	7.00
4	3	0.00	225.00	2500.00	7.00
24	1	6.82	200.00	2750.00	7.00
19	1	3.41	225.00	2500.00	6.00
20	1	0.00	200.00	2750.00	7.00
23	1	3.41	225.00	2500.00	8.00
43	2	6.82	225.00	2750.00	8.00
45	2	6.82	225.00	2750.00	6.00
46	2	3.41	200.00	3000.00	7.00
40	2	3.41	250.00	3000.00	7.00
6	3	3.41	200.00	2750.00	8.00
8	3	6.82	225.00	2500.00	7.00
12	3	3.41	200.00	2750.00	6.00
7	3	6.82	225.00	3000.00	7.00
25	1	0.00	250.00	2750.00	7.00
22	1	3.41	225.00	3000.00	8.00

Blocos de funcionamento	A	B	C	D
27	1	3.41	225.00	3000.00	6.00
30	1	6.82	250.00	2750.00	7.00
37	2	0.00	225.00	2750.00	6.00
38	2	3.41	250.00	2500.00	7.00
42	2	0.00	225.00	2750.00	8.00
48	2	3.41	200.00	2500.00	7.00

APÊNDICE IV

AIV   **Preparação de Pastilhas de Cimento e Sistemas de Bainha de Cimento**

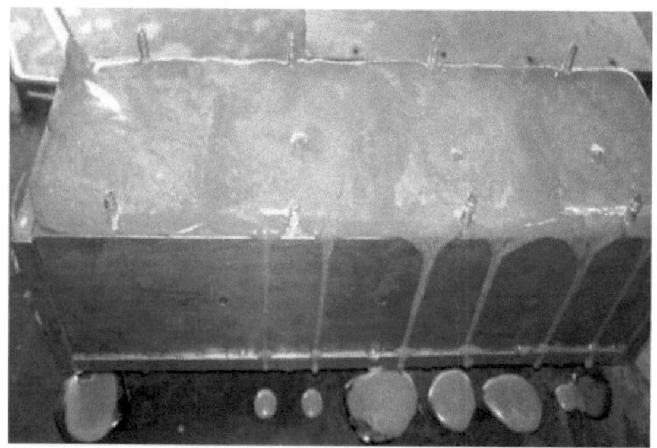

Placa AIV.1. Lama de cimento vertida num molde de latão, que consiste em oito compartimentos.

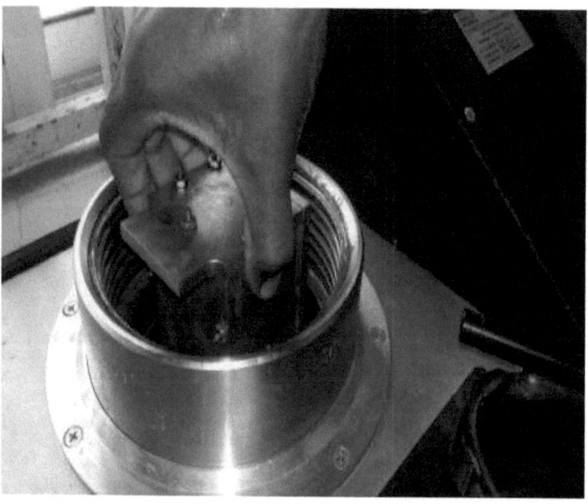

Placa AIV.2. O molde de latão no recipiente de pressão.

Placa AIV.3. Câmara de Cura de Engenharia Chandler (Modelo 7360V).

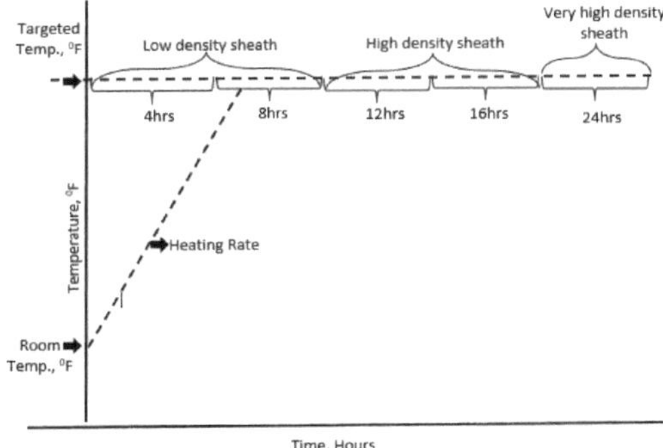

Figura AIV.1. Horas atribuídas para testes de CS e TS.

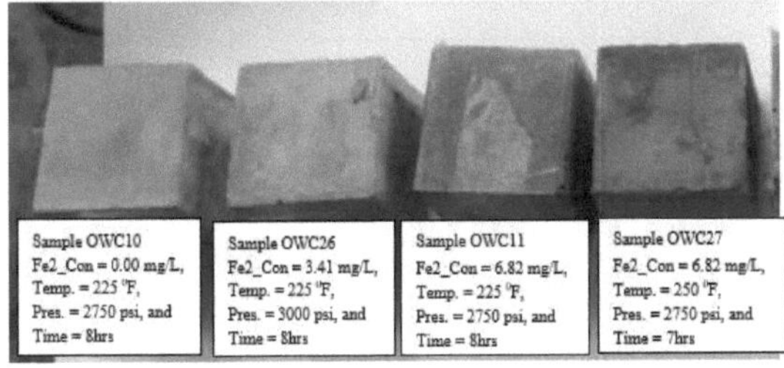

Placa AIV.4. Cubos de bainha de cimento curado.

263

APÊNDICE V

AVOs **resultados experimentais para Força Compressiva, Força de Tensão, Porosidade, e Permeabilidade dos Sistemas de Bainha de Cimento.**

Esta secção contém uma tabela, que mostra os resultados dos tratamentos experimentais, e os valores não codificados das variáveis independentes (explicativas), e as variáveis dependentes (respostas) dos sistemas de bainha de cimento investigados.

Tabela AV.1 Resultados experimentais para resistência à compressão, resistência à tracção, porosidade e permeabilidade dos sistemas de bainha de cimento, com base no Minitab 16 Box-Behnken DoE (1 de 3) concebido.

Amostra	Ordem de execução e Bloco	PREDICTORES ou VARIÁVEIS INDEPENDENTES				SUPERFÍCIES DE RESPONSABILIDADE ou VÁRIAS DEPENDENTES			
		Concentração de iões ferrosos	Temperatura de cura	Pressão de cura	Tempo de Cura	Força Compressiva	Resistência à tracção	Porosidade	Permeabilidade
		Fe2_Con (Mg/L)	Temp. (^{0} F)	Pres (psi)	Hora (hr.)	CS (psi)	TS (psi)	PR (%)	PM (mD)
OWC1	1	3.41	250	2750	6	1330	110	31.73	0.34
OWC2	1	3.41	250	2750	6	1335	115	30.73	0.32
OWC3	2	3.41	250	2750	8	1675	140	29.60	0.32
OWC4	2	3.41	250	2750	8	1673	139	28.60	0.31
OWC5	3	0.00	225	3000	7	3770	310	20.36	0.14
OWC6	3	0.00	225	3000	7	470	39	50.54	0.54
OWC7	4	0.00	225	2500	7	3695	305	21.74	0.14
OWC8	4	0.00	225	2500	7	3693	303	22.74	0.15
OWC9	5	3.41	225	2750	7	1250	105	30.05	0.30
OWC10	6	3.41	200	2750	8	1170	100	25.65	0.27
OWC11	6	3.41	200	2750	8	1175	103	25.35	0.26
OWC12	7	6.82	225	3000	7	468	40	51.54	0.56
OWC13	7	6.82	225	3000	7	468	40	51.54	0.56
OWC14	8	6.82	225	2500	7	450	35	52.38	0.54
OWC15	8	6.82	225	2500	7	451	33	53.08	0.55

Tabela AV. 1Resultados experimentais para resistência à compressão, resistência à tracção, porosidade, e permeabilidade dos sistemas de bainha de cimento, baseados no Minitab 16 Box-Behnken DoE concebido [continuação (2 de 3)].

Amostra	Ordem de execução e Bloco	PREDICTORES ou VARIÁVEIS INDEPENDENTES				SUPERFÍCIES DE RESPONSABILIDADE ou VÁRIAS DEPENDENTES			
		Concentração de iões ferrosos	Temperatura de cura	Pressão de cura	Tempo de Cura	Força Compressiva	Resistência à tracção	Porosidade	Permeabilidade
		Fe2_Con (Mg/L)	Temp. (^{0} F)	Pres (psi)	Hora (hr.)	CS (psi)	TS (psi)	PR (%)	PM (mD)
OWC16	12	3.41	200	2750	6	820	70	27.81	0.28
OWC17	12	3.41	200	2750	6	820	70	27.81	0.28
OWC18	19	3.41	225	2500	6	1060	90	31.11	0.32
OWC19	19	3.41	225	2500	6	1065	95	30.11	0.31
OWC20	20	0.00	200	2750	7	2985	250	20.94	0.14
OWC21	20	0.00	200	2750	7	2986	251	20.93	0.14
OWC22	21	3.41	225	2750	7	1255	105	27.83	0.30
OWC23	22	3.41	225	3000	8	1435	120	28.50	0.30
OWC24	22	3.41	225	3000	8	1435	120	28.50	0.30
OWC25	23	3.41	225	2500	8	1410	120	26.75	0.29
OWC26	23	3.41	225	2500	8	1414	121	24.75	0.23
OWC27	24	6.82	200	2750	7	360	30	44.00	0.48
OWC28	24	6.82	200	2750	7	365	32	43.00	0.47
OWC29	25	0.00	250	2750	7	4505	375	22.20	0.15
OWC30	25	0.00	250	2750	7	4505	375	22.20	0.15
OWC31	27	3.41	225	3000	6	1090	90	28.43	0.30
OWC32	27	3.41	225	3000	6	1090	90	28.43	0.30
OWC33	30	6.82	250	2750	7	552	40	54.86	0.60
OWC34	30	6.82	250	2750	7	552	40	54.86	0.60
OWC35	37	0.00	225	2750	6	3200	265	21.13	0.14
OWC36	37	0.00	225	2750	6	3200	265	21.13	0.14
OWC37	38	3.41	250	2500	7	1485	125	30.65	0.33
OWC38	38	3.41	250	2500	7	1485	125	30.65	0.33
OWC39	40	3.41	250	3000	7	1520	125	30.675	0.33
OWC40	41	3.41	225	2750	7	1260	110	26.07	0.28
OWC41	42	0.00	225	2750	8	4250	355	20.60	0.14
OWC42	42	0.00	225	2750	8	4250	355	20.60	0.14
OWC43	43	6.82	225	2750	8	515	45	47.25	0.52
OWC44	43	6.82	225	2750	8	516	46	47.05	0.51

Tabela AV.   1Resultados experimentais   para resistência à compressão, resistência à tracção, porosidade, e permeabilidade dos sistemas de bainha de cimento, baseados no Minitab 16 Box-Behnken DoE concebido [continuação (3 de 3)].

Amostra	Ordem de	PREDICTORES ou VARIÁVEIS INDEPENDENTES	SUPERFÍCIES DE RESPONSABILIDADE ou VÁRIAS DEPENDENTES

	execuçã o e Bloco	Concentração de iões ferrosos	Temperatura de cura	Pressão de cura	Tempo de Cura	Força Compressiva	Resistência à tracção	Porosidade	Permeabilida de
		Fe2_Con (Mg/L)	Temp. (^{0} F)	Pres (psi)	Hora (hr.)	CS (psi)	TS (psi)	PR (%)	PM (mD)
OWC45	45	6.82	225	2750	6	395	30	54.29	0.57
OWC46	45	6.82	225	2750	6	392	29	54.39	0.67
OWC47	46	3.41	200	3000	7	1005	85	26.26	0.28
OWC48	46	3.41	200	3000	7	1008	88	27.26	0.29
OWC49	48	3.41	200	2500	7	985	85	27.20	0.27
OWC50	48	3.41	200	2500	7	985	85	27.20	0.27

I want morebooks!

Buy your books fast and straightforward online - at one of world's fastest growing online book stores! Environmentally sound due to Print-on-Demand technologies.

Buy your books online at
www.morebooks.shop

Compre os seus livros mais rápido e diretamente na internet, em uma das livrarias on-line com o maior crescimento no mundo! Produção que protege o meio ambiente através das tecnologias de impressão sob demanda.

Compre os seus livros on-line em
www.morebooks.shop

Printed by Books on Demand GmbH, Norderstedt / Germany